Svenja Hausener

Arbeitswelt Büro

Büroorganisation mit Datenverarbeitung

1. Auflage

Bestellnummer 77440

Bildungsverlag EINS

Haben Sie Anregungen oder Kritikpunkte zu diesem Produkt?
Dann senden Sie eine E-Mail an 77440_001@bv-1.de
Autoren und Verlag freuen sich auf Ihre Rückmeldung.

www.bildungsverlag1.de

Bildungsverlag EINS GmbH
Hansestraße 115, 51149 Köln

ISBN 978-3-427-77440-2

Vorwort

Dieses neu erschienene Buch ist sowohl für Vollzeitschulformen mit wirtschaftlichem Schwerpunkt als auch für kaufmännische Berufsschulklassen für die Fächer Bürowirtschaft, Textverarbeitung und Datenverarbeitung geeignet.
Es vermittelt mithilfe praxisorientierter Situationen Fertigkeiten, Fähigkeiten und Kenntnisse, die die Schülerinnen und Schüler dazu befähigen, Lösungswege eigenständig zu finden und Probleme selbstständig und richtig zu lösen. Die zu erstellenden „Produkte" können im Plenum bewertet werden, alle Schüler/-innen müssen die Möglichkeit haben, ihre Produkte zu speichern und/oder zu drucken.

Das Buch ist in drei große Abschnitte unterteilt: **I. Fachwissen, II. Programmhandbuch, III. Methodenpool**.
Der erste Teil ist wie folgt aufgebaut: Zuerst wird die **Einstiegssituation**, in der sich die Schülerinnen und Schüler befinden, beschrieben. Diese soll möglichst nach dem Lesen von den Schülerinnen und Schülern mit deren eigenen Worten wiedergegeben werden, damit sich die Situation richtig einprägt und die Lehrerin/der Lehrer weiß, ob die Schülerinnen und Schüler das Gelesene verstanden haben. Im Anschluss an die Einstiegssituation folgt die **Leitfrage**, an der sich die Schülerinnen und Schüler orientieren können. Im nächsten Schritt geht es in die **Erarbeitungsphase**. Diese ist anhand der **Arbeitsaufträge** klar strukturiert und zu jeder Zeit nachvollziehbar. Die **Informationsblätter** befinden sich immer hinter den Arbeitsaufträgen. Unter Umständen reichen die Infoblätter nicht aus, um das Produkt, das jeweils erstellt werden soll, fach- und sachgerecht anzufertigen. Mithilfe des Internets sowie durch Kataloge, Prospekte usw. können sich die Schülerinnen und Schüler das fehlende Wissen aneignen. Nach dieser Phase werden die **Produkte** besprochen und ggf. verbessert oder ergänzt. Die Leitfrage muss zu diesem Zeitpunkt von allen Schülerinnen und Schülern beantwortet werden können.

Ein weiterer Schwerpunkt des Buches liegt auf dem **Zusammenspiel verschiedener Anwendersoftware und Fachwissen aus dem büroalltäglichen Bereich**. Um die **Handlungskompetenz** der Schülerinnen und Schüler zu optimieren, wird großer Wert auf den Einsatz von verschiedenen **Methoden** sowie **Medien** gelegt.

Die Lehrperson fungiert während des Unterrichts häufig als Moderator, bleibt also im Hintergrund und leistet bei Bedarf Hilfestellung. Ferner sollte man sich davon lösen, dass Unterricht 45 Minuten dauert und ein Thema danach abgeschlossen sein muss. Der Unterricht soll als Lerneinheit aufgebaut sein, die auch mehrere Stunden umfassen kann, so beispielsweise eine Stunde „Informieren", eine Stunde „Planen, Entscheiden, Durchführen", eine Stunde „Präsentation, Kontrollieren und Bewerten sowie Reflektieren" (z.B. der Unterrichtseinheit).
Nun werden einige Lehrkräfte schmunzeln, aber: Schülerinnen und Schüler sollen auch mit Spaß lernen und dafür ihren Kopf, das Herz und die Hand einsetzen. Nur so prägt sich das Erlernte langfristig ein und kann später immer wieder abgerufen bzw. darauf aufgebaut werden.

Zu Beginn des Schuljahres muss den Schülerinnen und Schülern das Konzept dieses Buches genau erläutert werden. Ferner ist darauf hinzuweisen, dass alle Schüler/-innen einen Ordner führen müssen, in dem die Produkte, aber auch Informationsmaterial abgeheftet werden.

Der Stoff dieses Buches orientiert sich an den Lehrplänen der Kaufleute für Bürokommunikation, Bürokaufleute. Einzelne Sequenzen können auch sehr gut in anderen Klassen eingesetzt werden.

Svenja Hausener

Weitere Materialien, die Sie in Ihrem Unterricht einsetzen können, finden Sie im Lehrerhandbuch, Bestell-Nr. 77449.

Inhaltsverzeichnis

II Programmhandbuch

I Fachwissen

Einleitung: Vorstellung der Bürofashion Zeimet GmbH

Dieses Buch orientiert sich durchgängig an einem Modellunternehmen, der Bürofashion Zeimet GmbH. Dadurch ist es für die Schülerinnen und Schüler einfach, immer einen Bezug zur Praxis herzustellen. Das Modellunternehmen ist wie folgt aufgebaut:

Bürofashion Zeimet GmbH
Frauenstr. 124
89073 Ulm
Tel.: 0731 12333-0
Fax: 0731 12333-100
E-Mail: buerofashion@zeimet.de
USt-IdNr.: DE 110 427 010
Steuer-Nr.: 66020/00250
Bankverbindung:
Pax-Bank, BLZ 370 601 93
Konto-Nr. 30 41 11 66 24

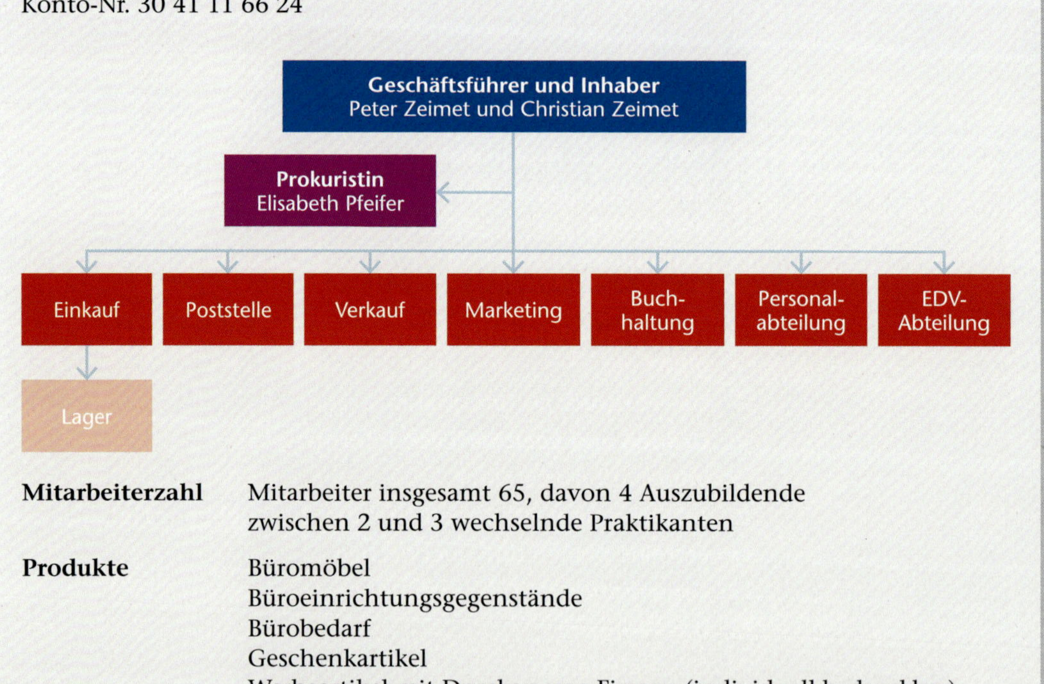

Mitarbeiterzahl	Mitarbeiter insgesamt 65, davon 4 Auszubildende zwischen 2 und 3 wechselnde Praktikanten
Produkte	Büromöbel Büroeinrichtungsgegenstände Bürobedarf Geschenkartikel Werbeartikel mit Drucken von Firmen (individuell bedruckbar)

1 Unser Unternehmen – Unternehmenskultur

Einstiegssituation

Sie haben Ihre Ausbildung in der Bürofashion Zeimet GmbH in Ulm begonnen! Zunächst sind Sie in der Marketing-Abteilung tätig. Aufgrund der aktuellen wirtschaftlichen Lage soll eine Betriebsversammlung stattfinden. Die Verkaufszahlen sind im Vergleich zu anderen Unternehmen Ihrer Branche zwar noch nicht so stark zurückgegangen, dennoch möchte der Geschäftsführer, Peter Zeimet, auf der Betriebsversammlung allen Mitarbeiterinnen und Mitarbeitern die Firmenkultur Ihres Unternehmens ins Gedächtnis rufen.

Wie kann mein Unternehmen auf die aktuelle wirtschaftliche Lage reagieren, um unsere Kunden an uns zu binden?

Einzelarbeit

1. *Lesen Sie das Informationsblatt zur Unternehmensidentität.*
2. *Markieren Sie wichtige Informationen.*

Partnerarbeit

3. *Erklären Sie sich gegenseitig die Fachbegriffe.*
4. *Schreiben Sie zwei konkrete Anforderungsbeispiele zu jedem Teilbereich für Ihr Unternehmen auf.*
5. *Skizzieren Sie für Ihr Unternehmen ein individuelles Firmenlogo (beispielsweise mit Word oder Paint).*
6. *Entwerfen Sie in Word eine Rede, die Herr Zeimet bei der Betriebsversammlung halten kann. Gehen Sie dabei genau auf die einzelnen Punkte ein (jeder arbeitet an seinem PC).*
7. *Arbeiten Sie mit der Funktion „Spalten".*
8. *Bereiten Sie sich auf die Präsentation vor (was, wie, warum).*

Plenum

9. Präsentieren Sie Ihre Ergebnisse und gehen Sie auf die Leitfrage ein.

10. Prüfen Sie die Ergebnisse Ihrer Mitschüler/-innen und üben Sie ggf. konstruktive Kritik.

11. Drucken Sie Ihre Ergebnisse aus und heften Sie diese in Ihrem Ordner ab.

Der Begriff „Corporate Identity" wird in vielen Fachzeitschriften und immer häufiger auch in Tageszeitungen erwähnt. Aber was bedeutet er eigentlich?

Definition
Übersetzt heißt Corporate Identity „Unternehmenspersönlichkeit" und bezeichnet die Gesamtheit des Charakters eines Unternehmens.

Dazu zählt die gesamte Darstellung des Unternehmens nach innen und nach außen. Je stimmiger diese Darstellung ist (Kommunikation intern sowie extern, Auftritt sowie Verhalten in der Öffentlichkeit, klare Firmenstruktur usw.), desto höher ist die Akzeptanz des Unternehmens sowie die Einsatzbereitschaft und Leistungsfähigkeit der Mitarbeiterinnen und Mitarbeiter.

Teilbereiche der Corporate Identity sind:

Corporate Culture (Unternehmenskultur)

Unter Corporate Culture fällt die Art der internen und externen Kommunikation. Diese basiert auf Verhaltensweisen, Normen und Werten, die Anwendung finden. Hierzu zählen die Beziehungen untereinander, die Kommunikation und ein einheitliches Auftreten.

Corporate Behaviour (Unternehmensverhalten)

Corporate Behaviour bezeichnet das Verhalten des Unternehmens gegenüber seinen Mitarbeiterinnen und Mitarbeitern sowie gegenüber seinen Kunden, Lieferanten, usw. Auch ethische Entscheidungen fallen unter diesen Bereich.

Corporate Communications (Firmenkommunikation)

Zur Firmenkommunikation zählt die gesamte Kommunikation eines Unternehmens sowohl nach innen als auch nach außen, beispielsweise bei Werbemaßnahmen, bei Firmenveranstaltungen, bei Sponsoring-Veranstaltungen, usw. Die Firmenkommunikation soll ein einheitliches Bild erzeugen und das damit verbundene Image verstärken.

Corporate Design (Gesicht des Unternehmens)

Unter Corporate Design versteht man das visuelle Erscheinungsbild eines Unternehmens. Hierunter fallen z. B. die Arbeitskleidung mit Logodruck der Firma, Firmenfarben, Firmenbriefpapier, usw. Mittlerweile spielen auch akustische Signale eine wichtige Rolle, beispielsweise denkt man bei einer bestimmten Musik sofort an eine bestimmte Firma. Je auffälliger, ausgefallener oder einprägsamer das Firmenlogo oder die Farben sind, desto eher prägt sich ein Unternehmen langfristig im Gedächtnis ein.

2 Das Büro als Arbeitsplatz

2.1 Bedeutung der Umwelt- und Gesundheitsfaktoren am Arbeitsplatz

Einstiegssituation

Damit die neuen Auszubildenden ihr Unternehmen direkt besser kennenlernen und sich mit der Arbeitswelt auseinandersetzen können, findet jedes Jahr ein Workshop statt. Auch Sie werden daran teilnehmen! Der Schwerpunkt dieses Workshops liegt darauf, dass Sie sich mit Ihrer eigenen Arbeitsleistung beschäftigen.

Was bestimmt die menschliche Arbeitsfähigkeit und Arbeitsbereitschaft?

Einzelarbeit

1. *Überlegen Sie für sich, welche Faktoren Ihre Arbeitsleistung bestimmen. Nehmen Sie das Interview zum Thema „Wie soll mein Arbeitsplatz aussehen?" zur Hilfe.*
2. *Notieren Sie alle Faktoren, die für Sie wichtig sind, auf einem Spickzettel.*

Partnerarbeit

3. *Tauschen Sie sich mit Ihrer Nachbarin oder Ihrem Nachbarn aus und ergänzen Sie ggf. wichtige Aspekte.*
4. *Bereiten Sie einen Vortrag vor, in dem Sie die Bestimmungsfaktoren erläutern. Informieren Sie sich vorher im Methodenpool, wie man einen Vortrag vorbereitet und ausarbeitet!*
5. *Bereiten Sie eine Liste vor, in der Sie während eines Vortrages verschiedene Faktoren notieren können. Achten Sie dabei auf eine sinnvolle Gestaltung in Word.*

Plenum

6. *Halten Sie Ihren Vortrag.*
7. *Diskutieren Sie über die verschiedenen Faktoren, die Sie in Ihrer Liste festgehalten haben.*

Interview zum Thema: „Wie soll mein Arbeitsplatz aussehen?“

In einem Interview führt Ihre Kollegin Katrin Neuhaus folgende Dinge an: Es ist wichtig, dass ihr Büro schön und praktisch eingerichtet ist, dass sie sich dort wohlfühlt und gut arbeiten kann. Das Büro darf keine Gefahrenstellen haben, wie beispielsweise lose Kabel auf dem Boden, abgenutzte Teppiche, flimmernde Lampen oder Ähnliches. Außerdem möchte Frau Neuhaus mit modernen Arbeitsmitteln arbeiten, die immer funktionsfähig sind (PC, Drucker, Kopierer, Schranksysteme, usw.). Sie möchte klare Anweisungen von ihren Vorgesetzten erhalten, wie ihr Aufgabengebiet aussieht und von wem sie Weisungen erhalten darf. Weiterhin ist ihr eine gerechte Bezahlung wichtig. Bei Frau Neuhaus sind all diese Anforderungen erfüllt. Katrin Neuhaus ist 38 Jahre alt und hat mehrere Fortbildungen absolviert. Sie ist selten bis nie krank und ein fröhlicher Mensch.

2.2 Farben und ihre Wirkung

Einstiegssituation

Mehrere Räume in Ihrem Unternehmen sollen neu gestaltet werden: die Büroräume der beiden Geschäftsführer, der Aufenthaltsraum für die Kolleginnen und Kollegen sowie der Wartebereich im Verkauf für die Kundinnen und Kunden. Peter Zeimet möchte von Ihnen eine Übersicht, worauf bei der Farbgestaltung zu achten ist und wie Farben wirken.

Wie erstelle ich ein informatives und gegliedertes Handout?

Einzelarbeit

1. *Informieren Sie sich über „Farben und ihre Wirkung“.*
2. *Markieren Sie wichtige Informationen.*

3. ***Überlegen Sie, welche Farben für die oben beschriebenen Räume sinnvoll sein können.***
4. ***Erstellen Sie ein übersichtliches Handout mit allen wichtigen Informationen rund um die Farben unter Berücksichtigung der Funktion „Nummerierung und Aufzählungen".***
5. ***Unterstützen Sie Ihr Handout mit sinnvollen Bildern.***
6. ***Beachten Sie die typografischen Regeln.***

Plenum

7. ***Präsentieren Sie Ihr Ergebnis und erläutern Sie, welche Farben für die oben beschriebenen Räume sinnvoll sind und warum!***
8. ***Achten Sie während der Präsentation auf die Gestaltung des Handouts und prüfen Sie, ob die typografischen Regeln eingehalten wurden.***
9. ***Prüfen Sie Ihre Ergebnisse und ergänzen Sie ggf. wichtige Informationen.***

Einzelarbeit

10. ***Heften Sie Ihr Ergebnis in Ihrem Ordner ab.***

Stellen Sie sich vor, Sie betreten einen Raum. Dieser ist quadratisch, weiß gestrichen, hat ein Fenster und weiße Plastikstühle, die nebeneinander angeordnet sind. In der Mitte steht ein weißer Tisch, mit Zeitschriften bestückt. Was kommt Ihnen als Erstes in den Sinn, wenn Sie sich dieses Bild vor Augen führen?

Notieren Sie Ihre ersten Gedanken auf einem Blatt Papier!

Farben verursachen ein bestimmtes Bild. „Warme Farben" wie Rot, Orange und Gelb lassen an Sonne, Sommer, Urlaub und Wärme denken. „Kalte Farben", z. B. Blau oder Grün, erzeugen ein Gefühl von „Kälte". Hieran sieht man, dass Farben auch eine psychologische Wirkung haben können.

Farbe	Temperaturgefühl	psychologische Wirkung
Gelb	sehr warm	anregend, „glücklich sein", verscheucht trübe Stimmung, fördert Konzentration und Lerneifer
Orange	sehr warm	anregend, strahlt Wärme und Gemütlichkeit aus
Rot	sehr warm bis warm	sehr anregend (aber auch Warnsignalfarbe!), fördert körperliche Arbeit und Bewegung
Violett	etwas kälter	wirkt feierlich (z. B. in Empfangsräumen)
Grün	sehr kalt	sehr beruhigend, sorgt für Ausgleich und Geborgenheit
Blau	kalt	beruhigend, sorgt für Ruhe und Ausgeglichenheit

Farbe	Temperaturgefühl	psychologische Wirkung
Braun	sowohl warm als auch kalt (je nach dem Grad der weiteren Farbanteile)	anregend, natürliche Wirkung, evtl. rustikale Wirkung
Weiß	neutral	steril, sauber, ordentlich, erinnert an Arztpraxis

Unter „anregend“ versteht man, dass diese Farben den Blutdruck und den Puls erhöhen können. Daher sollten sie im Büro nur sparsam verwendet werden (evtl. als Pastelltöne – also leicht transparent). Beruhigende Farben sorgen für gleichbleibende Arbeitsleistung und gute Konzentrationsfähigkeit. Diese können sehr gut in Büroräumen oder in Aufenthaltsräumen verwendet werden.

Um dem Raum zusätzlich etwas „Wohlfühlgefühl“ zu verleihen, können Bilder oder Poster aufgehangen und der Raum mit Pflanzen verschönert werden. Kleine Räume oder Büros wirken durch den Einsatz von hellen Farben größer und heller. Darauf ist unbedingt zu achten.

Sinnvoll ist es, die Mitarbeiterinnen und Mitarbeiter bei der Raumgestaltung frühzeitig mit einzubeziehen, da diese täglich viele Stunden in ihren Büros verbringen, von deren Gestaltung auch die Arbeitsleistung extrem abhängen kann. Ferner hat jeder Mensch ein individuelles Farbgefühl.

Merksatz
Beim Einsatz von mehreren Farben ist stets zu beachten: „Weniger ist mehr!“
Zu viele Farben wirken unruhig und können Nervosität und Unwohlsein beim Betrachter auslösen.

2.3 Umweltfaktoren am Arbeitsplatz

Einstiegssituation 1

Nachdem die verschiedenen Räume neu gestaltet wurden und Sie Herrn Zeimet über die Wirkungen der Farben informiert haben, interessiert sich Ihr Chef für weitere Elemente, die Einfluss auf die Arbeitsleistung haben. Sie sollen nun eine Übersicht als Mindmap erstellen, die Ihr Chef prüfen kann.

Wie erstelle ich eine aussagekräftige und vollständige Mindmap?

Gruppenarbeit (4er-Teams)

1. ***Teilen Sie die einzelnen Themen auf (Lärm, Licht, Klima, Feng-Shui).***

Einzelarbeit

2. ***Lesen Sie jeweils Ihr ausgewähltes Thema und notieren Sie wichtige Informationen. Entwickeln Sie danach ein kleines Kreuzworträtsel für Ihre Gruppenmitglieder.***
3. ***Erstellen Sie nun eine Mindmap für Ihren Themenbereich. Unterstützen Sie die Aussagekraft Ihrer Mindmap mit passenden Bildern (untere Symbolleiste).***
4. ***Drucken Sie Ihre Mindmap aus.***

Gruppenarbeit

5. ***Erläutern Sie der Gruppe mithilfe Ihrer Mindmap Ihr Thema und lassen Sie die anderen das Kreuzworträtsel lösen. Prüfen Sie die Ergebnisse und korrigieren Sie bei Bedarf vorhandene Fehler. Hängen Sie dann alle Mindmaps aus Ihrer Gruppe an die Pinnwand.***

Plenum

6. ***Schauen Sie sich alle Mindmaps an, prüfen Sie diese auf Vollständigkeit und Richtigkeit. Nehmen Sie ggf. Ergänzungen auf den Mindmaps vor.***

Einzelarbeit

7. ***Ändern Sie bei Bedarf Ihre Mindmaps und drucken Sie diese für sich und für Ihre Gruppenmitglieder erneut aus.***
8. ***Heften Sie die Mindmaps in Ihrem Ordner ab.***

2.3.1 Lärm

Beispiel

Kennen Sie das auch? Sie sitzen im Büro, müssen eine wichtige Arbeit fertigstellen und Ihre Kollegin gegenüber telefoniert lautstark mit ihrer Freundin und erzählt ihr von den neuesten Erlebnissen. Sie können sich nicht konzentrieren und beschließen, eine kurze Pause einzulegen.

Lärm ist eine große Belastung für den Menschen und führt zu Konzentrationsstörungen, Gereiztheit, Stress und natürlich zu Hörschäden. Wie laut ein Geräusch vom menschlichen Ohr wahrgenommen wird, gibt der sogenannte Schalldruckpegel an. Dieser wird in Dezibel (dB) gemessen (benannt nach Graham Bell, dem Erfinder des Telefons).

Was verursacht eigentlich Lärm im Büro? Wie oben bereits angeführt: laute Telefonate, laute Musik oder Radio im Büro, technische Geräte wie Drucker, Scanner, Tastaturen, usw. Aber wie kann dieser Lärm vermieden werden? Unter anderem kann Lärm durch Teppichböden, schallschluckende Decken, leise Technik, Stellwände in Mehrpersonen- bzw. Großraumbüros, Pflanzen oder Doppelverglasung reduziert werden. Auch ein Gespräch mit dem Kollegen gegenüber kann dazu beitragen, dass z. B. Telefonate etwas leiser ausfallen (organisatorische Regelungen).

Erfordert die Büroarbeit hohe Aufmerksamkeit und anspruchsvolle geistige Tätigkeit, sollte der Durchschnittspegel von 35 bis 45 dB (A) nicht überschritten werden. Für wiederkehrende bzw. Routinearbeiten sollte der Pegel nicht höher als 55 dB (A) sein. Bei einfachen Tätigkeiten kann der Lärmpegel bis zu 70 dB (A) betragen. Bei sonstigen Tätigkeiten sollten jedoch 85 dB (A) nicht überschritten werden. Zum Vergleich: Ein vorbeifahrender Lkw verursacht einen Lärmpegel von ca. 90 dB (A).

2.3.2 Licht

Beispiel
Die Sonne scheint! Schon früh am Morgen war es hell und freundlich, Sie waren sofort fröhlich und Sie fühlen sich gut!

Licht steuert zentrale Körperfunktionen, man ist leistungsfähiger und motivierter. Daher muss das Licht am Arbeitsplatz hell genug und dem Tageslicht möglichst ähnlich sein! Der Schreibtisch sollte möglichst nah am Fenster stehen, weil dort der Tageslichteinfall am größten ist.

Die Maßeinheit zur Messung der Beleuchtungsstärke nennt man Lux. In einem Büro sollten mindestens 500 Lux vorhanden sein. Außerdem sollten der Raum und die Arbeitsfläche hell und gleichmäßig ausgeleuchtet sein, damit beispielsweise beim Lesen keine Schatten entstehen. Bei Linkshändern soll der Lichteinfall von rechts kommen, bei Rechtshändern von links. Auch Spiegelungen auf dem Bildschirm oder von der Oberfläche des Schreibtisches müssen vermieden werden. Glühbirnen oder andere Leuchtmittel dürfen nicht blenden und vor allem nicht flimmern (sonst kann es zu starken Kopfschmerzen kommen).

Herrschen am Arbeitsplatz schlechte Lichtverhältnisse, kann dies zu Kopfschmerzen, Sehstörungen, Müdigkeit, Schwächen in der Immunabwehr und zu Konzentrationsstörungen führen. Ist ein Arbeitsplatz jedoch optimal ausgeleuchtet, führt dies zu höherer Leistungsfähigkeit und dauerhaftem Wohlbefinden am Arbeitsplatz.

2.3.3 Klima

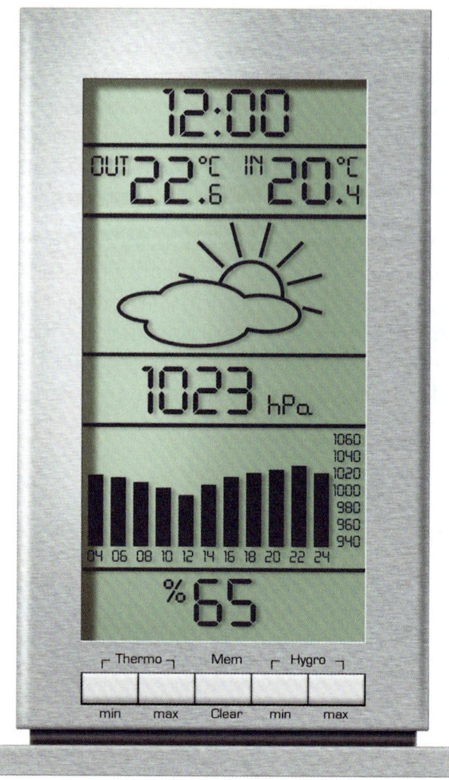

Sommer, Sonne, Strand! Und 30 Grad im Büro?!

In der Regel liegt der Temperaturbereich, bei dem sich ein Mensch bei der Büroarbeit wohlfühlt, bei ca. 21 Grad. Ist draußen ein heißer Tag, kann er zwar etwas höher liegen, sollte aber 26 Grad nicht überschreiten. Doch nicht nur die Temperatur, auch die Luftfeuchtigkeit im Büro muss stimmen. Diese bewegt sich zwischen 40 % und 65 %.

Um das Raumklima etwas zu kontrollieren, sollte im Büro gelüftet werden – aber Vorsicht! Bitte öffnen Sie das ganze Fenster für einige Minuten und schließen Sie es dann wieder. Dies nennt man „Stoßlüftung“. Ein dauerhaftes Kippen des Fensters kann zu Zugluft bzw. Durchzug führen, was sich negativ auf den Körper auswirkt (Erkältungen, Rücken- oder Nackenschmerzen können die Folge sein). Weitere Auswirkungen eines falschen Raumklimas sind z. B. Auftreten von Müdigkeit, Konzentrationsstörungen, Erkältungen, Reizung der Schleimhäute, elektrische Haare, Brennen der Augen, usw.

In einigen Unternehmen gibt es Büro-Belüftungssysteme, die verbrauchte Luft absaugen und frische Luft in den Raum zurückgeben. Auch Pflanzen tragen zu einem positiven Raumklima bei.

2.3.4 Feng-Shui

Beispiel
In manchen Büros geht Ihnen die Arbeit leicht von der Hand, in anderen können Sie sich nicht konzentrieren, Ihnen fällt das Arbeiten schwer und Sie fühlen sich unwohl. Dies könnte am fehlenden Chi liegen.

Folgendermaßen sieht ein Büro aus, das nach Feng-Shui eingerichtet ist:

Tür und Fenster liegen nicht gegenüber, sodass die Energie nicht sofort wieder entwischen kann. Weiterhin muss der Arbeitstisch so stehen, dass der Mitarbeiter mit dem Gesicht zur Tür sitzt. Ein Regal, welches hinter dem Mitarbeiter steht, stärkt ihm sozusagen den Rücken. Vor einem zusätzlichen Tisch soll ein weiteres Regal stehen. Dieses schirmt die dort Sitzenden ab, damit sie nicht direkt im hereinkommenden Chi-Strom sitzen. Die Sitzmöglichkeit selbst befindet sich nicht frontal vor dem Fenster, sondern direkt daneben.

2.3.5 Verbesserung der Arbeitsplatzgestaltung

Einstiegssituation 2

Aufgrund Ihrer Recherchen hat Herr Zeimet den folgenden Bogen neu entwickelt. Alle Mitarbeiterinnen und Mitarbeiter sollen diesen nun so genau wie möglich ausfüllen, damit die Personalabteilung reagieren kann.

Welche Umweltfaktoren an meinem Arbeitsplatz haben Einfluss auf meine Leistungsfähigkeit und meine Leistungsbereitschaft?

Einzelarbeit

1. *Übernehmen Sie die abgebildete Spalte „Ist-Zustand" in Word und tragen Sie nun den Ist-Zustand Ihres Arbeitsplatzes ein. Drucken Sie Ihr Ergebnis aus.*

Plenum

2. *Vergleichen Sie Ihre Ergebnisse im Plenum.*
3. *Diskutieren Sie über den Ist-Zustand Ihrer Arbeitsplätze. Was möchten Sie gerne ändern?*
4. *Überlegen Sie, mit welchen Maßnahmen Sie jeweils Verbesserungen erreichen können.*

Einzelarbeit

5. *Notieren Sie alle erforderlichen Verbesserungsmaßnahmen für Ihren Arbeitsplatz.*
6. *Drucken Sie Ihren ausgefüllten Bogen und Ihre Verbesserungsvorschläge aus.*
7. *Heften Sie beides in Ihrem Ordner ab.*

WICHTIGE INFORMATION DER PERSONALABTEILUNG

Überprüfen Sie, ob die unten angegebenen Faktoren in Ihrem Büro eingehalten werden!

Notieren Sie den Ist-Zustand bitte auf einem Blatt.

Folgende Umweltfaktoren haben Einfluss auf unsere Leistungsfähigkeit und Leistungsbereitschaft am Arbeitsplatz:

Umweltfaktoren	Soll-Zustand	Ursachen	Maßnahmen	Ist-Zustand
Lärm	– 55 dB (bei überwiegend geistiger Arbeit) – 70 dB (bei einfachen Tätigkeiten) – 85 dB (bei einfachen Arbeiten)	– laute EDV-Geräte – laute Telefongespräche – schlecht isolierte Fenster – schlechte Lage des Büros – Radiomusik	– Aufstellen von Trennwänden – große Pflanzen als Trennwände nutzen – möglichst Teppiche in Büros verlegen – Abschalten des Radios	
Licht	– möglichst natürliches Sonnenlicht und Tageslichteinfall auf den Arbeitsplatz – künstliches Licht mit mind. 500 Lux – gut ausgeleuchteter Schreibtisch (für Rechtshänder Lichteinfall von links, für Linkshänder von rechts)	– Büro wurde falsch eingerichtet (auch Lampen) – schlechte Lage des Büros – defekte oder flimmernde Birnen	– Schreibtisch verschieben, wenn dieser falsch ausgerichtet ist – für ausreichend Lichtzufuhr sorgen (Lampe auf Schreibtisch aufstellen) – defekte Birnen austauschen	
Klima	– zwischen 21 und 22 Grad – im Sommer maximal 26 Grad (in Ausnahmefällen)	– Lage des Büros – fehlende Klimaanlage	– Falls Klimaanlage vorhanden, einschalten! – Ventilator aufstellen – Sicherheitsbeauftragten kontaktieren, um ArbeitsstättenVO einzuhalten	
Luftfeuchtigkeit	– zwischen 40 % und 65 %	– es wird zu wenig oder gar nicht gelüftet – fehlende Pflanzen	– regelmäßig Lüften (Stoßlüften, nicht Kipplüften!) – Pflanzen aufstellen	
Farbeinsatz	– Grün wirkt beruhigend – Gelb regt zu geistiger Tätigkeit an – Rot fördert Aufmerksamkeit ***WENIGER IST MEHR!*** – bei Räumen mit wenig Sonnenlicht eher warme Töne verwenden	– falscher Farbeinsatz an den Wänden des Büros – fehlende Bilder – zu unruhige Bilder an den Wänden	– Wände streichen lassen – Bilder aufhängen – evtl. Bilder wechseln	

Nur so können Sie selbst zu Ihrem Wohlbefinden am Arbeitsplatz beitragen!

2.4 Büroformen

Einstiegssituation

Sie haben sich in letzter Zeit intensiv mit der Gestaltung von Büroräumen auseinandergesetzt und für Ihren Chef viele wichtige Informationen recherchiert. Da bald die Hausmesse Ihrer Firma ansteht, bittet Herr Zeimet Sie, weitere Informationen zusammenzustellen, die auf der Messe als Handout für die Kundinnen und Kunden angeboten werden können.

Welche Büroformen können unterschieden werden?

Einzelarbeit

1. *Informieren Sie sich über die verschiedenen Büroformen.*
2. *Erstellen Sie ein informatives Handout für die Kundinnen und Kunden, die Ihre Hausmesse besuchen werden.*
3. *Verwenden Sie die Funktion „Spalten".*
4. *Achten Sie auf eine einheitliche Gestaltung Ihres Handouts und berücksichtigen Sie die typografischen Regeln.*
5. *Fügen Sie auch sinnvolle Bilder zur Veranschaulichung der Raumformen ein.*
6. *Drucken Sie Ihr Handout aus und hängen Sie es an die Pinnwand.*

Plenum

7. *Vergleichen Sie die Handouts.*
8. *Prüfen Sie die Handouts auf Vollständigkeit, Übersichtlichkeit, usw.*
9. *Versehen Sie das Ihrer Meinung nach beste Handout mit einem grünen Klebepunkt. Begründen Sie Ihre Meinung.*
10. *Heften Sie Ihr Ergebnis in Ihrem Ordner ab.*

Einpersonenbüro

Übt ein Mitarbeiter eine Tätigkeit aus, die hohe Konzentration oder erhöhten Datenschutz erfordert, eignet sich ein Einpersonenbüro. Wie der Begriff bereits aussagt, sitzt hier nur eine Person im Büro. Die persönliche Privatsphäre des Mitarbeiters wird dadurch ebenfalls geschützt, was die Raumform sehr beliebt macht. Die Größe eines Einpersonenbüros sollte zwischen 8 und 12 m^2 betragen.

Mehrpersonenbüro

Mehrpersonenbüros eignen sich besonders für Mitarbeiter aus zusammengehörigen Organisationseinheiten, Teams oder Abteilungen. Durch die schnelle Kommunikation und Abstimmung zwischen den Mitarbeitern wird die gemeinsame Erledigung von Aufgaben unterstützt und es entsteht eine hohe Zeitersparnis (Wegfall der Wegezeiten, sofortiges Klären von Fragen, gegenseitige Vertretung möglich, usw.). Das Mehrpersonenbüro ist für ältere Gebäude mit großen Zimmern, aber auch als Zellenbüro geeignet. Raumgrößen sowie Raumzuschnitte sind abhängig von der Gruppengröße.

Großraumbüro

Der Grundgedanke für das Einrichten von Großraumbüros bestand in den 60er-Jahren darin, dass möglichst viel Funktionalität sowie Variabilität vorhanden sein soll. Die Kommunikation auf einer Ebene ist leichter, als beispielsweise über mehrere Stockwerke hinweg.

Durch das beliebige Anordnen von Bildschirmen kann jedoch eine Blendung der Mitarbeiter entstehen (Direktblendung, also Blickrichtung zum Fenster, oder Reflexblendung, also Spiegelung von Fenstern auf dem Bildschirm). Um Abhilfe zu schaffen, fordert das Gesetz das Aufstellen von Stellwänden oder Sichtschutzwänden. Laut Arbeitsstättenverordnung dürfen diese jedoch den Blick des Mitarbeiters durch das Fenster ins Freie nicht behindern.

Kombibüro

Die Grundidee eines Kombibüros besteht darin, die herkömmlichen Raumkonzepte miteinander zu verknüpfen und optimale Arbeitsbedingungen für die unterschiedlichen Anforderungen im Büro zu schaffen. Das Kombibüro stellt eine gute Verbindung zwischen Einzelarbeitsräumen (Arbeitskojen), die individuell gestaltet werden können, und den Team- bzw. Besprechungsräumen dar. In diesen können sich beispielsweise auch der Abteilungsdrucker, der Kopierer oder das Faxgerät befinden, also Arbeitsmittel, die von allen genutzt werden können. Im Kombibüro ist sowohl konzentrierte Einzelarbeit als auch Teamarbeit und formelle Kommunikation möglich. Auch Pausenräume sind in diesem Raumkonzept vorhanden, damit die Mitarbeiter sich bei Bedarf zurückziehen können.

3 Anforderungen an die Arbeitsplatz- und Arbeitsraumgestaltung

3.1 Sicherheit am Arbeitsplatz

Schreibauftrag

Erfassen Sie den u. a. Text in Arial, Schriftgrad 12 pt. Der Text soll später in Ihrem Unternehmen am Schwarzen Brett als Mitarbeiterinformation ausgehängt werden.

Fügen Sie als Überschrift ein WordArt mit dem Text „Mitarbeiterinformation" ein.

Formatieren Sie jeweils den Anfangsbuchstaben der Paragrafen als Kapitälchen.

Ändern Sie den Zeilenabstand in 1,5 cm.

Speichern Sie Ihr Dokument unter dem Dateinamen „arbeitsstättenvo" und drucken Sie es aus.

§ **Auszug aus der Arbeitsstättenverordnung**

Ausfertigungsdatum: 12.08.2004

Vollzitat:

„Arbeitsstättenverordnung vom 12. August 2004 (BGBl. I S. 2179), die zuletzt durch Artikel 4 der Verordnung vom 19. Juli 2010 (BGBl. I S. 960) geändert worden ist"

Stand: zuletzt geändert durch Art. 4 V v. 19.07.2010 I 960

Diese Verordnung dient der Sicherheit und dem Gesundheitsschutz der Beschäftigten beim Einrichten und Betreiben von Arbeitsstätten.

(...)

§ 2 Begriffsbestimmungen

(1) Arbeitsstätten sind:

Orte in Gebäuden oder im Freien, die sich auf dem Gelände eines Betriebes oder einer Baustelle befinden und die zur Nutzung für Arbeitsplätze vorgesehen sind, andere Orte in Gebäuden oder im Freien, die sich auf dem Gelände eines Betriebes oder einer Baustelle befinden und zu denen Beschäftigte im Rahmen ihrer Arbeit Zugang haben. (...)

1.2 Abmessungen von Räumen, Luftraum

(1) Arbeitsräume müssen eine ausreichende Grundfläche und eine, in Abhängigkeit von der Größe der Grundfläche der Räume, ausreichende lichte Höhe aufweisen, sodass die Beschäftigten ohne Beeinträchtigung ihrer Sicherheit, ihrer Gesundheit oder ihres Wohlbefindens ihre Arbeit verrichten können.

(2) Die Abmessungen aller weiteren Räume richten sich nach der Art ihrer Nutzung.

(3) Die Größe des notwendigen Luftraumes ist in Abhängigkeit von der Art der körperlichen Beanspruchung und der Anzahl der Beschäftigten sowie der sonstigen anwesenden Personen zu bemessen.

1.3 Sicherheits- und Gesundheitsschutzkennzeichnung

(1) Unberührt von den nachfolgenden Anforderungen sind Sicherheits- und Gesundheitsschutzkennzeichnungen einzusetzen, wenn Gefährdungen der Sicherheit und Gesundheit der Beschäftigten nicht durch technische oder organisatorische Maßnahmen vermieden oder ausreichend begrenzt werden können. Die Ergebnisse der Gefährdungsbeurteilung sind dabei zu berücksichtigen. (...)

1.5 Fußböden, Wände, Decken, Dächer

(1) Die Oberflächen der Fußböden, Wände und Decken müssen so beschaffen sein, dass sie den Erfordernissen des Betreibens entsprechen und leicht zu reinigen sind. An Arbeitsplätzen müssen die Arbeitsstätten unter Berücksichtigung der Art des Betriebes und der körperlichen Tätigkeit eine ausreichende Dämmung gegen Wärme und Kälte sowie eine ausreichende Isolierung gegen Feuchtigkeit aufweisen.

(2) Die Fußböden der Räume dürfen keine Unebenheiten, Löcher, Stolperstellen oder gefährlichen Schrägen aufweisen. Sie müssen gegen Verrutschen gesichert, tragfähig, trittsicher und rutschhemmend sein.

(3) Durchsichtige oder lichtdurchlässige Wände, insbesondere Ganzglaswände im Bereich von Arbeitsplätzen oder Verkehrswegen, müssen deutlich gekennzeichnet sein und aus bruchsicherem Werkstoff bestehen oder so gegen die Arbeitsplätze und Verkehrswege abgeschirmt sein, dass die Beschäftigten nicht mit den Wänden in Berührung kommen und beim Zersplittern der Wände nicht verletzt werden können.

(4) Dächer aus nicht durchtrittsicherem Material dürfen nur betreten werden, wenn Ausrüstungen vorhanden sind, die ein sicheres Arbeiten ermöglichen.

1.6 Fenster, Oberlichter

(1) Fenster, Oberlichter und Lüftungsvorrichtungen müssen sich von den Beschäftigten sicher öffnen, schließen, verstellen und arretieren lassen. Sie dürfen nicht so angeordnet sein, dass sie in geöffnetem Zustand eine Gefahr für die Beschäftigten darstellen.

(2) Fenster und Oberlichter müssen so ausgewählt oder ausgerüstet und eingebaut sein, dass sie ohne Gefährdung der Ausführenden und anderer Personen gereinigt werden können.

(...)

§ 5 Nichtraucherschutz

(1) Der Arbeitgeber hat die erforderlichen Maßnahmen zu treffen, damit die nicht rauchenden Beschäftigten in Arbeitsstätten wirksam vor den Gesundheitsgefahren durch Tabakrauch geschützt sind. Soweit erforderlich, hat der Arbeitgeber ein allgemeines oder auf einzelne Bereiche der Arbeitsstätte beschränktes Rauchverbot zu erlassen.

(2) In Arbeitsstätten mit Publikumsverkehr hat der Arbeitgeber Schutzmaßnahmen nach Absatz 1 nur insoweit zu treffen, als die Natur des Betriebes und die Art der Beschäftigung es zulassen.

3.2 Ergonomische Anforderungen an Arbeitsplätze

Einstiegssituation

Auf der anstehenden Hausmesse sollen die neuen Bürodrehstühle „Paula" und „Friedrich" sowie die dazu passenden Büroarbeitstische präsentiert werden. Der Stuhl „Paula" ist in Rottönen gehalten, „Friedrich" ist in Grüntönen entworfen. Die Tische sind an den jeweiligen Stuhl farblich angepasst.
Erwerben die Kunden ein Produkt aus dieser Serie während der Hausmesse, erhalten Sie einen Rabatt von 10%. Herr Zeimet bittet Sie, ein Rundschreiben für die Kunden zu erstellen, das den Hinweis auf die Rabattregelegung während der Messe sowie eine ***detaillierte*** *Produktbeschreibung der oben genannten Artikel enthält. Die Kunden sollen dieses Schreiben bereits vor Beginn der Messe per E-Mail zugesendet bekommen.*

Wie informiere ich Kunden über neue Produkte?

Einzelarbeit

1. *Überlegen Sie, welche Inhalte Sie in Ihr Rundschreiben aufnehmen und notieren Sie diese stichpunktartig.*
2. *Lesen Sie die Infoblätter Bürodrehstuhl und Büroarbeitstisch und machen Sie sich ebenfalls Notizen.*
3. *Prüfen Sie, welche Inhalte Ihr Rundschreiben bezüglich der neuen Produkte enthalten soll und denken Sie über die Darstellung nach.*

Partnerarbeit

1. *Besprechen Sie die Gestaltung sowie die von Ihnen gefundenen Stichpunkte.*
2. *Entwerfen Sie das Rundschreiben (jeder an seinem PC).*

3. *Achten Sie darauf, dass Ihr Rundschreiben alle wichtigen Informationen in Bezug auf Rabatt, Produkte, usw. enthält.*
4. *Verwenden Sie passende Grafiken und positionieren Sie diese sinnvoll.*
5. *Speichern Sie Ihr Ergebnis ab.*

Plenum

6. *Präsentieren Sie Ihre Ergebnisse über den Beamer und gehen Sie dabei auf die von Ihnen gewählten Inhalte sowie Ihre Strukturierung ein. Erläutern Sie, warum Bürostühle und Bürotische verschiedene Merkmale erfüllen müssen.*
7. *Prüfen Sie die Rundschreiben auf Vollständigkeit und Richtigkeit.*
8. *Ergänzen Sie ggf. Ihr Rundschreiben und drucken Sie es aus.*

3.2.1 Bürodrehstuhl

Beispiel
„Zappelphilipp oder Stockfisch?!“
Wie sitzt man denn nun richtig und ist es überhaupt wichtig zu wissen, wie man sitzt?

Die Frage lässt sich klar beantworten mit JA! Nicht nur Ihr Rücken dankt es Ihnen.

Auswirkungen von falschem Sitzen auf den Menschen

Unter falschem Sitzen versteht man eine verkrampfte bzw. schiefe Körperhaltung, die man meist über mehrere Stunden am Tag einnimmt. Dies kann zu Rückenschmerzen, Verspannungen des Nackenbereichs, Bandscheibenvorfällen und Konzentrationsstörungen führen. Langzeitschäden, die beispielsweise von der Bandscheibe herrühren, können oft nicht behoben werden. Dauerhafte Schmerzen sind die Folge. Durch eine einseitige Belastung der Bandscheiben bzw. der Wirbelsäule werden außerdem die Muskeln unnötig strapaziert, was wiederum eine starke Belastung für den menschlichen Körper darstellt.

Um Probleme zu vermeiden, sollten die folgenden Regeln beachtet werden.

Merke

- *Sitzen Sie aufrecht und nehmen Sie eine entspannte Haltung an!*
- *Unterschenkel, Oberschenkel, Oberarm und Unterarm sollen einen rechten Winkel bilden.*
- *Achten Sie auf die richtige Sitzhöhe und sitzen Sie auf der ganzen Sitzfläche des Stuhls.*
- *Neigen Sie den Kopf während der Arbeit leicht (hilfreich beim Schreiben von vielen Vorlagen: Vorlagenhalter verwenden!).*
- *Bewegen Sie sich zwischendurch mal während des Sitzens (dynamische Sitzhaltung).*
- *Denken Sie daran, dass Ihr Stuhl Armlehnen hat, und nutzen Sie diese.*
- *Auch eine Fußstütze oder eine Gelenkstütze vor der Tastatur trägt zum richtigen Sitzen bei.*
- *Stehen Sie zwischendurch regelmäßig auf und laufen Sie durch den Raum. Verrichten Sie abwechselnd verschiedene Tätigkeiten im Stehen (Telefonate, Ablage, usw.).*

Richtiges Sitzen, klar! Aber wie muss der passende Stuhl aussehen? Dies ist u.a. in der DIN 4551 und der DIN 4552 geregelt:

Bürostuhl mit Armlehnen
Bildquelle: ROHDE & GRAHL GmbH, Steyerberg/Voigtei

Der Stuhl soll eine in der Höhe und Neigung verstellbare Rückenlehne mit integrierten Stützen für den Lendenwirbelbereich haben und die Lehne muss mindestens bis zur Mitte der Schulterblätter reichen.
Bei der Sitzfläche ist darauf zu achten, dass diese breit geformt ist (40 bis 48 cm) und eine Tiefe von 38 bis 44 cm hat. Außerdem sollte das Material atmungsaktiv und gepolstert sein und sich nicht statisch aufladen. Die Sitzfläche im vorderen Bereich ist leicht abgerundet. Da alle Menschen eine unterschiedliche Körpergröße haben, muss der Stuhl höhenverstellbar sein. Ein Muss ist auch die Standsicherheit des Stuhls. Er muss 5 Rollen haben, die gebremst sind, damit der Stuhl beim Aufstehen nicht einfach wegrollt.

Sind am Bürostuhl Armlehnen vorhanden, sollten diese auch verstellbar sein.

3.2.2 Büroarbeitstisch

Richtiges Sitzen ist die Grundvoraussetzung, und natürlich ist ohne einen Tisch, an dem man gut arbeiten kann, das Ausüben der beruflichen Tätigkeit nur schwer möglich.

Wie muss der optimale Tisch aussehen? Der Büroarbeitstisch muss höhenverstellbar sein, damit er an die verschiedenen Körpergrößen angepasst werden kann. Der Durchschnittswert für einen Tisch, der nicht höhenverstellbar ist, ist 75 cm (Höhe des Tisches 72 cm, Tastaturhöhe 3 cm = insgesamt 75 cm).
Bei höhenverstellbaren Tischen sollte die Höhe zwischen 68 cm bis 76 cm betragen. Die so entstehende verstellbare Arbeitshöhe ist nach arbeitsmedizinischen Untersuchungen für Personen zwischen 1,48 und 1,89 cm Körpergröße günstig. Ferner sollte der Tisch lang und breit genug sein, damit nach Abzug des Platzes für Monitor, Tastatur, Computer und evtl. weitere Geräte wie Drucker o. Ä. noch genügend freie Fläche vorhanden ist, um gut arbeiten zu können. In der Regel sollte diese Fläche 160 cm groß sein. Um genügend Arbeitsfläche in einem kleinen Büro zu erzeugen, bietet sich ein Bürotisch mit Winkeln an, der dann wie eine L-Form wirkt. Die Tischtiefe sollte etwa 100 cm betragen, um genügend Platz für die verschiedenen Bildschirm- und Tastaturgrößen zu bieten und den entsprechenden Sehabstand zum Bildschirm zu gewährleisten. Vor der Tastatur muss ein Platz von ca. 10 cm zur Auflage der Handballen verbleiben.

Um Augenschmerzen, Nackenschmerzen oder Kopfschmerzen zu vermeiden, sollte der Monitor etwa 17 Zoll haben sowie leicht absenkbar sein. Vor der Tastatur sollte eine Handauflage für die Handballen vorhanden sein, um ein entspanntes Schreiben zu sichern. Auch der Einsatz eines Vorlagenhalters ist sinnvoll, wenn viele Texte von Vorlagen erfasst werden müssen.

Ein weiteres Kriterium ist die ausreichende Beinfreiheit. Daher sollten Blenden, die am Schreibtisch befestigt werden, um eine schönere Optik zu erreichen, bedacht angebracht werden. An den Seiten sollten mindestens 58 cm freier Beinraum zur Verfügung stehen. Auch die Standsicherheit des Büroarbeitstisches muss gewährleistet sein. Ecken, Kanten und Griffe müssen so geformt sein, dass keine Verletzungsgefahr besteht. Weiterhin dürfen die Tische keine glänzende Oberfläche haben, um störende Spiegelungen zu vermeiden.

3.3 Ergonomische Anforderungen an die Büroeinrichtung

Einstiegssituation

Da verschiedene Messeangebote „rund ums Büro" vorgesehen sind und die Kunden natürlich zum Kauf animiert werden sollen, möchte Herr Zeimet zu Beginn der Messe eine kostenlose Messezeitschrift am Eingang auslegen. Unter anderem soll in dieser ein Zeitungsartikel über die Anforderungen an eine Büroeinrichtung erscheinen. Sie bekommen von Herrn Zeimet den Auftrag, diesen Artikel zu entwerfen!

Wie informiere ich Kunden umfassend über die ergonomischen Anforderungen einer Büroeinrichtung?

Einzelarbeit

1. ***Informieren Sie sich über die Anforderungen einer Büroeinrichtung und und notieren Sie stichpunktartig wichtige Informationen.***

Partnerarbeit

2. ***Vergleichen Sie Ihre Stichpunkte und überlegen Sie sich eine aussagekräftige Überschrift für Ihren Zeitungsartikel.***
3. ***Finden Sie einen Einleitungssatz und entwerfen Sie den Zeitungsartikel mit allen wichtigen Inhalten in Bezug auf die Anforderungen an eine Büroeinrichtung.***
4. ***Berücksichtigen Sie die Funktion Spalten in Word und fügen Sie am Anfang des Textes ein Initial ein.***
5. ***Arbeiten Sie außerdem mit der Funktion Nummerierungen/Aufzählungen (DIN beachten!).***

Plenum

6. ***Präsentieren Sie Ihre Ergebnisse mit dem Beamer und erläutern Sie, wie und Warum Sie ihren Artikel so gestaltet haben.***
7. ***Prüfen Sie Ihre Ergebnisse auf Vollständigkeit und Richtigkeit und drucken Sie diese aus.***

Bildschirmarbeitsplatz

Durch viele technische Neuerungen und wachsende Aufgaben für die Mitarbeiterinnen und Mitarbeiter hat sich der Arbeitsplatz von früher in einen modernen Bildschirmarbeitsplatz gewandelt. Der früher beanspruchte Tisch sowie der Stuhl und die Ablagesysteme sind zwar noch vorhanden, aber in einer ganz anderen Art und Weise.

Bildschirmgeräte, Tastaturen, Vorlagenhalter, Fußstützen und diverse Ablagesysteme sind heute technisch hoch entwickelt. Ohne Kenntnisse des Anwenders von den jeweiligen Bedienungsmöglichkeiten wären diese Arbeitsmittel jedoch nutzlos. Daher ist eine umfassende Einweisung und Fortbildung in vielen Bereichen notwendig.

Um mögliche Gefahren von Mitarbeiterinnen und Mitarbeitern fernzuhalten, ist der Arbeitgeber darüber hinaus verpflichtet, verschiedene Richtlinien und Gesetze einzuhalten.

Richtlinien für Bildschirme

Wichtig für den Bildschirmarbeitsplatz ist das Einhalten der Bildschirmarbeitsverordnung (BildscharbV), eine Verordnung über Sicherheit und Gesundheitsschutz bei der Arbeit an Bildschirmgeräten. Diese ist geltendes Recht in Anlehnung an verschiedene EU-Richtlinien seit dem 04.12.1996, zuletzt geändert am 18.12.2008.

Folgende Ansprüche werden an Bildschirme gestellt:

§ Die auf dem Bildschirm dargestellten Zeichen müssen scharf, deutlich und ausreichend groß sein sowie einen angemessenen Zeichen- und Zeilenabstand haben.

Das auf dem Bildschirm dargestellte Bild muss stabil und frei von Flimmern sein; es darf keine Verzerrungen aufweisen.

Die Helligkeit der Bildschirmanzeige und der Kontrast zwischen Zeichen und Zeichenuntergrund auf dem Bildschirm müssen einfach einstellbar sein und den Verhältnissen der Arbeitsumgebung angepasst werden können.

Der Bildschirm muss frei von störenden Reflexionen und Blendungen sein.

Das Bildschirmgerät muss frei und leicht drehbar und neigbar sein (um so an die Körpergrößen der Mitarbeiterinnen und Mitarbeiter angepasst werden zu können).

Auszug aus der Bildschirmarbeitsverordnung, Anhang; Quelle: www.bundesrecht.juris.de

Um Spiegelungen, Blendungen und Ähnliches zu vermeiden, sollte der Bildschirm so aufgestellt sein, dass die Blickrichtung parallel zum Fenster verläuft. Weiterhin sollte darauf geachtet werden, dass Beleuchtungsmittel (Schreibtischlampe usw.) so aufgestellt werden, dass sie keine Lichtkegel auf den Bildschirm werfen. Die Folgen des Nichteinhaltens der o.a. Regeln können Augenschäden, Kopfschmerzen, Konzentrationsstörungen, Müdigkeit oder sogar Übelkeit sein.

Tastatur

Folgende Anforderungen sind an Tastaturen zu stellen:

- Die Tastatur muss vom Bildschirmgerät getrennt und neigbar sein, damit die Benutzer eine ergonomisch günstige Arbeitshaltung einnehmen können. Außerdem muss sie auf der Unterseite rutschhemmend sein, um ungewolltes Hin- und Herrutschen zu vermeiden.
- Die Tastatur und die sonstigen Eingabemittel müssen auf der Arbeitsfläche variabel angeordnet werden können. Die Arbeitsfläche vor der Tastatur muss ein Auflegen der Hände ermöglichen. Handballenauflagen schonen die Gelenke. Der benötigte Platz für diese beträgt etwa 10 cm (zwischen Tastatur und Tischkante).
- Die Tastatur muss eine reflexionsarme Oberfläche haben.
- Form und Anschlag der Tasten müssen eine ergonomische Bedienung der Tastatur ermöglichen. Die Beschriftung der Tasten muss sich vom Untergrund deutlich abheben und bei normaler Arbeitshaltung lesbar sein.

Vorlagenhalter

Müssen viele Texte von Vorlagen erfasst werden, bietet sich ein Vorlagenhalter als Hilfe an. Dieser verbessert die Körperhaltung der Schreibenden, da man sich beim Lesen (Armhaltung, Handhaltung, usw.) nicht verkrampfen muss. Man blickt gerade auf seine Vorlage, was auch überflüssige Kopfdrehungen vermeidet.

Wichtig ist jedoch, dass der Augenabstand zum Vorlagenhalter genau so groß ist wie der Augenabstand zu den übrigen Arbeitsmitteln.

Fußstütze

Bei kleineren Personen können Fußstützen zu einer ergonomischeren Sitzposition an nicht höhenverstellbaren Tischen beitragen. Anforderungen an die Fußstützen sind:

- Einstellung des Neigungswinkels muss möglich sein,
- rutschfestes Oberflächenmaterial sowie ausreichend große Stellfläche für die Füße,
- die Fußstütze muss höhenverstellbar sein.

Beim Benutzen der Fußstütze ist auf die richtige Einstellung zu achten, um gesundheitliche Schäden zu vermeiden.

4 Betriebliche Arbeitszeit – Arbeitszeitmodelle

Einstiegssituation

In der Abteilung Einkauf werden in drei Monaten zwei Mitarbeiterinnen aus der Elternzeit zurückkehren. Simone Neu-Schuh möchte vormittags arbeiten, Lisa Crames am liebsten nachmittags, in seltenen Fällen möchte Frau Crames ihre Arbeit von zu Hause aus verrichten.
Peter Zeimet überlegt nun, welches Arbeitszeitmodell sich für die beiden Mitarbeiterinnen anbietet. Er bittet Sie, ihm eine übersichtliche Aufstellung der verschiedenen Modelle vorzulegen. Gleichzeitig sollen Sie ihm einen Vorschlag machen, welche Arbeitszeitform Ihrer Meinung nach jeweils am besten geeignet ist.

Wie kann ich Arbeitszeitmodelle übersichtlich darstellen?

Einzelarbeit

1. *Informieren Sie sich über die „Arbeitszeitmodelle“.*
2. *Markieren Sie wichtige Informationen.*

Partnerarbeit

3. *Erstellen Sie eine Übersicht über die verschiedenen Arbeitszeitmodelle, die für die beiden Mitarbeiterinnen infrage kommen.*
4. *Notieren Sie, warum sich die von Ihnen ausgewählten Modelle anbieten. Finden Sie weitere Beispiele, für welche Mitarbeiter diese Modelle noch geeignet sind.*
5. *Erklären Sie Ihrem Chef, welches Arbeitszeitmodell Sie für Frau Crames und für Frau Neu-Schuh jeweils vorschlagen.*

6. ***Setzen Sie diese Vorschläge in ein Textfeld.***
7. ***Prüfen Sie Ihr Ergebnis auf Vollständigkeit und drucken Sie es aus.***
8. ***Bereiten Sie sich auf eine Präsentation als szenische Darstellung vor. Einigen Sie sich, wer „Chef/-in" und wer „Mitarbeiter/-in" ist.***

Plenum

9. ***Präsentieren Sie Ihr Ergebnis in Form der szenischen Darstellung.***
10. ***Prüfen Sie während der Darstellung die vorgeschlagenen Arbeitszeitmodelle Ihrer Mitschüler/-innen und üben Sie konstruktive Kritik.***

Gleitzeit

Beispiel
Wünschen Sie sich manchmal auch ein flexibles Arbeiten? Möchten Sie auf außergewöhnliche Termine flexibel reagieren und sich die Zeit dann entsprechend einteilen können? Fast 85 % der Arbeitnehmer/-innen in Deutschland arbeiten heute in einer Gleitzeitregelung und können so diese Wünsche Wirklichkeit werden lassen.

In den einzelnen Betrieben wird die Gleitzeitregelung zwischen der Firmenleitung und dem Betriebsrat durch eine Betriebsvereinbarung geregelt (im öffentlichen Dienst zwischen Dienststellenleiter und Personalrat durch Dienstvereinbarung, z. B. Dienstvereinbarung zur mobilen Arbeitszeit). Die Betriebsvereinbarung beinhaltet u. a. eine Regelung über „Plus- und Minusstunden", Abgeltung von geleisteten Überstunden, Festlegung der Kernzeit und unter Umständen auch Rahmenfestlegung der Gleitzeit.

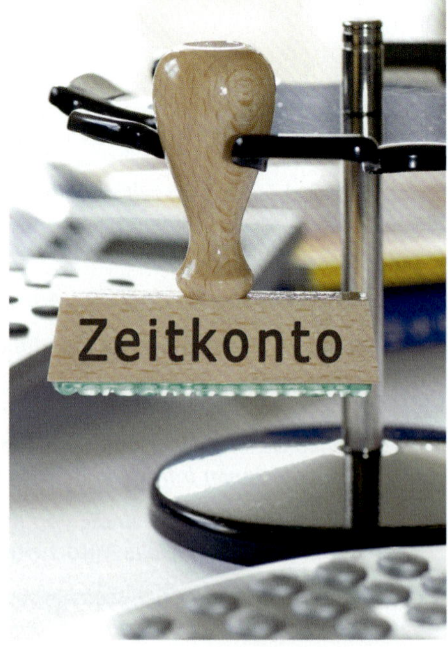

Kernzeit ist die Zeit, in der jeder Mitarbeiter anwesend sein muss (z. B. von 9:00 Uhr bis 15:00 Uhr). Die Arbeitszeiten vor und nach der Kernzeit können vom jeweiligen Mitarbeiter variabel eingeteilt werden. Meist können Überstunden auf einem Gutschriftenkonto angesammelt und später abgebaut werden. Wichtig ist aber, dass im Durchschnitt die wöchentlich vereinbarte Arbeitszeit geleistet wird.

Steht viel Arbeit an, kann jeder Mitarbeiter seine Arbeitszeit so wählen, dass das Arbeitspensum erledigt werden kann. Hat ein Mitarbeiter gerade weniger Arbeit, können die angesammelten Überstunden abgebaut oder, falls dies nicht möglich ist, vergütet werden.

Die Zeiterfassung kann entweder mit einer Stempeluhr oder mit Zeitkonten, die von den Mitarbeiterinnen und Mitarbeitern geführt werden, erfolgen. Die Zeitkonten müssen meist von den jeweiligen Abteilungsleitern bzw. Abteilungsleiterinnen am Ende einer Woche oder am Ende eines Monats unterschrieben werden.

Werden die Konten von den Mitarbeiterinnen und Mitarbeitern nicht ordnungsgemäß oder gar vorsätzlich falsch geführt, ist dies mit hohen Strafen bzw. sogar mit Verlust der Arbeitsstelle verbunden, da ein sogenannter Arbeitszeitbetrug vorliegt.

Teilzeitarbeit

Arbeitet ein Mitarbeiter oder eine Mitarbeiterin regelmäßig weniger Stunden als ein Vollzeitbeschäftigter, spricht man von Teilzeitarbeit. Die Teilzeitarbeit kann unterschiedlich organisiert sein. Zum einen können feste Arbeitstage vereinbart werden, an denen der Mitarbeiter/die Mitarbeiterin arbeitet, zum anderen können je nach Arbeitsanfall flexible Arbeitspläne erstellt werden. Die Arbeitspläne müssen jedoch die regelmäßige wöchentliche Arbeitszeit berücksichtigen, damit die Arbeitsleistung vom Arbeitgeber auch korrekt vergütet werden kann.

Telearbeit

Telearbeit bedeutet, dass ein Teil der anfallenden Arbeit außerhalb des Firmenbüros ausgeführt wird. Die Arbeitsergebnisse werden dem Unternehmen dann meist mittels E-Mail, Fax, Telefon usw. vorgelegt. Es gibt verschiedene Formen der Telearbeit:

Teleheimarbeit wird vom Arbeitnehmer von zu Hause aus erledigt. Dort hat er sein eigenes Büro oder Arbeitszimmer, das Home-Office. In den Räumlichkeiten des Betriebes existiert kein Arbeitsplatz. Sinnvoll ist dieses Modell für jüngere Arbeitnehmer/-innen, die beispielsweise nach einer Elternzeit wieder in das Berufsleben einsteigen möchten. Vorteilhaft ist, dass die Arbeitszeit vom Mitarbeiter frei eingeteilt werden kann, außerdem bleiben dem Unternehmen die bekannte Arbeitsleistung und das Fachwissen des Mitarbeiters erhalten.

Alternative Telearbeit bedeutet, dass ein Teil der Arbeitsleistung zu Hause, der andere Teil der Arbeitsleistung im Betrieb erbracht wird. Die Arbeitsmittel für die Heimarbeit werden vom Unternehmen zur Verfügung gestellt. Diese dürfen jedoch ausschließlich für betrieblich anfallende Arbeit genutzt werden. Der Arbeitsplatz im Unternehmen wird meist von mehreren Mitarbeiterinnen und Mitarbeitern genutzt (Achtung: Terminabsprachen für die Nutzung treffen!).

Mobile Telearbeit wird meist von Kundenbetreuern, Außendienstmitarbeitern, Vertretern, Maklern usw. praktiziert. Merkmal ist, dass die Arbeit an wechselnden Arbeitsorten verrichtet wird (Wohnung des Kunden, neutraler Treffpunkt mit Kunden im Café, usw.). Um Fragen der Kunden nach Produkten, Preisen, Ausstattungen usw. gleich klären zu können, haben diese Mitarbeiterinnen und Mitarbeiter meist Zugriff auf die Datenbank des Unternehmens (z. B. über das Internet).

Flexible Büroarbeitsplätze – Desk-Sharing (deutsch: „sich einen Tisch teilen")

Wird ein Büroarbeitsplatz von mehreren Mitarbeiterinnen und Mitarbeitern genutzt, die keinen festen Arbeitsplatz haben, nennt man dies „flexibler Büroarbeitsplatz". Diese Art von Arbeitsplatz ist wie ein normales Büro mit allen wichtigen Büromaterialien und Bürogeräten ausgestattet und unterliegt natürlich ebenso den gesetzlichen Bestimmungen (u. a. der EU-Richtlinie 89/391/EWG). Auch Beeinträchtigungen und Belästigungen dürfen somit an diesen Arbeitsplätzen nicht vorliegen (also Lärmreduzierung durch Anschaffung leiser Bürogeräte, Aufstellen von Stellwänden, usw.). Aufgrund des hohen Bewegungsanfalls müssen diese Arbeitsplätze mindestens eine Grundfläche von 10 m² aufweisen.

Business Center

Büroräume und Dienstleistungen, die auf Zeit angemietet bzw. genutzt werden können, nennt man Business Center. Um diese Business Center nutzen zu können, wird ein fester Tagespreis zwischen dem Betreiber des Business Centers und dem Nutzer vereinbart. Selbst die dazugehörige Infrastruktur des Business Centers kann dafür vom Nutzer in Anspruch genommen werden. Meist befinden sich Business Center in größeren Städten und wirtschaftlichen Ballungsgebieten, in denen auch häufig Messen stattfinden (Business Center werden gerne für das Vorbereiten von Messen genutzt). Auch günstige Verkehrsanbindungen müssen vorhanden sein.

Werden Büros aus Unternehmen auf diese Weise outgesourct (ausgelagert), bringt dies verschiedene Vorteile mit sich. Hohe Anschaffungskosten für Büroeinrichtungsgegenstände o. Ä. entfallen, die Kosten sind leichter kalkulierbar (durch festen Tagespreis), der Standort kann flexibel gewählt werden (z. B. wechselnde Messeorte, an denen man ausstellen möchte), keine laufenden Mietkosten für Büroräume, die nicht immer vom Unternehmen genutzt werden, usw.

Das Personal in den Business Centern übernimmt vielfältige Aufgaben wie Empfangsservice für Kunden, Postbearbeitung, Sekretariatsdienste, Bearbeitung von Aufträgen während einer Messe, Telefondienste, Organisation von Veranstaltungen, Cateringservice, Netzwerkbetreuung usw.

Callcenter (deutsch: „Telefon-Beratungszentrale")

Als Callcenter bezeichnet man ein Unternehmen, welches für eigene, aber auch für fremde Zwecke Marktkontakte mit Kundinnen und Kunden telefonisch herstellt. Dies kann aktiv (Outbound) oder passiv (Inbound) geschehen.

Definition

Outbound bedeutet, dass das Callcenter gezielt Kunden kontaktiert. Inbound bedeutet, dass das Callcenter angerufen wird.

Neben Dienstleistungsangeboten (z. B. Hotline, Beschwerdemanagement, Marktforschung, usw.) übernimmt ein Callcenter auch häufig den gesamten Telefonverkauf für verschiedene Unternehmen sowie unterschiedliche Produkte.

Durch den Einsatz von Callcentern können Abläufe im Betrieb häufig besser durchgeführt werden. Ein Callcenter kann sich auch positiv auf den Umsatz auswirken, da die Kunden sofort einen Ansprechpartner haben und Rückfragen oder Bestellungen sowie ihre Meinung äußern können.

Die Beschäftigten in einem Callcenter nennt man Callcenteragenten. Die Arbeit der Callcenteragenten erfolgt meist in Schicht- bzw. Teilzeitarbeit. In der Regel werden von einem Callcenteragenten bzw. einer Callcenteragentin zwischen 60 und 250 Telefongespräche pro Tag geführt. Bezieht sich die Tätigkeit des Callcenters nur auf den Verkauf, bekommen die Callcenteragenten meist zusätzlich zu ihrem Gehalt eine Provision für verkaufte Produkte.

Der Unterschied zwischen internen und externen Callcentern besteht darin, dass interne Callcenter betriebseigene Abteilungen sind, die für bestimmte Tätigkeiten zuständig sind, wie z. B. Einkauf, Verkauf, Kundendienst, usw. Externe Callcenter übernehmen hingegen für eine Vielzahl von Auftraggebern aus verschiedenen Branchen ganz unterschiedliche Leistungen.

Klassische Einsatzbereiche für Callcenter sind:
- Kunden- und Verbraucherberatung,
- Informationshotline,
- Bestell-, Buchungs- und Auftragsannahme,
- Reklamations- und Beschwerdeannahme,
- Notfallservice,
- Gewinnspiele.

5 Postbearbeitung

5.1 Bearbeitung der Eingangspost und Ausgangspost

Einstiegssituation

In letzter Zeit kam es bei der Postbearbeitung regelmäßig zu Verzögerungen, auch wurden leider einige Anlagen den Briefen nicht korrekt zugeordnet. Nun gehen vermehrt Kundenbeschwerden ein, weil die versandten Briefe nicht vollständig waren. Herr Zeimet bittet Sie, für den Posteingang und den Postausgang einen Ablaufplan in Form eines Handouts zu erstellen, welches allen Sachbearbeiterinnen und Sachbearbeitern ausgehändigt werden soll.

Wie muss die Eingangs- und Ausgangspost bearbeitet werden, damit diese beim Kunden vollständig und werbewirksam ankommt?

Einzelarbeit

1. *Informieren sie sich über die verschiedenen „Postabläufe".*
2. *Markieren Sie wichtige Informationen.*
3. *Erstellen Sie zu jedem Themenbereich eine eigene Mindmap (Posteingang und Postausgang) mit den einzelnen Arbeitsschritten und den Vor- und Nachteilen sowie den Funktionen.*
4. *Tauschen Sie den PC mit Ihrer Nachbarin bzw. Ihrem Nachbarn und prüfen Sie die Mindmaps auf Vollständigkeit und Richtigkeit.*

Partnerarbeit

5. *Besprechen Sie Ihre Mindmaps und nehmen Sie ggf. Änderungen vor.*
6. *Erstellen Sie das Handout mit den Postabläufen und fügen Sie Ihre Mindmaps als Screenshot ein (Druck-Taste, Word – rechte Maustaste – Einfügen).*
7. *Achten Sie beim Erstellen des Handouts darauf, dass die typografischen Regeln eingehalten werden. Entwerfen Sie auch ein „Deckblatt" für das Handout.*
8. *Bereiten Sie sich auf die Präsentation vor und drucken Sie Ihr Handout aus.*

Plenum

9. *Präsentieren Sie Ihr Handout.*
10. *Prüfen Sie die Ergebnisse Ihrer Mitschüler/-innen auf Vollständigkeit, Übersichtlichkeit usw.*
11. *Heften Sie Ihre Produkte in Ihrem Ordner ab.*

Der tägliche Gang zum Briefkasten ist für Privatleute selbstverständlich. Der Posteingang eines privaten Haushaltes ist allerdings im Vergleich zu einem Unternehmen recht überschaubar. Hier werden die Briefe einfach aus dem Briefkasten genommen, geöffnet, gelesen und ggf. beantwortet oder unter der Ablage „P" abgelegt.

Doch wie funktioniert diese Zustellung und Bearbeitung der Post in einem Unternehmen? Hier fallen nämlich nicht nur einzelne Briefsendungen oder Pakete an, sondern unter Umständen große Mengen an Post.

5.1.1 Posteingang

Beispiel
Viele große Unternehmen haben zur Postbearbeitung eine Poststelle. Bei kleineren Unternehmen ohne Poststelle wird die Bearbeitung meist von einem dafür zuständigen Mitarbeiter erledigt. Im modernen Zeitalter der EDV werden sogar viele Schriftstücke bereits in der Poststelle gescannt und nur noch digital weiterbefördert.
Aber egal, auf welche Art und Weise die Post zum Sachbearbeiter gelangt, die einzelnen Arbeitsschritte sind immer gleich.

Postannahme
Grundsätzlich wird die Post an die Unternehmen per Postboten geliefert und von einem zuständigen Mitarbeiter bzw. der Poststelle angenommen. In manchen Fällen ist es jedoch auch möglich, dass ein Mitarbeiter des Unternehmens die Post selbst bei der zuständigen Postfiliale abholt (auch in einem Postfach des Unternehmens). Dieser Mitarbeiter muss der Postfiliale allerdings bekannt sein (im Vorfeld wird für ihn eine Vollmacht ausgestellt). Kann das Unternehmen das Abholen der Post nicht selbst erledigen, besteht ferner die Möglichkeit, einen Externen zu beauftragen, der diese Dienstleistung übernimmt. Auch hier muss eine Postvollmacht für die entsprechende Person ausgestellt werden.

Liegen nun alle Poststücke im Unternehmen vor, sollen folgende Schritte eingehalten werden, damit ein reibungsloser Ablauf ohne Zeitverlust gewährleistet werden kann:

Sortieren
Die Sendungen werden nach Privatpost, Geschäftspost und Irrläufern sortiert, denn nur die Geschäftspost darf geöffnet werden. Die Privatpost wird ungeöffnet an die Empfänger weitergeleitet, Irrläufer gehen an die Postfiliale zurück.

Öffnen
Wie oben erwähnt, darf die Privatpost nicht geöffnet werden und auch für die Geschäftspost gibt es Einschränkungen (Beispiel 1). Diese wird

mit einem Brieföffner oder mit einer speziellen Brieföffnermaschine geöffnet. Diese schneidet vom Briefumschlag einen schmalen Streifen (am oberen Rand) ab, ohne den Inhalt des Umschlags zu beschädigen. Nun können die Briefe entnommen werden. Da der Anschaffungspreis einer Brieföffnermaschine sehr hoch ist, wird sie meist nur in großem Unternehmen verwendet.

Kontrollieren

Beim Kontrollieren ist darauf zu achten, dass der Briefumschlag völlig geleert ist. Außerdem wird nun eine Anlagenkontrolle durchgeführt. Die Anlagen sind meist im unteren Bereich des eingegangenen Briefes aufgeführt. Sind nicht alle aufgeführten Anlagen enthalten, wird dies handschriftlich auf dem Schreiben vermerkt, um später zu beweisen, dass das fehlende Schriftstück nicht auf dem Postweg im Haus verloren gegangen ist. Zuletzt wird das Briefdatum (meist im oberen Bereich des Briefes abgedruckt) und das Eingangsdatum des Schreibens verglichen. Passen diese Daten nicht zusammen, wird der Briefumschlag als Nachweis für die verspätete Lieferung oder verspätete Versendung durch den Absender an die Unterlagen geheftet. Vor allem bei terminkritischen Geschäftsvorgängen ist dies von großer Wichtigkeit.

Stempeln

Im nächsten Schritt wird der Eingangsstempel des Unternehmens auf dem eingegangenen Schreiben angebracht. Dies geschieht üblicherweise im oberen, rechten Teil des Schriftstücks. Stempelinhalte sind u.a. der Firmenname des Unternehmens, meist ein Feld, in dem Bemerkungen eingetragen werden können (z.B. die Schriftstücknummer o.ä.) und immer das Eingangsdatum (das immer manuell geändert werde kann). Das Eingangsdatum hat eine Beweisfunktion und dokumentiert den tatsächlichen Eingang des Schriftstücks im Unternehmen (wichtig z.B. für die Gewährung/Zahlung von Skonto, usw.).

Merksatz

Zeugnisse, Verträge o.ä. werden nicht gestempelt. An diese wird ein Zettel angebracht, auf dem der Eingangsstempel abgedruckt ist.

Die Eingangspost, die nicht geöffnet wurde, wird ebenfalls gestempelt. Hier wird der Stempel auf dem Briefumschlag angebracht.

Sortieren

Nachdem die Postsendungen gestempelt wurden, müssen sie nach den verschiedenen Abteilungen im Betrieb sortiert und später an diese verteilt werden. Dazu können verschiedene Hilfsmittel, wie z.B. Verteilermappen, Postkörbe oder Sortierregale u.a. verwendet werden.

Verteilen

Die nun sortierte Post wird an die jeweiligen Abteilungen bzw. in die entsprechenden Postfächer verteilt. In größeren Betrieben holt entweder ein Mitarbeiter der Abteilung die Post im Postzimmer ab und verteilt sie anschließend an die zuständigen Mitarbeiter oder ein Botendienst übernimmt diesen Arbeitsschritt. In Großunternehmen können auch Förderanlagen (z. B. Rohrpost) zum Einsatz kommen. Diese transportieren die Schriftstücke in die jeweiligen Abteilungen.

Beispiel 1 – Öffnen der Post

Darf geöffnet werden (Der Empfänger ist **unter** dem Firmennamen aufgeführt.)	**Darf nicht geöffnet werden** (Der Empfänger ist **über** dem Firmennamen aufgeführt.)
Bürofashion Zeimet GmbH Herrn Dr. Manfred Reitter Frauenstr. 124 89073 Ulm	Herrn Dr. Manfred Reitter Bürofashion Zeimet GmbH Frauenstr. 124 89073 Ulm

5.1.2 Eingehende elektronische Post

In der heutigen Zeit werden Schriftstücke häufig nicht mehr auf dem normalen Postweg, sondern per E-Mail versendet. Meist werden die Mails direkt an die zuständigen Sachbearbeiter/-innen geschickt. Diese bearbeiten die Mails dann eigenverantwortlich oder leiten sie ggf. an einen zuständigen Kollegen weiter. Das Sortieren der Mails kann mit individuellen Filterfunktionen erfolgen, die Mails können in entsprechenden Ordnern abgelegt werden.

Sind E-Mails an einen Zentralverteiler adressiert, haben die Mitarbeiter/-innen dafür Sorge zu tragen, dass die Mails an die zuständige Stelle weitergeleitet werden. Hierbei dürfen keine großen Zeitverzögerungen entstehen, um die Kundenzufriedenheit zu gewährleisten und auf Terminangelegenheiten zügig reagieren zu können.

5.1.3 Postausgang

Sollen Schriftstücke das Unternehmen verlassen, zählen diese als **Ausgangspost**. Auch hier müssen verschiedene Arbeitsschritte beachtet und durchgeführt werden. Je nach Betriebsgröße sind entweder die Poststelle oder einzelne Mitarbeiter dafür zuständig. Bei der Postart unterscheidet man zwischen Massenpost und Tagespost. Zur Massenpost gehören Sendungen mit gleichem Inhalt, die an viele verschiedene Haushalte gehen. Zur Tagespost zählen die täglich anfallenden Schriftstücke.

Bevor die Schriftstücke versendet werden können, müssen diese vom Zeichnungsberechtigten unterschrieben werden. Damit der/die Zeichnungsberechtigte diesen Vorgang zeitsparend durchführen kann, werden die fertiggestellten und auf Form, Inhalt und Tippfehler geprüften Schreiben in eine Unterschriftsmappe gelegt.

Ist dies erledigt, werden die Schriftstücke versandfertig gemacht und folgende Arbeiten sind durchzuführen:

Adressieren

Das Adressieren erfolgt bereits während der Erstellung des Briefes, indem auf dem Briefvordruck oben links die Empfängeradresse eingetragen wird. Zum Versenden werden dann Fensterbriefumschläge verwendet, um das zweimalige Schreiben der Adresse zu umgehen.

Geht ein Schreiben jedoch an mehrere Empfänger, bieten verschiedene Schreibprogramme die Möglichkeit, einen Serienbrief zu erstellen. Dazu wird der Brief nur einmal geschrieben und mit einer vorhandenen Adressdatenquelle verknüpft.

Zusammentragen

Werden Anlagen mit einem Schreiben versendet, müssen diese natürlich dem Brief beigefügt werden. Bei Massenpost werden meist Werbeschreiben oder Flyer an viele Kunden versendet. Dies ist sehr zeitaufwendig. Fällt viel Massenpost in einem Unternehmen an, ist daher der Einsatz einer Zusammentragmaschine sinnvoll. Diese trägt die einzelnen Anlagen in der richtigen Reihenfolge mit den entsprechenden Anschreiben zusammen.

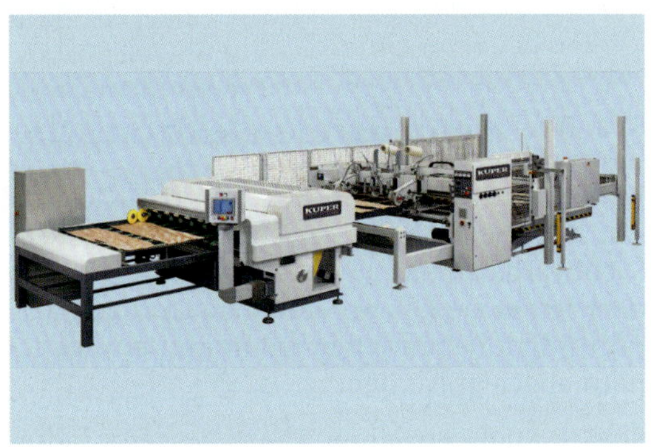

Kontrolle auf Vollständigkeit

Nach dem Zusammentragen erfolgt eine Kontrolle auf Vollständigkeit (sind alle Anlagen vorhanden und richtig, wurden die Schreiben unterzeichnet, usw.). Erst wenn diese Kontrolle erfolgt ist, darf das Versenden erfolgen.

Falten (Falzen)

Um Portokosten zu sparen, werden Schriftstücke gefaltet (gefalzt). So passen Sie in verschieden große Briefumschläge. Die Falzart und die Größe des Briefumschlags können je nach Anlageart gewählt werden. Hier steht jedoch immer das Prinzip der Wirtschaftlichkeit im Vordergrund (Portokosten so niedrig wie möglich halten!).

Merksatz

Achtung: Urkunden, Zeugnisse und ähnliche Dokumente dürfen nicht gefalzt werden. Diese müssen in einer Briefhülle mit dem Maß DIN A4 versendet werden.

Große Unternehmen verfügen über eine Falzmaschine, die in kurzer Zeit viele Sendungen „verarbeiten“ kann und damit eine Zeitersparnis bringt.

Kuvertieren und Schließen

Werden die Schriftstücke in die Briefumschläge „eingetütet“, nennt man diesen Vorgang Kuvertieren. Bei Fensterbriefhüllen ist darauf zu achten, dass die Anschrift auch tatsächlich im Fenster zu lesen ist. Um Zeit zu sparen, verwenden größere Unternehmen oft Kuvertiermaschinen, die diese Arbeit automatisch und schnell vornehmen.

Damit der Inhalt der Sendungen nicht verloren geht, müssen die Umschläge natürlich direkt geschlossen werden. Durch die Verwendung von selbstklebenden Briefhüllen beschleunigt sich dieser Arbeitsvorgang erheblich. Briefschließmaschinen versiegeln den Umschlag automatisch und mit niedrigem Zeitaufwand.

Sortieren und Wiegen

Da ein Unternehmen immer das Ziel der Wirtschaftlichkeit verfolgt, werden die Briefe nach Sendungsart und Zusatzleistungen sortiert und gewogen, um unnötige Portokosten zu vermeiden. Das Wiegen erfolgt mithilfe einer Briefwaage. Wird Massenpost versendet, entfällt dieser Arbeitsschritt, weil die Massenpost immer den gleichen Inhalt hat. Lediglich eine Sendung muss dann gewogen werden.

Frankieren

Zum Schluss werden die Briefe frankiert. Das Porto wird nach dem Gewicht der Briefe, der Größe und evtl. Zusatzleistungen (Einschreiben, Einschreiben mit Rückschein, usw.) ermittelt. Das Frankieren kann mittels Briefmarken, Freistempelmaschinen oder EDV-Anlagen erfolgen (Stampit-Verfahren).

Merksatz

Durch das Einhalten der einzelnen Schritte bei der Postbearbeitung entstehen dem Unternehmen weniger Kosten und ein reibungsloser Arbeitsablauf ist stets gewährleistet.

5.2 Hilfsmittel und Serviceleistungen zur Postbearbeitung

Einstiegssituation 1

Nachdem die Mitarbeiterinnen und Mitarbeiter der Poststelle über die zu regelnden Abläufe informiert wurden und Sie in Ihrem Handout einige Hilfsmittel bei der Postbearbeitung aufgeführt haben, müssen diese nun näher erläutert und teilweise neu angeschafft werden. Sie sollen daher eine detaillierte Aufstellung über die verschiedenen Hilfsmittel erstellen.

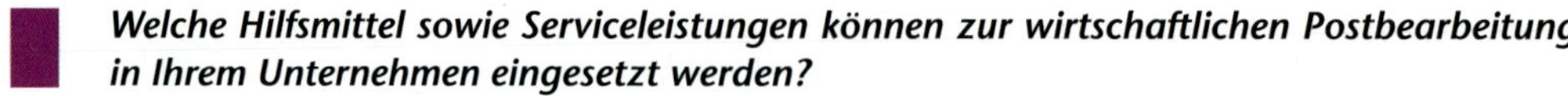

Welche Hilfsmittel sowie Serviceleistungen können zur wirtschaftlichen Postbearbeitung in Ihrem Unternehmen eingesetzt werden?

Einzelarbeit

1. ***Informieren Sie sich über die Hilfsmittel sowie die infrage kommenden Serviceleistungen für die Postbearbeitung.***
2. ***Erstellen Sie eine Übersicht über die Funktionen und Leistungsmerkmale der einzelnen Hilfsmittel auf einem 6-spaltigen Faltblatt.***

Partnerarbeit

3. ***Achten Sie beim Erstellen des Faltblattes auf ein einheitliches Design. Seite 1 des Faltblattes soll die Überschrift „Hilfsmittel sowie Serviceleistungen für die Postbearbeitung" als WordArt enthalten.***
4. ***Drucken Sie Ihr Faltblatt aus und legen Sie es in der Klassenmitte auf den Boden.***

Plenum

5. ***Bilden Sie einen Stuhlkreis um die auf dem Boden liegenden Faltblätter.***
6. ***Prüfen Sie die Faltblätter auf Vollständigkeit, Richtigkeit und Einheitlichkeit.***
7. ***Erklären Sie, warum Sie sich für die vorhandenen Aufteilungen und das Layout entschieden haben.***
8. ***Heften Sie Ihr Ergebnis in Ihrem Ordner ab.***

Einstiegssituation 2

Heute übernehmen Sie in der Poststelle die Vertretung für Ihren Kollegen Stefan Lambert. Alle Mitarbeiter/-innen bringen tagsüber die Post zu Ihnen in die Poststelle, sie legen die Post selbst in die entsprechenden Postausgangsfächer ihrer jeweiligen Abteilung. Diese Briefe und Sendungen müssen Sie nun sortieren und frankieren.
Aufgrund einer anstehenden Kostenprüfung werden die Sendungsart sowie die angefallenen Kosten jeder Abteilung in einer Tabelle erfasst. Sie beginnen direkt mit der Postbearbeitung der Personalabteilung.

Wie kann ich das Porto für die Tagespost ermitteln?

Einzelarbeit

1. ***Informieren Sie sich über die verschiedenen Tarife der Deutschen Post AG.***
2. ***Erstellen Sie eine Tabelle in Word.***
3. ***Fügen Sie eine Spalte für die Art der Sendungen und eine weitere Spalte für den Portobetrag ein. In der dritten Spalte sollen Bemerkungen eingetragen werden.***

4. *Schauen Sie sich nun die verschiedenen Sendungsarten der Personalabteilung an. Übertragen Sie diese in die Tabelle und ermitteln Sie das entsprechende Porto.*

Partnerarbeit

5. *Vergleichen Sie Ihre Tabellen und prüfen Sie diese auf Richtigkeit.*

Plenum

6. *Präsentieren Sie Ihr Ergebnis über den Beamer.*
7. *Prüfen Sie Ihre Tabelle erneut und ergänzen Sie ggf. fehlende Informationen.*
8. *Drucken Sie Ihre Tabelle aus und heften Sie Ihr Ergebnis in Ihrem Ordner ab.*

POST DER PERSONALABTEILUNG

x x EINSCHREIBEN MIT RÜCKSCHEIN Frau Dr. Michaela Bell Gartenstr. 10 54344 Kenn x Gewicht: 30 g	x x x Herrn Rechtsanwalt Karl Löperlein Schlehenweg 21 89195 Staig x Gewicht: 18 g
x x x Frau Ulrike Bramert Schulstr. 134 54411 Hermeskeil x Gewicht 44 g	x x x Frau Karin Reichert Hochwaldstr. 78 54413 Beuren/Hochwald x Gewicht 250 g
x x EINWURF-EINSCHREIBEN Bauhaus Ulm Blaubeurer Str. 567 89077 Ulm x x Gewicht: 19 g	x x x Kölling GmbH Herrn Johannes Kölling Maienweg 5 89075 Ulm-Wiblingen x Gewicht: 720 g
x x x Frau Karla Schnittler Holunderweg 4 89195 Altheim x Gewicht: 510 g	x x x Herrn Max Hustenklar Rosengasse 90 89073 Ulm x Päckchen

x x x Herrn Yannick Winter An den Kaiserthermen 10 54295 Trier x Gewicht: 300 g	x x EINWURF-EINSCHREIBEN Frau Silke Beckermann Kreuzstr. 16 54344 Kenn x Gewicht: 150 g

Hilfsmittel und Serviceleistungen

Mittlerweile gibt es viele Hilfsmittel und Serviceleistungen, die die Postbearbeitung erheblich erleichtern.

Für den **Postausgang** werden in Großbetrieben oft sogenannte **Poststraßen** verwendet. Eine Poststraße führt selbstständig Arbeitsschritte wie das Falzen, Beilegen, Kuvertieren, Verschließen, Zählen, Trennung nach Portoklassen sowie das Frankieren vollautomatisch aus. In einer Stunde können so bis zu 1.200 Tagespostsendungen und bis zu 3.600 Massenpostsendungen versandfertig gemacht werden.

Der Vorteil für die Betriebe ist natürlich eine hohe Zeitersparnis. Die Anschaffungskosten müssen jedoch ins Verhältnis mit der menschlichen Arbeitsleistung gesetzt werden: Fällt in einem Unternehmen nicht viel Ausgangspost an, ist der Einsatz einer Poststraße zu teuer im Vergleich mit der Höhe des Arbeitslohns eines Mitarbeiters.

Mit **Portowaagen** können die genauen Portokosten ermittelt werden. Hierzu wird der Brief oben auf die Waagschale gelegt, der zu frankierende Betrag wird dann elektronisch ermittelt. Ist eine **Frankiermaschine** angeschlossen, wird der ermittelte Portobetrag sofort dorthin übermittelt.

Der **Freistempler** erleichtert das Frankieren der Briefe. Zusätzlich bietet er die Möglichkeit, über einen wechselbaren Stempel neben das Porto beispielsweise das Firmenlogo aufzustempeln oder auf aktuelle Veranstaltungen (Werbestempel) hinzuweisen. Ferner können über die Eingabe von **Kostenstellen** die Portokosten der einzelnen Abteilungen in einem Unternehmen kontrolliert werden.

Beispiel
Die Personalabteilung der Bürofashion Zeimet GmbH hat die Kostenstelle 150000. Über diese Kostenstelle können die Portokosten jederzeit einfach und klar zugeordnet werden.

Um den **Freistempler** nutzen zu können, muss dieser mit Porto aufgeladen werden. Hier können verschiedene Verfahren zum Einsatz kommen:

Wertvorgabesystem
Das Registrierwerk wird vom Nutzer (Betrieb) bei der Postfiliale abgegeben. Dort muss eine Vorauszahlung getätigt werden und das Zählwerk wird in Höhe des gezahlten Betrages aufgeladen.

Fernwertvorgabesystem
Per Telefonleitung wird vom Nutzer (Betrieb) eine Verbindung zum Computer der zuständigen Datenzentrale erstellt. Nach Angabe der Kundennummer, Frankierwerknummer und Zählerwerknummer prüft der Computer die übermittelten Daten und überträgt eine neue Wertvorgabe. Diese muss vor der erstmaligen Nutzung vom Nutzer (Betrieb) festgelegt und durch Unterschrift sowie Erteilung einer Bankeinzugsermächtigung bestätigt werden (z. B. immer 2.000,00 EUR). Nach diesem Vorgang kann der Freistempler wieder mit dem aufgeladenen Betrag genutzt werden.

Ablösung des Stampit-Verfahrens durch die Internetmarke

Mit dem Slogan *„Sie sind online – Ihr Porto ist es auch!"* wirbt die Deutsche Post AG für den neuen Service **Internetmarke**. Aufgrund neuer, browser- und plattformunabhängiger Alternativen wurde das Stampit-Verfahren seit dem 01.07.2010 durch den kostenlosen Service *„Internetmarke"* von der Deutschen Post AG ersetzt. Die Internetmarke ermöglicht es, **mittels Internetverbindung** Briefe, Pakete, Päckchen usw. am eigenen PC und zu jeder Tages- oder Nachtzeit auf den Cent genau zu frankieren. Die Marken können sogar aus 200 Alternativen gestaltet werden.

Kostenlos bietet die Deutsche Post AG auch eine **neue Zusatzsoftware** an: das **E-Porto Add-in** für Microsoft Word 2003, Word 2007 oder Word 2010, mit dem Sie Briefe, Etiketten oder Umschläge im Einzel- oder Seriendruck einfach in Microsoft Word frankieren können.

Das Onlineporto wird sicher per giropay (Onlineüberweisung) oder per PayPal bzw. bei registrierten Kunden per Lastschrift über die persönliche Portokasse abgerechnet.

Vorteile beim Nutzen des **E-Porto Add-in** bzw. der **Internetmarke** sind z. B.:

- Keine Kosten für Programm-Lizenzen.
- Versenden und Einliefern der Post, wann man möchte.
- Bei Fehldrucken ist keine Rückerstattung notwendig. Die Marke kann einfach erneut richtig gedruckt werden.
- Die Briefmarken können aus über 200 Motiven gewählt werden.
- Ausgedruckte Briefmarken sowie Frankierungen sind unbegrenzt gültig.

Und **so funktioniert es:**

- Homepage der Deutschen Post AG öffnen (*www.deutschepost.de*),
- Fenster *„Internetmarke"* öffnen,

- Button *„los geht´s“* aktivieren und u. a. Fenster erscheint.
- Menüpunkte entsprechend den Wünschen durcharbeiten, und fertig ist die Frankierung!

Frankierservice

Fällt in einem Unternehmen sehr viel Post an, kann der Frankierservice der Deutschen Post AG genutzt werden. Der Kunde liefert seine sortierten, aber noch unfrankierten Briefe mit einem Versandauftrag (Vordruck, der bei der Deutschen Post AG erhältlich ist) bei der Großannahmestelle der zuständigen Postfiliale an, oder er lässt sie durch einen Postdienstleister anliefern bzw. von der Deutschen Post AG abholen. Alle Sendungen werden dann von der Deutschen Post AG frankiert und meist noch am gleichen Tag weitergeleitet (abhängig von der Lieferuhrzeit).

Bei diesem Service ist seit dem 01.07.2010 zu beachten, dass für einige Leistungen die Umsatzsteuerpflicht entfallen ist. Umsatzsteuerpflichtige Produkte sind z. B.:

- Infopost,
- Nachnahmesendungen,
- Postvertriebsstücke und Pressesendungen.

Portokosten der Deutschen Post AG im Überblick (Stand: 01.07.2010)			
Sendungsart	**Größe**	**Gewicht**	**Portokosten**
Postkarte	L: 140 bis 235 mm B: 90 bis 125 mm	150 bis 500 g	0,45 EUR
Standardbrief	L: 140 bis 235 mm B: 90 bis 125 mm H: bis 5 mm	bis 20 g	0,55 EUR
Kompaktbrief	L: 100 bis 235 mm B: 70 bis 125 mm H: bis 10mm	bis 50 g	0,90 EUR
Großbrief	L: 100 bis 353 mm B: 70 bis 250 mm H: bis 20 mm	bis 500 g	1,45 EUR
Maxibrief	L: 100 bis 353 mm B: 70 bis 250 mm H: bis 50 mm	bis 1.000 g	2,20 EUR
Päckchen	L: bis 600 mm B: bis 300 mm H: bis 150 mm	bis 2.000 g	3,90 EUR
Zusatzleistungen der Deutschen Post AG (Gebühren fallen zusätzlich zu den Portokosten an)			
Einschreiben Einwurf			1,60 EUR
Einschreiben Eigenhändig			3,85 EUR
Einschreiben mit Rückschein			3,85 EUR

Quelle: www.deutschepost.de

5.3 E-Postbrief

Einstiegssituation

Als Sie gestern Abend zu Hause im Internet gesurft haben, ist Ihnen die Werbung für den „E-Postbrief" der Deutschen Post AG ins Auge gefallen. Der E-Postbrief soll eine sichere Alternative zum Standardbrief der Deutschen Post AG darstellen und funktioniert ähnlich wie eine normale E-Mail. Sie haben noch den Satz Ihres Chefs vom gestrigen Vormittag in den Ohren „Mensch, nun brauchen wir ja schon wieder eine neue Papierbestellung" und möchten ihn davon überzeugen, aus Kostengründen und der Umwelt zuliebe verschiedenen Schriftverkehr auf den E-Postbrief umzustellen.

Wie kann ich meinen Chef von meinen Ideen überzeugen?

Einzelarbeit

1. *Informieren Sie sich über den E-Postbrief.*
2. *Notieren Sie Vorteile gegenüber einem Standardbrief, die der E-Postbrief bietet.*
3. *Vergleichen Sie die gefundenen Vorteile mit Ihrem Partner und ergänzen Sie ggf.*

Partnerarbeit

4. *Erstellen Sie eine Broschüre für Ihren Chef, aus der die Vorteile des E-Postbriefes, die Anmeldung für diesen Dienst und weitere wichtige Informationen hervorgehen.*
5. *Fügen Sie zur Veranschaulichung ein sinnvolles Bild ein.*
6. *Achten Sie auf eine übersichtliche Darstellung (ggf. mit Spalten arbeiten).*
7. *Bereiten Sie sich auf die Präsentation vor und suchen Sie sich einen Partner, der Ihren Chef spielen soll.*

Plenum

8. *Präsentieren Sie Ihrem Chef Ihre Broschüre und überzeugen Sie ihn, Ihr Unternehmen für den Service E-Postbrief anzumelden bzw. teilweise auf diesen Service der Deutschen Post AG umzusteigen (szenische Darstellung!).*
9. *Beurteilen Sie die szenische Darstellung sowie die Argumente, die für eine Umstellung auf den E-Postbrief sprechen.*
10. *Überprüfen Sie das Handout auch auf sachliche Richtigkeit sowie auf das Layout.*

Voraussetzungen

Seit dem Sommer 2010 bietet die Deutsche Post AG einen neuen Service an: den ***E-POSTBRIEF***. Um diesen Service nutzen zu können, müssen folgende Voraussetzungen erfüllt sein:

- der Hauptwohnsitz des Nutzers muss in Deutschland sein,
- der Nutzer muss mindestens 18 Jahre alt sein,
- der Nutzer muss einen internetfähigen PC mit Drucker besitzen, um den Postident-Coupon im Rahmen der späteren Registrierung ausdrucken zu können,
- der Nutzer muss ein Mobiltelefon aus dem deutschen Netz besitzen.

Registrierung im Internet

Erfüllt der Nutzer die o. g. Voraussetzungen, steht einer Anmeldung als E-Postbrief-Nutzer nichts im Wege. Nimmt man die **Registrierung im Internet** vor, funktioniert das Ganze folgendermaßen:

Man öffnet die Homepage der Deutschen Post AG (*www.deutschepost.de)* und klickt auf den Button *„E-Postbrief versenden"*. Auf der folgenden Seite finden Sie den Button *„Jetzt kostenlos registrieren"*.

In **Schritt 1** gibt man seine persönlichen Daten (diese müssen identisch sein mit den Angaben aus dem eigenen Personalausweis, Reisepass oder Meldeschein), wie Name, Vorname, Adresse, Handy-Nummer, ein. Mit einem Sicherheitscode bestätigt man die eingegebenen Angaben und gelangt zu **Schritt 2**. In diesem wird die persönliche E-Post-Adresse sichtbar, die sich standardmäßig aus dem eigenen Vor- und Nachnamen zusammensetzt.

Beispiel
daniel.breuer@epost.de

Wurden bei Schritt 1 mehrere Vornamen angegeben, erscheinen diese in der E-Post-Adresse mit Unterstrich.

Beispiel
waltraud_christine.mustermann@epost.de

Falls Sie eine E-Post-Adresse mit einer Kombination aus Buchstaben und Zahlen möchten, ist dies auch kein Problem. Über einen Änderungsbutton kann die E-Post-Adresse individuell gestaltet werden.

Im **letzten Schritt** (3) erscheint nun die Handy-Nummer, die bereits bei Schritt 1 eingegeben wurde. Diese Handy-Nummer muss mit einer TAN (Code) bestätigt werden, die sofort nach der Bestätigung von Schritt 1 per SMS an die angegebene Handy-Nummer versandt wurde. Nun ist man als E-Postbrief-Nutzer registriert und erhält in den nächsten Tagen per Post den persönlichen Registrierungscode sowie alle weiteren Informationen rund um die E-Postbrief-Registrierung.

Vorteile des E-Postbriefs

Nun liegt die Annahme nahe, dass der E-Postbrief identisch mit einer E-Mail-Adresse ist, mit der man auch Dokumente, Bilder u. Ä. versenden kann. Dies ist jedoch nicht der Fall.

Zwar schreibt, versendet und empfängt man mit dem E-Postbrief auch vom eigenen PC aus schnell und bequem Briefe, der E-Postbrief ist jedoch im Vergleich zur E-Mail

- **verbindlich** (weil Absender und Empfänger immer genau wissen, mit wem sie kommunizieren),
- **vertraulich** (weil der E-Postbrief auf seinen elektronischen Wegen vom Absender bis zum Empfänger verschlüsselt ist) und
- **verlässlich** (weil alle Arbeitsschritte in der Hand der Deutschen Post AG bleiben, die sich zuverlässig um die Zustellung der Briefe kümmert).

Die Vorteile eines normalen Briefes werden so ins Internet übertragen. Durch das Vorliegen der persönlichen Daten, die bei der Anmeldung für den E-Postbrief hinterlegt wurden und mit dem Personalausweis übereinstimmen müssen, kann man beispielsweise Behördengänge bequem von zu Hause aus erledigen und mit den Behörden kommunizieren, da diese die eindeutige persönliche Identifizierung anerkennen. Unnötige Wege- und Wartezeiten bei Ämtern entfallen somit. Außerdem erhalten Sie mit einer E-Post-Adresse weniger Spammails oder Viren Mails sowie keine unerwünschte Werbung. Und das Besondere ist, dass der E-Postbrief nicht nur elektronisch, sondern auch auf dem klassischen Weg per Postbote zugestellt werden kann.

Was kostet dieser Service der Deutschen Post AG?

Die Registrierung der persönlichen E-Postbrief-Adresse und die Bereitstellung des elektronischen Briefkastens sind **kostenlos**. Auch für den **Empfang** von E-Postbriefen fallen keine Gebühren an (wie bei einem normalen Brief auch).

Wie beim klassischen Brief müssen **für die Versendung** je nach Art und Umfang der Transaktion **unterschiedliche Gebühren** bezahlt werden (Einschreiben, Farbausdrucke usw. werden z. B. zusätzlich berechnet). Bevor Sie den E-Postbrief versenden, werden Sie detailliert über die anfallenden Kosten informiert. Soweit die gesetzliche Mehrwertsteuer anfällt, sind alle Preise inklusive dieser.

Tarife im Überblick (Stand: September 2010)

E-Postbrief (elektronische Zustellung)		
Versendungsart	**Größe**	**Porto**
E-Postbrief	bis 20 MB	0,55 EUR
Zusatzleistungen (Gebühr fällt zusätzlich an)		
Einschreiben Einwurf		1,60 EUR
Einschreiben mit Empfangsbestätigung		1,60 EUR

E-Postbrief (klassische Zustellung)					
Art	**Gewicht**	**Seiten**	**Porto**	**Druck Schwarz/ Weiß**	**Farbdruck**
Standard	bis 20 g	1 bis 3	0,55 EUR	inklusive	+0,10 EUR
Kompakt	bis 50 g	4 bis 9	0,90 EUR	+0,10 EUR	+0,10 EUR
Groß	bis 500 g	10 bis 96	1,45 EUR	+0,10 EUR	
Zusatzleistungen (Gebühr fällt zusätzlich an)					
Einschreiben					2,44 EUR
Einschreiben Einwurf					1,90 EUR
Einschreiben Eigenhändig					4,58 EUR
Einschreiben mit Rückschein					4,58 EUR
Einschreiben Eigenhändig mit Rückschein					6,72 EUR

Quelle: www.epost.de/privatkunden/uebersicht/was-kostet-der-e-postbrief.html; Abruf am 20.06.2011

5.4 Serviceangebote der Post- und Paketdienstleister

Der unten stehende Text soll als Information in Ihrer Poststelle ausgehangen werden.

- *Erfassen Sie den Text.*
- *Formatieren Sie den Text in Arial, 14 pt.*
- *Verwenden Sie für die Überschrift ein Word-Art.*
- *Fügen Sie zwei sinnvolle Grafiken ein (Internetrecherche) und formatieren Sie diese passend.*
- *Speichern Sie den Text ab und drucken Sie ihn für Ihren Ordner aus.*

Der **Wettbewerb im Bereich „Post"** ist mittlerweile sehr groß. Im Gegensatz zu früher, als die damalige Deutsche Bundespost noch eine Monopolstellung innehatte (bis 1995), gibt es heute viele verschiedene Anbieter, die diverse Dienstleistungen ausführen. Das Monopol der Deutschen Bundespost umfasste sowohl das *Versenden von Briefen* als auch die *Telekommunikation*. 1995 wurde diese staatliche Behörde durch die Postreform in drei privatwirtschaftliche Aktiengesellschaften umgewandelt: Deutsche Post AG, Deutsche Postbank AG und Deutsche Telekom AG.

Das Volumen der privaten Postdienstleister umfasst heute jährlich ca. 10 Mrd. EUR. Meist handelt es sich bei den privaten Anbietern um Zeitungsverlage, die bereits über logistische Erfahrung im Zustellen verfügen (Zustellung der Tageszeitung, Monatszeitung usw.), und die entsprechenden Zusteller. Bevor eine Firma jedoch Post zustellen kann, benötigt sie eine **Lizenz**, die sie von der **Bundesnetzagentur** erhält.

Ein Monopol für das Zustellen von **Paketen** gab es nicht. Dieser Service wird bis heute von verschiedenen **Paketzustelldiensten** ausgeführt. Die Zustelldienste unterscheiden sich meist im Preis und im Service.

Bei der **Deutschen Post DHL** kostet das Zustellen eines Paketes zzt. 6,90 EUR. Kann ein Paket dem Kunden wegen Abwesenheit nicht zugestellt werden, landet es in einer zentralen Paketstation, die meist auf dem Gelände der Postfiliale des Wohnortes steht. Hier hat der Kunde die Möglichkeit, bereits am gleichen Tag (ab dem späten Nachmittag) mit einem Abholschein das Paket abzuholen.

Die Kosten für die Versendung eines Paketes mittels **privater Postdienstleister** variieren, sie fangen zzt. bei ca. 4,25 EUR an. Manche Postdienstleister verfügen auch über sogenannte **Paketshops.** Falls ein Paket nicht an den Empfänger übergeben werden kann, wird es (nach telefonischer Rücksprache mit dem Kundenservice des jeweiligen Unternehmens) in den Paketshop umgeleitet. Dort kann das angelieferte Paket dann mit der Paketkarte und dem Personalausweis abgeholt werden. Da jedoch nicht jeder Postdienstleister über solche Paketshops verfügt, ergibt sich bei einigen der große Nachteil, dass nach maximal drei vergeblichen Zustellversuchen das Paket wieder an den Versender zurückgeliefert wird.

Weitere **Serviceangebote** privater Postdienstleister sind z. B.:

- Bring- und Abholservice der Post zu den Unternehmen (am Morgen) und von den Unternehmen zur Post (meist am späten Nachmittag),
- beim Postausgang: Stempeln und Ausliefern der Post,
- Kurierfahrten für Unternehmen.

5.5 Organisation der Textverarbeitung

5.5.1 Texte erstellen

Einstiegssituation

Ihre EDV-Abteilung möchte auf Office 2010 umstellen. Der erste Schulungsabschnitt umfasst das Programm Word 2010. Damit die Mitarbeiterinnen und Mitarbeiter fachgerecht für ihren jeweiligen Arbeitsbereich geschult werden können, bittet Frau Pfeifer Sie, eine Liste zu erstellen, aus der hervorgeht, mit welchen Funktionen die Mitarbeiterinnen und Mitarbeiter hauptsächlich arbeiten. Diese sollen dann schwerpunktmäßig in der Schulung erarbeitet und besprochen werden.

Wie kann ich Daten übersichtlich darstellen und auswerten?

Einzelarbeit

1. ***Informieren Sie sich über den Themenbereich „Texte erstellen".***

Partnerarbeit

2. ***Besprechen Sie mit Ihrer Partnerin bzw. Ihrem Partner, welche Arten der Texterstellung in einem Unternehmen sinnvoll sind. Notieren Sie dann die verschiedenen Möglichkeiten.***
3. ***Prüfen Sie die „Befragung der Mitarbeiterinnen und Mitarbeiter" und erstellen Sie eine Tabelle in Excel mit den jeweiligen Texterstellungsarten und der dazugehörigen Mitarbeiterzahl. Bilden Sie von der Mitarbeiterzahl die Summe und berechnen Sie jeweils die prozentualen Anteile der einzelnen Bereiche in Abhängigkeit von der Gesamtmitarbeiterzahl.***
4. ***Stellen Sie die Auswertung grafisch dar (Texterstellungsarten sowie dazugehörige Prozentwerte).***
5. ***Überlegen Sie, welche Word-Funktionen Sie in die Schulung aufnehmen.***

Plenum

6. ***Präsentieren Sie Ihr Ergebnis. Erläutern Sie Ihre Vorgehensweise in Excel (Erstellen der Tabelle, Berechnungen sowie das Erstellen der grafischen Darstellung).***
7. ***Begründen Sie, welche Word-Funktionen Sie als Schulungsinhalt aufnehmen, und erklären Sie diese Funktionen kurz.***
8. ***Drucken Sie Ihr Ergebnis aus und heften Sie es in Ihrem Ordner ab.***

Befragung der Mitarbeiterinnen und Mitarbeiter
6 Mitarbeiter arbeiten mit Textbausteinen sowie der Seriendruckfunktion, 3 Mitarbeiter arbeiten mithilfe des PC-Diktats, 1 Mitarbeiterin bekommt von ihren Vorgesetzten Stichworte und muss den Brief nach diesen erstellen, 4 Mitarbeiter arbeiten mit Musterbriefen/Mustervorlagen und 9 Mitarbeiter arbeiten mit Vordrucken.

Briefe oder Werbeschreiben für Produkte, um neue Kunden zu gewinnen, sind aus der Bürowelt nicht mehr wegzudenken. Mithilfe verschiedener Medien und an jedem PC können Texte auf vielfältige Weise erstellt, bearbeitet oder wieder gelöscht werden.

Art der Texterstellung	Anwendungsbeispiele	wirtschaftlicher Nutzen
Handschriftliche Vorlage	Komplizierte Texte, die von Sachbearbeitern bzw. von Vorgesetzten erstellt werden.	Sehr zeitaufwendig und sehr teuer, da der Text zuerst von Hand geschrieben und dann in ein PC-Programm übernommen und dort formatiert wird.
PC-Diktat	Direkte Beantwortung von Sachverhalten, Anfragen, usw.	Zeitaufwendig (durch „Doppelpersonal“: einer diktiert, einer schreibt).
Phonodiktat	Diktieren von – Antwortschreiben, – Protokollen, – Geschäftsberichten, – laufendem Schriftverkehr, usw.	– Die Diktierenden sollten die DIN 5009 beherrschen, damit die Schreibarbeiten vom Schreibbüro rationell erledigt werden können. – Kostengünstig, da das Schreibpersonal meist eine hohe Anschlagzahl hat.
Stichwortbrief	Beantwortung von laufendem Schriftverkehr	– Unter Umständen zeitaufwendig für den Empfänger, da der Sachverhalt nicht immer ganz klar ist, – steigert die Motivation des Schreibenden durch höhere Eigenverantwortung, – durch den Einsatz einer Briefmaske schnelle Erstellung von Schreiben möglich.
Blitzantwort	Rückmeldung bei einem Laufzettel	– Schnelle Bearbeitung, da Antwort direkt auf das Dokument geschrieben wird, – kostengünstig, da kein zusätzliches Papier anfällt, – sehr unpersönlich, – teilweise nur schwer leserlich (abhängig von Handschrift).
Aktennotiz Telefonnotiz	– Telefonate – kurze Besprechungen	– Rationell, da direkt Rückfragen gestellt bzw. Fragen beantwortet werden können, – Suchaufwand für Telefonnummern entfällt, – Beweisfunktion, – Informationsfunktion.

Art der Texterstellung	Anwendungsbeispiele	wirtschaftlicher Nutzen
Vordrucke	– Urlaubsanträge – Reisekostenabrechnungen – Onlineformulare – Kopiervordrucke	– Schnelles Eintragen von Daten möglich, – es können keine Angaben vergessen werden, – rationelles Arbeiten ist möglich.
Musterbriefe Mustervorlagen	– Mahnungen – Einladungen – wiederkehrende Schreiben (abhängig vom Unternehmen, z. B. Ortszuschlag, Kindergeld u. Ä.) – Verträge	Schnelle Bearbeitung, da nur Namen und Daten geändert werden müssen – jedoch erhöhte Kontrolle der geänderten Daten erforderlich.
Textbausteine	– Sätze, die häufig verwendet werden (z. B. „Mit freundlichen Grüßen“) – Firmenlogo u. Ä.	– Schnelle Bearbeitung, – weniger Fehler im Brieftext.
Serienbriefe	– Einladungen – Rundschreiben – Werbebriefe	– Einmaliges Erstellen des Briefes, – Versand an eine Vielzahl von Empfänger in kurzer Zeit möglich, – Datenquellen können immer angepasst werden, – Brief wirkt individuell verfasst.

Beim Erstellen der Briefe muss immer die **DIN 5008** Berücksichtigung finden. Nur dann ist beispielsweise gewährleistet, dass die Empfängeranschrift eines Geschäftsbriefes im Sichtfeld einer Fensterbriefhülle DIN lang zu sehen ist. Ferner wirken Briefe durch die Anwendung der DIN 5008 **übersichtlich und einheitlich**.

Sie sollten außerdem die **typografischen Regeln (Gestaltungsregeln)** einhalten. Diese besagen unter anderem, dass man nicht mehr als drei verschiedene Schriftarten, Schriftgrößen und Schriftfarben verwenden sollte. Grafiken sind immer passend zum Text einzufügen, beachten Sie jedoch auch hier den Grundsatz:

Merksatz
Weniger ist mehr!

5.5.2 Typografische Regeln (Gestaltungsregeln)

In jedem Büro fällt täglich viel Schriftverkehr unterschiedlicher Art an. Um diesen Schriftverkehr ansprechend zu gestalten, bieten moderne PC-Programme viele verschiedene Möglichkeiten. Damit die Leserlichkeit eines Textes verbessert wird, sollten jedoch die **typografischen Regeln** (Gestaltungsregeln) unbedingt eingehalten werden.

Definition
Die Typografie umfasst die Schriftart und die Schriftform, die für den Schriftverkehr verwendet werden.

Bei der Gestaltung eines Textes unterscheidet man zwischen starken, mittleren und schwachen Hervorhebungen.

Hervorhebungsart	Erklärung	Beispiele
schwache Hervorhebung	Sie fallen erst während des Lesens eines Textes auf. Hierzu zählen Anführungszeichen sowie Kursivschrift.	„schwache“ Hervorhebung *schwache* Hervorhebung
mittlere Hervorhebung	Fettdruck, Farbeinsatz, Unterstreichen	**mittlere** Hervorhebung mittlere Hervorhebung mittlere Hervorhebung
starke Hervorhebung	Einrücken, Zentrieren	↳ starke Hervorhebung starke Hervorhebung

5.5.3 Regeln für die Gestaltungsarten

- Nie mehr als drei verschiedene Schriftarten, Schriftfarben, Schriftgrößen verwenden.
- Nie mehr als drei verschiedene Schriftauszeichnungen (Fett, Kursiv, Unterstrichen usw. **F** *K* U).
- Niemals ähnliche Schriften verwenden (wie z. B. Garamond und Times New Roman).
- Satzzeichen immer mitformatieren.
- Text über das ganze Blatt verteilen (nicht die Hälfte oder das untere Drittel frei lassen).
- Zwischen dem Text genügend Platz lassen.
- Immer auf die Rechtschreibung achten (Texte nach dem Schreiben nochmals durchlesen)!
- Überschrift sollte immer 1/3 größer sein als der Rest des Textes.

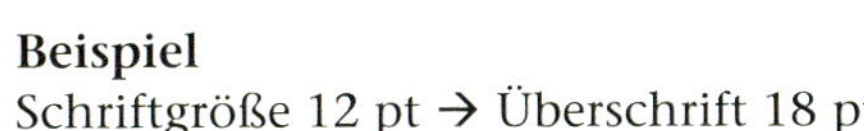

Beispiel
Schriftgröße 12 pt → Überschrift 18 pt

- Innerhalb einer Seite nicht zu viel mit WordArt arbeiten.
- Bilder und Grafiken müssen zum Inhalt des Textes passen.
- Einrücken und Zentrieren sollten innerhalb einer Textseite nur **einmal** verwendet werden.
- Texte sind oft mit kleinerer Schrift, aber größerem Zeilenabstand besser lesbar.

5.5.4 DIN-Regeln zur Gliederung von Texten

Texte muss jeder schreiben, sei es in der Schule im Unterricht (Deutsch, Englisch, Textverarbeitung oder sogar manchmal in Mathematik) oder im privaten Bereich (Briefe, Referate, Notizen, usw.). Doch worauf muss ich achten, wenn ich einen Text schreibe?

Je nach Umfang sollten Texte in **sinnvolle Absätze bzw. Abschnitte** gegliedert werden. Um einzelne Punkte optisch übersichtlicher zu gestalten, können Sie auch mit **Nummerierungen** oder **Aufzählungen** arbeiten. Aber was ist in der DIN zu diesen Gliederungen festgelegt?

Absätze
Absätze sind vom vorherigen Text sowie vom nachfolgenden Text **jeweils durch eine Leerzeile** zu trennen.

Einrücken und Zentrieren
Werden Texte eingerückt oder zentriert, müssen diese ebenfalls vom vorherigen sowie vom nachfolgenden Text durch eine Leerzeile abgesetzt werden. Bei der Einrückung ist darauf zu achten, dass diese auf **2,5 cm** eingestellt wird.

Aufzählungen/Nummerierungen
Aufzählungen und Nummerierungen sind vom vorherigen sowie vom nachfolgenden Text durch eine Leerzeile zu trennen. Das Aufzählungszeichen kann frei gewählt werden. Der aufzuzählende Text ist mit entsprechendem Abstand zum Aufzählungszeichen bzw. zum Nummerierungszeichen einzufügen. Für diesen Abstand gibt es keine Vorschrift.

Die einzelnen Aufzählungsglieder dürfen auch durch Leerzeichen getrennt werden, insbesondere, wenn sie mehrzeilig sind.

Beispiel
1., 2., 3., anschließend folgt a), b), c), usw.

Aufzählungen können auch **mehrstufig** sein.

Beispiele für mehrstufige Aufzählungen

Text Text Text Text Text Text … x 1. Text Text Text 2. Text Text Text x Text Text Text Text Text Text …	Text Text Text Text Text Text … x a) Text Text Text b) Text Text Text x Text Text Text Text Text Text …	Text Text Text Text Text Text … x ■ Text Text Text Text ■ Text Text Text Text Text Text x Text Text Text Text Text Text …

5.5.5 Textformulierung

Einstiegssituation

Häufig schreiben Sie im Auftrag von Vorgesetzten Briefe – an Kunden, Lieferanten, Mitarbeiterinnen und Mitarbeiter usw. Um dies fachgerecht erledigen zu können, möchten Sie sich eingehend über diesen Themenbereich informieren.

Wie schreibe ich Briefe adressatengerecht und sachlich richtig?

Einzelarbeit

1. *Informieren Sie sich über den Themenbereich der Textformulierung.*
2. *Notieren Sie, was für Sie beim Schreiben wichtig ist.*
3. *Analysieren Sie den Ihnen vorliegenden Brieftext auf Fehler. Öffnen Sie die Briefmaske „Bürofashion" und schreiben Sie den Brieftext um. Der Brief soll später an Frau Rosa Kneip, Im Engelsbruch 2, 66740 Saarlouis gesendet werden.*

Partnerarbeit

4. *Vergleichen Sie den Brief mit Ihrer Partnerin/Ihrem Partner und korrigieren Sie entdeckte Fehler.*
5. *Finden Sie für verschiedene Wörter, die im deutschen Sprachgebrauch häufig verwendet werden, Alternativwörter (Beispiele: „außerdem", „interessant").*
6. *Schreiben Sie diese Wörter sowie die Alternativwörter in Word auf und speichern Sie die Datei unter „Wortspiel" ab.*
7. *Drucken Sie Ihren Brief und Ihr Lexikon aus.*

Plenum

8. ***Stellen Sie Ihren Brief vor.***

9. ***Erläutern Sie, welche Wörter Sie in Ihrem Lexikon aufgeführt haben.***

10. ***Ergänzen Sie ggf. Ihr Lexikon und heften Sie beide Schriftstücke in Ihrem Ordner ab.***

Brieftext zur Bearbeitung
Sie haben uns ein Schreiben zugesendet, indem Sie uns mitteilen dass Sie 15 Stühle, Artikelbezeichnung Harry Potter blau, Artikelnummer 12456 für Ihr Ladenlokal bestellten. Könnten sie uns bitte die genaue Lieferadresse mittteilen? Diese war aus Ihrem Schreiben nicht ersichtlicht. Und wären Sie bereit, 20 % des Kaufpreises im Vorraus zu überweisen? Falls dies möglich wäre, könnten wir Ihnen die Stühle am Folgetag Ihres Zahlungseingangs SOFORT zusenden. Ein Stuhl würde 119,00 € incl. Mehrwehrsteuer Kosten. Somit ergäbe sich ein Gesamtbetrag von 1.785,0 EUR. Der Betrag, den sie per Vorkasse entrichten müßten, beliefe sich auf 357,00 Euro. Wir würden uns freuen, von Ihnen eine schnelle Antwort zu erhalten.

Freundliche Grüsse

Wie schreibe ich Briefe richtig?

Ihre Briefmaske sollte auf Ihr Unternehmen abgestimmt sein und einen individuellen Briefkopf enthalten (mit Firmenlogo). Im Brieffuß müssen alle Firmenangaben aufgeführt sein, wie vollständige Adresse Ihres Unternehmens, Bankverbindung (auch international), zuständiges Finanzamt, usw.

Vor dem Schreiben

- Legen Sie alle Unterlagen, die den Vorgang betreffen, bereit.
- Lesen Sie diese durch, damit Ihr Brief auch korrekt und vollständig formuliert werden kann.
- Prüfen Sie, ob Ihre Empfängeranschrift aktuell ist.

Das Schreiben selbst

Beachten Sie die folgenden Punkte und Ihr Brief wirkt lebendig!

- Beginnen Sie nicht jeden Satz mit einem Subjekt, dies wirkt eintönig.
- Versuchen Sie, mit passenden Wörtern an den vorherigen Satz anzuschließen.
- Stellen Sie Informationen, die wichtig sind, an den Satzanfang.
- Vermeiden Sie den Konjunktiv bzw. modale Hilfsverben (hätte, könnte, möchte, würde).
- Schreiben Sie sachlich und beschränken Sie sich auf das Wesentliche.
- Achten Sie auf fehlerfreie Rechtschreibung und auf korrekte Grammatik.
- Anreden werden im Brief immer groß geschrieben (Ihnen, Sie, Ihren)!
- Vermeiden Sie Ausdrücke, die der Empfänger als unhöflich empfindet (Umgangssprache, Jugendsprache).

- Vermeiden Sie Fremdwörter (oder fügen Sie eine Erklärung ein, ggf. als Fußnote).
- Vermeiden Sie Vergleiche durch sprachliche Bilder, diese können doppeldeutig wirken.

Beispiel
„Ein Auge zudrücken" kann einerseits bedeuten, dass man weniger sieht, andererseits, dass man etwas durchgehen lässt, was nicht so ganz „der Norm" entspricht.

Werden diese Regeln eingehalten, steht einem erfolgreichen Briefwechsel und einer guten Außenwirkung Ihres Unternehmens nichts mehr im Wege, denn:

Merksatz
Briefe sind das Aushängeschild Ihres Unternehmens! Je besser die Briefe formuliert, gestaltet und strukturiert sind, desto zufriedener ist der Kunde mit Ihrem Unternehmen und bleibt Ihnen erhalten.

5.5.6 Das Diktat

Einstiegssituation

Aufgrund einer Erkrankung im Schreibbüro bittet Ihr Chef Sie, dort einzuspringen. Der unten stehende Brief wird Ihnen direkt von Ihrem Vorgesetzten, Herrn Christian Zeimet, diktiert.

Wie diktiere ich richtig?

Einzelarbeit

1. *Informieren Sie sich über den Themenbereich „Diktieren".*
2. *Markieren Sie die wichtigsten Grundsätze.*

Partnerarbeit

3. *Besprechen Sie die Grundsätze mit Ihrer Partnerin bzw. Ihrem Partner.*
4. *Diktieren Sie sich gegenseitig den unten stehenden Brief und erfassen Sie diesen am PC (Briefmaske verwenden). Diktieren Sie auch sinnvolle Absätze.*
5. *Achten Sie beim Erfassen des Briefes auf die DIN 5008.*
6. *Kennzeichnen Sie in Ihrem diktierten Brief die Konstanten und die Anweisungen bzw. ergänzen Sie diese in Klammern (z. B. Betreff: neues Bürosystem Maybach, STOPP – FETTDRUCK – TEXT).*
7. *Speichern Sie Ihr Ergebnis ab.*

Plenum

8. ***Präsentieren Sie Ihr Ergebnis. Beschreiben Sie dabei Ihre Vorgehensweise beim Diktieren.***
9. ***Erläutern Sie den Unterschied zwischen Anweisungen und Konstanten und nennen Sie jeweils Beispiele aus Ihrem Brief.***

Einzelarbeit

10. ***Überprüfen Sie Ihren Brief auf Richtigkeit und drucken Sie ihn aus.***

Anschrift:	Kaiser & Zeisse GmbH, Frau Dr. Catharina Schlehe
	Brotstr. 57, 54290 Trier
IZ, INV:	10.03.20..
UZ, UNV:	Ihr Kürzel
Betreff:	Neues Bürosystem Maybach
Anrede:	Sehr geehrte Frau Dr. Schlehe
Unterschrift:	Sie unterschreiben den Brief im Auftrag

Text:
Danke für Ihre Anfrage bezüglich unseres neuen Bürosystems Maybach, welches Sie auf der Messe begutachtet haben. Gerne bestätigen wir Ihnen, dass das Schranksystem „Maybach" binnen 4 Wochen lieferbar ist. Der von Ihnen vorgeschlagene Termin Anfang Juli 20.. kann also eingehalten werden. Der Messerabatt in Höhe von 15 % bleibt bestehen und wird auf der Rechnung automatisch berücksichtigt. Kennen Sie schon unsere neu entwickelten Hängemappen sowie Hängehefter mit speziellem Reiter? Diese passen optimal in Ihr Schranksystem und bieten viel Platz für Unterlagen sowie eine große Fläche zur Beschriftung. Gerne senden wir Ihnen vorab ein Muster zu. Haben wir Ihr Interesse geweckt? Geben Sie uns eine kurze Rückmeldung und wir werden den Versand sofort veranlassen! Als Anlage senden wir Ihnen noch unseren neu erschienenen Büroartikelkatalog zu. Freundliche Grüße

Früher bekamen die Sekretärinnen Kassettenbänder, die vorher von ihren Vorgesetzten über ein Diktafon mit Text besprochen wurden. Die Sekretärinnen mussten diesen Text dann über Kopfhörer hören und gleichzeitig schreiben, entweder mit der Schreibmaschine oder mit einem Textverarbeitungsprogramm. Es war auch üblich, dass die Mitarbeiter/-innen des Schreibbüros zum Diktat gerufen wurden, um den gesprochenen Text der Vorgesetzten mitzustenografieren (Stenografie = Kurzschrift).

Heute erfassen die Sachbearbeiterinnen und Sachbearbeiter einen Text meist direkt in einem Textverarbeitungsprogramm und leiten diesen dann elektronisch (per Mail oder Hausnetz) an die Schreibkraft weiter. Dort wird der Text nur noch gestaltet, gegliedert, auf Tippfehler kontrolliert und in die Firmenbriefmaske übernommen.

Alternativ ist es möglich, mit einer speziellen Sprachaufnahmesoftware, die wie ein traditionelles Diktafon funktioniert, über den PC Diktate aufzunehmen und diese via E-Mail, Internet oder Hausnetzwerk direkt an das Schreibbüro weiterzuleiten. Hierfür benötigt man nur einen modernen PC und Kenntnisse über die Anwendung des Programms. Ferner sollte eine Internetverbindung oder ein Hausnetz vorhanden sein, damit die Aufnahme einfach und unkompliziert weitergeleitet werden kann.

Die Vorteile einer Sprachaufnahmesoftware sind:

- schnelles Diktieren,
- schnelle Bearbeitung,
- schnelles Versenden der Aufnahme über verschiedene Wege möglich,
- hohe Qualität der Aufnahme (dadurch können die Schreibkräfte den Text besser verstehen und erfassen, der Arbeitsablauf funktioniert reibungslos und zeitsparend),
- wenig Speicherplatz notwendig, da diese Softwarearten über modernste Komprimierungstechnologien verfügen,
- Gewährleistung des Datenschutzes, da eine Sicherheitscodierung für die erfassten Texte vergeben wird,
- automatische Bearbeitung, sprachaktiviertes Aufnehmen ist möglich.

5.5.6.1 Diktieren nach der DIN 5009

Damit die Schreibkraft das Diktat fehlerfrei und schnell erfassen kann, muss der bzw. die Diktierende einige Kriterien berücksichtigen:

- Die Diktierregeln der DIN 5009 sind einzuhalten!
- Ferner muss sowohl den Diktierenden als auch den Schreibenden die Amtliche Buchstabiertafel Inland bekannt sein. Schwierige Fremdwörter oder Eigennamen sollten mithilfe dieser buchstabiert werden.
- Zahlen sind besonders deutlich auszusprechen und am besten ziffernweise zu diktieren (von links). Ausgenommen von dieser Ansageweise sind Kalenderdaten, Währungsbeträge, Maße und Gewichte.
- Um die Zahlen zwei und drei zu unterscheiden, sollte die Zahl „zwei" mit „*zwo*" diktiert werden.
- Die Monatsnamen „Juni" und „Juli" sind als „*Juno*" und „*Julei*" anzusagen.
- Sprechpausen und eine angemessene Diktiergeschwindigkeit müssen gewährleistet sein.
- Anweisungen wie *FETT, KURSIV, UNTERSTRICHEN, BUCHSTABIEREN, EINFÜGEN EINER GRAFIK*, usw. werden mit STOPP eingeleitet und mit TEXT beendet.

  Beispiel
  STOPP, *ich buchstabiere*: H – wie Heinrich, I – wie Ida, L – wie Ludwig, L – wie Ludwig, **TEXT** wird heute ...

- Konstanten, also feststehende Bezeichnungen (*Komma, Punkt, Absatz, Betreff, Anrede,* usw.), werden nicht mit „STOPP" und „TEXT" angesagt.

Merksatz
Beachten Sie: Vor dem Beginn des Diktates sind alle Unterlagen, die für den Brief benötigt werden, bereitzulegen!

Der folgende Diktatablauf ist stets einzuhalten:

- Name des bzw. der Diktierenden, Abteilungs- oder Bereichsbezeichnung,
- Hinweis auf beigefügte Unterlagen, die ggf. während des Diktates als Hilfe herangezogen werden können,
- Name der Datei, die zu öffnen ist (falls eine vorhandene Datei überschrieben werden soll),
- Versendungsform (z. B. Einschreiben),
- Adresse des Empfängers,
- Bezugszeichen,
- Betreff,
- Anrede,
- Brieftext,
- Gruß,
- Anlagevermerk/Verteiler,
- Ende des Schriftstücks ansagen,
- Anzahl der Kopien oder Ausdrucke, falls dies zusätzlich gewünscht ist,
- Diktatende (am Schluss eines Bandes ansagen).

5.5.6.2 Amtliche Buchstabiertafel – Inland und Ausland

Buchstabe	Inland	Ausland (international)
A	Anton	Amsterdam
Ä	Ärger	
B	Berta	Baltimore
C	Cäsar	Casablanca
CH	Charlotte	
D	Dora	Dänemark
E	Emil	Edison
F	Friedrich	Florida
G	Gustav	Gallipoli

Buchstabe	Inland	Ausland (international)
H	Heinrich	Havanna
I	Ida	Italia
J	Julius	Jerusalem
K	Kaufmann	Kilogramme
L	Ludwig	Liverpool
M	Martha	Madagaskar
N	Nordpol	New York
O	Otto	Oslo
Ö	Ökonom	
P	Paula	Paris
Q	Quelle	Québec
R	Richard	Roma
S	Samuel	Santiago
SCH	Schule	
ß	Eszett	
T	Theodor	Tripoli
U	Ulrich	Uppsala
Ü	Übermut	
V	Viktor	Valencia
W	Wilhelm	Washington
X	Xanthippe	Xanthippe
Y	Ypsilon	Yokohama
Z	Zacharias	Zurich

6 Texte vervielfältigen – immer schneller, immer besser, immer günstiger

6.1 Kopieren

Einstiegssituation

In Ihrem Unternehmen sind zwei Kopierer in einem für alle Mitarbeiter/-innen gut erreichbaren Raum aufgestellt. Aufgrund der sehr hohen Kopierzahlen und der steigenden Mitarbeiterzahl spielt der Betriebsrat mit dem Gedanken, zwei zusätzliche Kopierer anzuschaffen.
Sie bekommen den Auftrag, sich über die verschiedenen Kopierer zu informieren. Die Wirtschaftlichkeit soll bei der Auswahl des neuen Kopierers natürlich im Vordergrund stehen. Gleichzeitig sollen die Mitarbeiter/-innen für die Ökologie sensibilisiert werden. Und wie sieht es eigentlich mit dem Urheberrecht aus?

Welcher Kopierer ist für ein Unternehmen am wirtschaftlichsten?

Einzelarbeit

1. *Informieren Sie sich über den Themenbereich „Kopierer".*
2. *Markieren Sie die wichtigsten Informationen.*
3. *Erstellen Sie eine tabellarische Übersicht, aus der hervorgeht, welcher Kopierer für Ihr Unternehmen geeignet ist und welche Merkmale dieser Kopierer hat.*
4. *Achten Sie auf die DIN für Tabellen.*
5. *Fügen Sie zur Illustration ein sinnvolles Bild aus dem Internet ein.*
6. *Formatieren Sie die Grafik „vor den Text".*
7. *Speichern Sie Ihr Ergebnis ab.*

Partnerarbeit

8. *Vergleichen Sie Ihre Übersichten und ergänzen Sie fehlende Aspekte.*
9. *Notieren Sie einige Punkte, die im Zusammenhang mit dem Kopieren in Bezug auf die Ökologie berücksichtigt werden sollten.*

10. *Befassen Sie sich mit dem Urheberrecht und erklären Sie sich gegenseitig den Sinn und die wichtigsten zu berücksichtigenden Punkte.*

11. *Erstellen Sie ein Merkblatt, welches die Themen „Ökologie im Zusammenhang mit dem Kopieren" und „das Urheberrecht" beinhaltet (das Merkblatt wird später im Kopierraum ausgehängt).*

Plenum

12. *Präsentieren Sie Ihre Übersicht sowie Ihr Merkblatt und beschreiben Sie Ihre Vorgehensweise.*

13. *Erklären Sie, was Wirtschaftlichkeit im Zusammenhang mit Kopieren bedeutet, erläutern Sie dabei auch die Frage „Leasing oder Kauf eines Kopierers".*

14. *Gehen Sie auf den Sinn und die wichtigsten Inhalte des Urheberrechts ein.*

Einzelarbeit

15. *Überprüfen Sie Ihre Dokumente auf Richtigkeit und drucken Sie diese aus.*

Heute ist es sehr einfach, ein Blatt zu vervielfältigen. Man legt es auf einen Kopierer, betätigt die Start-Taste und heraus kommt eine Zweitausfertigung des eingelegten Blattes. Dies geschieht in sehr kurzer Zeit und ohne viel Arbeit.

In den letzten Jahrhunderten war das Vervielfältigen von Schrift und Bild auf Papier oder ähnlichen Materialien nicht so schnell möglich. Dies ging nur handschriftlich und war eine langwierige, teure und mit Fehlern behaftete Arbeit.

Wie funktionieren Kopierer heute?

Analoges Kopieren
Ein Kopierer erzeugt durch Beleuchtung des Dokuments ein optisches Abbild und reflektiert dieses über einen Spiegel auf eine lichtempfindliche Trommel. Die hierbei übertragenen Buchstaben, Symbole, Bilder usw. wirken sich auf die lichtempfindliche Oberfläche der Trommel anders aus als vorhandene leere Flächen. Die Tonerteilchen (Farbstoff) haften auf der belichteten Fläche der Buchstaben, Symbole oder Grafiken, jedoch nicht auf den leeren Flächen. Nun wird ein Blatt Papier über eine Trommel geführt. Die Tonerteilchen haften auf dem Papier, so wird ein Abbild (Elektrofotokopie) der Vorlage erzeugt.

Digitales Kopieren
Ein Digitalkopierer scannt das Bild einmalig und in einem Arbeitsschritt ein, wandelt es in digitale Signale um und gibt es mithilfe eines Laserstrahls zur Druckereinheit aus. Weiterhin wird das Bild in einem Arbeitsspeicher gespeichert und kann später einfach abgerufen und nochmals gedruckt werden, ohne dass die Vorlage erneut gescannt werden muss.

Vorteile von digitalen Kopierern

- Gescannte Unterlagen können digital sortiert und in die richtige Reihenfolge gebracht werden.
- Über ein Netzwerk können digitale Kopierer direkt angesteuert werden, sodass die Kopie ein „Originaldruck" ist (ähnlich wie beim Laserkopierer).
- Digitale Kopiergeräte arbeiten sehr leise.

Es ist abzusehen, dass die analogen Kopierer in den nächsten Jahren komplett durch digitale Kopierer abgelöst werden. Moderne Kopiergeräte bieten heute schon neben dem Kopieren viele weitere Funktionen, wie z. B.:

- Druck von einseitig nach doppelseitig,
- doppelseitiger Druck (doppelseitig nach doppelseitig),
- Verkleinern und Vergrößern,
- Heften und Sortieren,
- unterschiedliche Belichtungen (beim Kopieren von Bildern oder Zeitungsartikeln sehr sinnvoll),
- automatischer Vorlageneinzug,
- Einzug von mehreren Blättern hintereinander möglich,
- automatische Kassettenumschaltung (von A4 auf A3 usw.).

Was ist vor der Anschaffung eines Kopierers zu beachten?

Bei der Anschaffung eines Kopierers sollten folgende Punkte Berücksichtigung finden: Das Gerät sollte

- leise kopieren und möglichst wenig Nebengeräusche (durch Belüftungsanlage usw.) verursachen,
- eine Energiesparfunktion haben (Strom sparend sein),
- platzsparend konstruiert sein,
- einfach bedient werden können und
- eine Tonersparfunktion haben.

Im Vorfeld muss genau überlegt werden, wie viele Kopien das Gerät anfertigen, was kopiert und wo kopiert werden soll (zentral oder dezentral). Denn nur, wenn diese Überlegungen angestellt werden, trägt der Kopierer auch zur Rationalisierung der Büroarbeit bei.

Jedoch sei eins zum Thema Vervielfältigung zu betonen:

Merksatz
Beachten Sie immer das Urheberrecht!

Das Urheberrechtsgesetz schützt das Recht des Urhebers an seinen Werken, es ist 1965 in Kraft getreten. 2001 wurde das deutsche Urheberrecht an die europäischen Richtlinien angepasst, im Laufe der Zeit wurden weitere Änderungen eingearbeitet.

Wichtige Regelungen des Urheberrechtsgesetzes

§ 52 a erlaubt es, geringe Teile eines Werkes oder einzelne Zeitschriftenartikel für Unterrichtszwecke und für einen bestimmt abgegrenzten Kreis von Personen, in der Regel die Kursteilnehmer, auch ohne Zustimmung der Inhaber der Verwertungsrechte zugänglich zu machen. Gültig ist dieser Paragraf zunächst bis 31.12.2012. Danach muss erneut über diesen Paragrafen entschieden werden.

§ 52 b regelt den Umgang von öffentlichen und wissenschaftlichen Bibliotheken mit elektronisch verfügbaren Werken. Digitale Werke dürfen ausschließlich an elektronischen Leseplätzen innerhalb der jeweiligen Bibliotheken wiedergegeben werden. Eine Nutzung dieser Inhalte von außerhalb, selbst von anderen Gebäuden der gleichen Universität, ist verboten.

§ 53 regelt das Anfertigen von Kopien für den Privatgebrauch. Die Bundesregierung hat festgelegt (ganz zum Ärgernis der Musik- und Filmindustrie), dass die private Kopie nicht kopiergeschützter Werke weiterhin, auch in digitaler Form, erlaubt bleibt.

Merksatz
Dennoch sind auch weiterhin wichtige Verbote zu beachten:

- *Offensichtlich* **rechtswidrig hergestellte Vorlagen***, die online zum Download angeboten werden, dürfen* **nicht** *kopiert werden!*
- *Auch der* **Kopierschutz** *darf nicht zerstört oder umgangen werden.*

Lohnt sich der Kauf eines Kopierers?

Man kann Kopierer nicht nur kaufen, sondern auch mieten. Dieser Service wird von verschiedenen Firmen angeboten und ist immer dann sinnvoll, wenn man den Kopierer nur für kurze Zeit an einem bestimmten Standort benötigt.

Beispiele

- Einsatz eines Kopierers auf einer Messe, auf Tagungen und Kongressen, an Schulungen, bei Veranstaltungen bzw. Events, oder
- für zeitlich begrenzte Aufträge, wie in einem Baubüro. Beispiele
- Einsatz eines Kopierers auf einer Messe, auf Tagungen und Kongressen, an Schulungen, bei Veranstaltungen bzw. Events, oder
- für zeitlich begrenzte Aufträge, wie in einem Baubüro.

Die Anbieterfirmen liefern den Kopierer und das Material, welches zum Kopieren benötigt wird, direkt an den gewünschten Einsatzort. Dort sind sie auch für die Wartung und später für die Abholung verantwortlich. Egal, ob die Geräte für einen oder mehrere Tage bzw. Wochen gemietet werden, die Anbieterunternehmen werben mit immer gleich hoher Servicequalität, und dies deutschlandweit bei einer riesigen Auswahl an Geräten (Farbkopierer, kleine A4-Geräte, Hochleistungsvollfarbsysteme usw.).

6.2 Drucken

Einstiegssituation

Nicht nur Kopien, sondern auch sehr viele Drucke fallen in den verschiedenen Abteilungen an. Um den Druckerbestand sowie die verschiedenen Typen zu katalogisieren, führt die EDV-Abteilung der Bürofashion Zeimet GmbH eine Inventaraufnahme der Druckergeräte durch.

Welche Drucker eignen sich für unser Unternehmen?

Einzelarbeit

1. ***Informieren Sie sich über die verschiedenen Druckerarten.***
2. ***Erstellen Sie eine Mindmap mit den verschiedenen Typen und den Vor- und Nachteilen.***

Partnerarbeit

3. ***Vergleichen Sie Ihre Mindmaps und überlegen Sie, welche Druckerart sich für Ihr Unternehmen am besten eignet.***
4. ***Notieren Sie Ihre gefundenen Punkte und formatieren Sie diese ansprechend als Aufzählungen. Berücksichtigen Sie die DIN-Regeln für die Aufzählungen!***
5. ***Fügen Sie ein anschauliches Bild aus dem Internet ein und ändern Sie das Layout in „vor den Text".***

Plenum

6. ***Präsentieren Sie Ihre Mindmap sowie die Ihrer Ansicht nach sinnvollste Druckerart und begründen Sie Ihre Meinung. Erläutern Sie außerdem, warum es sinnvoll ist, EDV-Geräte zu inventarisieren.***

Einzelarbeit

7. ***Überprüfen Sie Ihre Dokumente auf Richtigkeit und drucken Sie diese aus.***

Drucker für alle Zwecke

Im Lauf der letzten Jahre hat es im Bereich der Drucker gewaltige Fortschritte gegeben. Die meisten Geräte drucken Texte sehr viel schneller als früher, einige sind besonders leise, wieder andere Drucker produzieren farbenfrohe Grafiken oder Bilder in bester Fotoqualität. Eine Vielzahl von Herstellern bietet immer bessere und schnellere Druckertypen an. Vor der Anschaffung eines neuen Druckers sollte man sich also zunächst mit den verschiedenen Typen auseinandersetzen.

Impact-Drucker
Hierbei handelt es sich um Drucker, bei denen die Erzeugung der Zeichen durch mechanische Einwirkung auf das zu bedruckende Papier geschieht.

Non-Impact-Drucker
Zu diesem Druckertyp gehören alle Drucker, die berührungsfrei arbeiten. Nachteil dieser Drucker ist, dass sie keine Durchschläge erzeugen können.

Matrixdrucker
Bei Matrixdruckern werden die Buchstaben, sonstige Zeichen oder grafische Darstellungen aus einzelnen matrixförmig angeordneten Punkten zusammengesetzt. Von Nadeln werden sie über ein Farbband auf das Papier übertragen. Neben einer hohen Druckgeschwindigkeit bieten diese Geräte vielfältige Darstellungsmöglichkeiten.

Typenraddrucker
Über ein Schreibrad wird der Text zeichenweise gedruckt. Leider sind Typenraddrucker nicht grafikfähig. Das Schriftbild dieser Druckerart ähnelt dem der Schreibmaschine.

Thermodrucker
Bei diesen Druckern wird im Druckkopf eine Punktmatrix kurzzeitig erhitzt. Für die meisten Thermodrucker muss ein wärmeempfindliches, beschichtetes Spezialpapier verwendet werden. Bei neueren Entwicklungen werden aus einem speziellen Farbband Farbpartikel abgeschmolzen und auf das Papier übertragen.

Tintenstrahldrucker
Durch feine Düsen im Druckkopf wird eine Spezialtinte auf das Papier gesprüht. Das so erzeugte Schriftbild kann in der Qualität mit der des Typenraddruckers konkurrieren. Tintenstrahldrucker arbeiten jedoch erheblich leiser und sind grafikfähig.

Laserdrucker
Beim Laserdruck wird ein aus der Vervielfältigungstechnik (Fotokopierer) abgeleitetes elektrostatisches Druckverfahren angewendet. Einzelne Seiten werden komplett in einem einzigen Arbeitsschritt gedruckt, wobei Schriftart und -größe beliebig variieren. Auch bildhafte Darstellungen können so erzeugt werden.

Multifunktionsgeräte
Multifunktionsgeräte rücken immer mehr in den Fokus des Nutzers: Sie können drucken, scannen und faxen.

Weitere Funktionen von modernen Druckern sind Wireless LAN, Anschlussoptionen wie USB, WiFi, Ethernet, Speicherkarte, Bluetooth und vieles mehr.

Merksatz
Das Wichtigste bei der Auswahl eines Druckers ist, dass dieser zum eigenen Computer und zum Textverarbeitungsprogramm (PC-Software) bzw. zum Betriebssystem passt.

6.3 Durchschriften im Durchschreibeverfahren

Einstiegssituation

In Ihrer internen Firmenzeitschrift, die alle drei Monate erscheint, soll der unten stehende Artikel unter dem Titel „Büroarbeit früher – Büroarbeit heute" veröffentlicht werden.

Wie gestalte ich einen Zeitungsartikel?

Einzelarbeit

1. *Erfassen Sie den Text zum Thema „Durchschriften im Durchschreibeverfahren".*
2. *Formatieren Sie den Text in drei Spalten mit Trennlinie. Achten Sie auf den Spaltenumbruch in jeder Spalte und den gleichen Abstand der Ränder.*
3. *Fügen Sie ein ClipArt in der letzten Spalte ein, welches zu Ihrem Text passt.*

Partnerarbeit

4. *Vergleichen Sie Ihre Artikel.*
5. *Überlegen Sie anhand von Beispielen, wann der Einsatz von Durchschreibepapier in Ihrem Betrieb noch sinnvoll sein kann.*
6. *Notieren Sie diese Beispiele unter Ihren Spalten in einer Tabelle (jeder an seinem eigenen PC).*
7. *Formatieren Sie die Tabelle nach der DIN.*

Plenum

8. *Präsentieren Sie Ihren Zeitungsartikel sowie die gefundenen Punkte und erläutern Sie Ihre Vorgehensweise.*

Einzelarbeit

9. *Überprüfen Sie Ihre Dokumente auf Richtigkeit und drucken Sie diese aus. Heften Sie Ihre Dokumente dann in Ihrem Ordner ab.*

Früher wurden alle Schriftstücke **mit der Schreibmaschine** erstellt oder ausgefüllt. Sollte eine **Originaldurchschrift** dieser Schreiben erzeugt werden, nutzte man verschiedene Hilfsmittel:

Das **Kohlepapier** wurde am häufigsten zum Erstellen von Originaldurchschriften eingesetzt. Aber wie funktioniert dieses Prinzip eigentlich?

Hinter das Originalschriftstück wird ein Blatt Kohlepapier gelegt. Die schwarze Seite des Kohlepapiers, also die Beschichtung, zeigt immer nach unten. Nun wird ein weiteres Blatt Papier hinter das Kohlepapier gelegt, auf welchem dann später die Durchschrift erzeugt wird. Dieser Vorgang kann bis zu dreimal wiederholt werden. Leider ist es kaum möglich, mehr als drei Durchschriften eines Schriftstücks zu erzeugen, da die Druckkraft der Schreibmaschinenanschläge für mehr als drei Durchschläge nicht ausreichend ist.

Natürlich können auf diese Weise auch handschriftliche Durchschriften erstellt werden. Wichtig ist jedoch auch hier, dass die Druckkraft entsprechend groß ist. Daher ist es sinnvoll, einen Kugelschreiber statt eines Füllers für die Schreibtätigkeit zu verwenden. Füller erzeugen zu wenig Druck, so kann das Kohlepapier die Buchstaben oft nicht richtig durchschreiben.

Ein weiteres Hilfsmittel war **Blaupapier**, welches wie das Kohlepapier funktioniert.

Oft gab es auch **Vordrucksätze** (das Original war bereits mit den Durchschriften zusammengeheftet) **mit Karbonisierung**. Die Rückseite des Originals sowie die Durchschriften sind auf der Rückseite eingefärbt. Ebenfalls durch Druck wird die Schrift jeweils auf die nächste Seite übertragen.

In manchen Büros ist heute noch **Kohlepapier** zu finden. Ein großer Nachteil dieser Durchschreibetechnik besteht jedoch darin, dass Kohlepapier schwarze Hände und Rückstände auf der Kleidung verursacht, wenn man nicht sorgsam damit umgeht, da Kohlepapier bereits bei kleinstem Druck abfärbt. Weiterhin muss möglichst fehlerfrei geschrieben werden, denn: Sobald ein Fehler auf der Schreibmaschine geschrieben wird, kann dieser zwar auf dem Original mittels des Korrekturbandes gelöscht werden. Der Fehler sowie der neu angeschlagene Buchstabe sind jedoch auf allen Durchschriften sichtbar. Dies führt zu erschwerter Leserlichkeit der Durchschriften. Außerdem verblasst die mit Kohle- oder Blaupapier erstellte Durchschrift nach einiger Zeit. Sie ist also nicht so lange haltbar wie Kopien.

7 Der Vordruck als Informationsträger

7.1 Vordruckgestaltung

Einstiegssituation

Im Büro nebenan findet ein lautes Gespräch statt zwischen Peter Zeimet und Ina Klein, Ihrer neuen Praktikantin. Herr Zeimet moniert, dass Frau Klein ihm nicht alle Informationen mitgeteilt hat, die er für die Bearbeitung der telefonischen Anfrage eines Kunden benötigt.

Wie kann ich telefonische Informationen vollständig und übersichtlich festhalten?

Einzelarbeit

1. *Informieren Sie sich über das Thema „Vordrucke".*
2. *Notieren Sie Stichpunkte, die für die Erstellung einer Telefonnotiz (Vordruck) wichtig sind.*

Partnerarbeit

3. *Vergleichen Sie Ihre Stichpunkte und ergänzen Sie ggf. fehlende Informationen.*
4. *Erstellen Sie einen Telefonnotizvordruck.*
5. *Beachten Sie, dass der Vordruck ein firmenbezogenes Design erhalten soll.*
6. *Bereiten Sie sich auf die Präsentation des Vordrucks vor.*

Plenum

7. *Präsentieren Sie Ihren Vordruck und erläutern Sie die Inhalte sowie das gewählte Design.*
8. *Erläutern Sie, warum Herr Zeimet nicht alle Informationen mitgeteilt bekommen hat.*
9. *Drucken Sie Ihr Ergebnis aus.*
10. *Heften Sie Ihr Ergebnis in Ihrem Ordner ab.*

Definition

Unter einem Vordruck versteht man nach der Norm DIN 32754 „ein Papier eines bestimmten Formates mit Aufdruck zur ergänzenden Beschriftung".

Dieses Schriftstück ist allerdings vor einigen Jahren entstanden, als Vordrucke noch aus Einzelvordrucken und Vordrucksätzen bestanden. Heute bezieht sich der Begriff „Vordruck“ meist auf moderne Computertechnik und findet in Vordruckmasken, Dokumentvorlagen oder Onlineformularen Anwendung. Bei Vordrucken, die am PC erstellt werden, handelt es sind um elektronisch gespeicherte Angaben für viele Einsatzbereiche, z.B. Geschäftsbriefe, Verträge und alle weiteren Schriftstücke, die im Bürobereich, aber auch im Privatleben regelmäßig genutzt werden.

Vorteile von Vordrucken sind:

- schnelles Ausfüllen,
- wenig zeitintensiv und dadurch sehr wirtschaftlich,
- alle wichtigen Informationen werden festgehalten, ohne dass ein Aspekt vergessen wird,
- einheitliches Format und dadurch übersichtliche Wirkung.

Werden Vordrucke mithilfe des PCs erstellt und auch genutzt (also ausgefüllt), ergeben sich weitere Vorteile:

- jeder Vordruck lässt sich bei Bedarf sehr schnell aktualisieren,
- Schreibfehler können sofort korrigiert werden,
- Versand per E-Mail oder Veröffentlichung im Internet ist leicht und unkompliziert möglich,
- niedrige Kopier- und Papierkosten, dadurch sehr wirtschaftlich und umweltschonend.

Immer wieder tauchen im Alltag Vordrucke auf, die uns die Arbeit erleichtern.

Beispiele
Überweisungsvordrucke, Quittungsblöcke, Formulare für die Einkommensteuererklärung, ...

Auch im Schulbereich fallen Ihnen bestimmt verschiedene Vordrucke ein, die Schülerinnen und Schüler ausfüllen und zurückgeben müssen.

Beispiele
Antrag auf einen Schülerausweis, Antrag auf Befreiung vom Unterricht, ...

Natürlich gibt es auch in jedem Unternehmen eine Vielzahl unterschiedlicher Vordrucke.

Beispiele
Urlaubsantrag, Antrag auf Arbeitsbefreiung, Kopierauftrag, Personalbogen, Antrag auf Beihilfe usw.

Entschuldigung
für das Fehlen im Unterricht

Name: ____________________

Klasse: ____________________

Zeitraum: ____________________

Grund des Fehlens: ____________________

____

____

____

____
Ort, Datum

____

Unterschrift Schüler/-in	Unterschrift Erziehungsberechtigte(r)

Wird ein Vordruck erstellt, sollten vor allem die Normen und Anforderungen der Praxis berücksichtigt werden, nämlich:

- Vollständigkeit (alle Angaben für die Informationen müssen vorhanden sein),
- ablaufgerechte Gestaltung (einzelne Phasen des Arbeitsablaufes müssen berücksichtigt werden),
- behandlungsgerechte Gestaltung (alle Faktoren hinsichtlich Format und Versand müssen auf die Weiterverarbeitung abgestimmt sein),
- schreibgerechte Gestaltung (Räume für vorgesehene Eintragungen sollen der Handschrift bzw. Maschinenschrift angepasst sein),
- Umweltverträglichkeit (Größe und Eigenschaft des Papiers sollen nach umweltschonenden Gesichtspunkten bestimmt werden).

7.2 Vordruckbeispiel: Interne Mitteilung

Einstiegssituation

Im kommenden Monat wechseln Sie in die Personalabteilung. In acht Wochen soll der alljährliche Betriebsausflug der Bürofashion Zeimet GmbH stattfinden, für die Bewirtung ist in diesem Jahr die Personalabteilung zuständig. Ihre Chefin, Elisabeth Pfeifer, gibt Ihnen den Auftrag, die Mitarbeiterinnen und Mitarbeiter der Personalabteilung hierüber zu informieren. Außerdem soll die Personalabteilung einen Plan erstellen und an die Geschäftsführer weiterleiten, auf dem angegeben ist, welche Mitarbeiter/-innen welche Schichten übernehmen und wer an welchem Stand tätig ist (Getränkestand, Weinstand, Essensstand, usw.).

Wie gestalte ich eine ansprechende interne Mitteilung an die Kolleginnen und Kollegen der Personalabteilung?

Einzelarbeit

1. *Lesen Sie das Informationsblatt.*
2. *Markieren Sie die wichtigsten Inhalte.*
3. *Erstellen Sie einen Spickzettel mit den Inhalten einer internen Mitteilung.*

Partnerarbeit

4. *Vergleichen Sie Ihre Spickzettel und ergänzen Sie ggf. fehlende Informationen.*
5. *Schreiben Sie eine interne Mitteilung an die Mitarbeiter/-innen der Personalabteilung mit allen wichtigen Inhalten.*
6. *Berücksichtigen Sie, dass eine Kopie der internen Mitteilung an den Betriebsratsvorsitzenden, Herrn Ralf Hammes, gehen soll.*
7. *Drucken Sie Ihr Ergebnis aus.*

Plenum

8. *Präsentieren Sie Ihr Ergebnis. Begründen Sie Ihre Formatierungen sowie Ihre Vorgehensweise.*
9. *Hängen Sie Ihre internen Mitteilungen an die Pinnwand und vergleichen Sie diese miteinander. Üben Sie konstruktive Kritik!*
10. *Heften Sie Ihre interne Mitteilung in Ihrem Ordner ab.*

Definition
Die interne Mitteilung ist ein Schriftstück innerhalb eines Betriebes, welches eine konkrete Absicht beinhaltet. Hier werden also keine Ereignisse oder Ergebnisse notiert, sondern bestimmte Wünsche oder Informationen mitgeteilt.

Für den innerbetrieblichen Schriftverkehr gibt es keine Formvorschriften. Dennoch sollten die für die Bearbeitung wichtigsten Daten deutlich erkennbar sein und die Regeln der DIN 5008 eingehalten werden (Anrede, Datum, usw.).

Auch das Betriebsklima sollte beim Verfassen von internen Mitteilungen berücksichtigt werden. Hier zeigt sich vor allem die Teamfähigkeit des Einzelnen. Innerbetriebliche Korrespondenz mit Kolleginnen und Kollegen sowie mit Vorgesetzten sollte immer eine gewisse Höflichkeit aufweisen, im Zweifelsfall aber ist Sachlichkeit gefragt.

Beim Verfassen des Textes sollte man sich auf kurze, prägnante Sätze konzentrieren: Zu viel Text kann dazu führen, dass der bzw. die Empfänger/-in das Schreiben nur kurz überfliegt und dadurch wichtige Inhalte nicht bemerkt. Falls Daten dargestellt werden müssen, kann dies zur besseren Übersichtlichkeit auch in tabellarischer Form erfolgen.

Folgende Inhalte sollte eine interne Mitteilung mindestens enthalten:

Beispiel

Interne Mitteilung

Von: ____________________

An: ____________________

Betreff

Anrede

Text

Ort, Datum
Handlungsvollmacht
Unterschrift

7.3 Der Geschäftsbrief – Ein Vordruck, den die DIN 5008 regelt!

7.3.1 Beispiel für einen Geschäftsbrief mit Bezugszeichenzeile

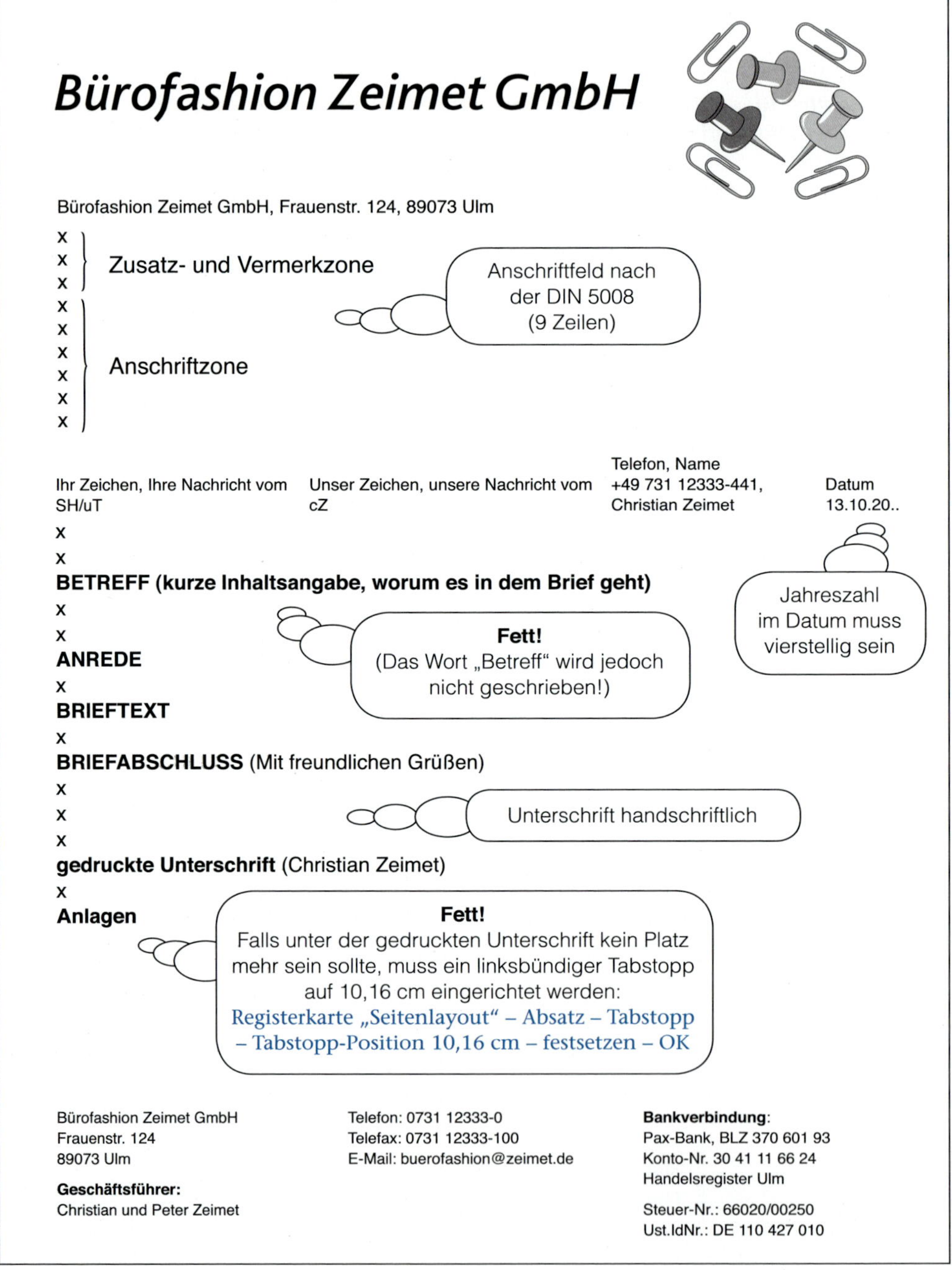

Bürofashion Zeimet GmbH

Bürofashion Zeimet GmbH, Frauenstr. 124, 89073 Ulm

x
x Zusatz- und Vermerkzone
x

x
x
x
x Anschriftzone
x
x

Ihr Zeichen, Ihre Nachricht vom	Unser Zeichen, unsere Nachricht vom	Telefon, Name	Datum
SH/uT	cZ	+49 731 12333-441, Christian Zeimet	13.10.20..

x
x

BETREFF (kurze Inhaltsangabe, worum es in dem Brief geht)

x
x

ANREDE

x

BRIEFTEXT

x

BRIEFABSCHLUSS (Mit freundlichen Grüßen)

x
x
x

gedruckte Unterschrift (Christian Zeimet)

x

Anlagen

Bürofashion Zeimet GmbH
Frauenstr. 124
89073 Ulm

Geschäftsführer:
Christian und Peter Zeimet

Telefon: 0731 12333-0
Telefax: 0731 12333-100
E-Mail: buerofashion@zeimet.de

Bankverbindung:
Pax-Bank, BLZ 370 601 93
Konto-Nr. 30 41 11 66 24
Handelsregister Ulm

Steuer-Nr.: 66020/00250
Ust.IdNr.: DE 110 427 010

7.3.2 Beispiel für einen Geschäftsbrief mit Informationsblock

Bürofashion Zeimet GmbH

Bürofashion Zeimet GmbH, Frauenstr. 124, 89073 Ulm

x
x
x } Zusatz- und Vermerkzone
x
x
x
x } Anschriftzone
x
x

Anschriftfeld nach der DIN 5008 (9 Zeilen)

Ihr Zeichen:
Ihre Nachricht vom:
Unser Zeichen: cZ
Unsere Nachricht vom:

Name: Christian Zeimet
Telefon: 0731 12333-441
Telefax: 0731 12333-100
E-Mail: buerofashion@zeimet.de

Datum: 13.10.20..

x
x
BETREFF

Fett!
(Das Wort „Betreff" wird jedoch nicht geschrieben!)

x
x
Anrede (Sehr geehrte Damen und Herren)
x
Brieftext

- **Brieftext**
- **Brieftext**

Wird Text eingerückt – auch mit Nummerierung/Aufzählungen –, erfolgt die Einrückung auf 2,54 cm und der eingerückte Text ist mit einer Leerzeile vom oberen und unteren Text zu gliedern.

Briefabschluss (Mit freundlichen Grüßen)
x
x
x
gedruckte Unterschrift (Christian Zeimet)
x
Anlagen

Fett!
Falls unter der gedruckten Unterschrift kein Platz mehr sein sollte, muss ein linksbündiger Tabstopp auf 10,16 cm eingerichtet werden:
Registerkarte „Seitenlayout" – Absatz – Tabstopp – Tabstopp-Position 10,16 cm – festsetzen – OK

Bürofashion Zeimet GmbH
Frauenstr. 124
89073 Ulm

Geschäftsführer:
Christian und Peter Zeimet

Telefon: 0731 12333-0
Telefax: 0731 12333-100
E-Mail: buerofashion@zeimet.de

Bankverbindung:
Pax-Bank, BLZ 370 601 93
Konto-Nr. 30 41 11 66 24
Handelsregister Ulm

Steuer-Nr.: 66020/00250
Ust.IdNr.: DE 110 427 010

7.4 Papier – Formate und Qualitäten

Einstiegssituation

In Ihrem Aufgabengebiet ist das Erledigen von vielen Arbeiten ohne Papier nicht denkbar. Damit Sie sich näher mit der Thematik „Papier" auseinandersetzen und ein Bewusstsein entwickeln, gibt Ihnen Ihr Chef folgenden Arbeitsauftrag.

■ ***Warum müssen Papierformate in der Arbeitswelt berücksichtigt werden?***

Einzelarbeit

1. ***Informieren Sie sich über Papier und seine unterschiedlichen Qualitäten sowie Formate.***
2. ***Falten Sie ein DIN-A4-Blatt so, dass Sie die Maße A5, A6, A7 und A8 erhalten.***
3. ***Schreiben Sie jeweils ein Anwendungsbeispiel sowie die Maßeinheit in das Feld, welches durch das Falten entstanden ist.***

Plenum

4. ***Diskutieren Sie die Papierformate und deren Sinn.***
5. ***Überlegen Sie, ob es für große Unternehmen sinnvoll ist, nur mit chlorfrei gebleichtem Papier zu arbeiten oder ggf. auf Recyclingpapier umzusteigen. Welche Wirkung könnte eine solche Umstellung auf die Kunden haben?***

Was wäre ein Büro ohne Papier, eine Schultasche ohne Hefte oder ein Architekt ohne Zeichnungen?

Papier ist überall sowie in großen Mengen präsent und aus dem Alltag nicht wegzudenken.

Beim Papier unterscheidet man **Recyclingpapiere** und **chlorfrei gebleichte Papiere**. Recyclingpapiere werden aus 100 % Altpapier hergestellt und haben eine graue Farbe. Chlorfrei gebleichtes Papier hat einen Weißanteil von ca. 85 % im Vergleich mit herkömmlichem Papier, es kann Einschlüsse von Schwach-, Bruch- und Restholz haben.

Da das Recyclingpapier einen grauen Farbton aufweist, gilt es als weniger repräsentativ und wird daher meist nur für den internen Schriftverkehr in einem Unternehmen, für Durchschriften von Schriftstücken oder als Block verwendet. Für den externen Schriftverkehr sowie für Broschüren oder Flyer verwenden die meisten Unternehmen chlorfrei gebleichtes Papier. Werden Verträge oder andere wichtige Dokumente in einem Unternehmen erstellt (z. B. Arbeitsverträge), kann sogar ein chlorfrei gebleichtes Papier mit Wasserzeichen verwendet werden (Wasserzeichen bedeutet, dass im Papier ein Muster eingeprägt ist).

Beispiel
Die Deutschen Bischöfe haben ein eigens für sie gedrucktes Papier mit einem farbigen Wasserzeichen im Hintergrund.

Damit Papier in jeden Drucker oder Kopierer passt, müssen **alle Papierformate genormt** sein (Norm = lateinisch „Richtschnur, Maßstab“). Die Größenfestlegung hat das Deutsche Institut für Normung e.V. (DIN) bereits 1922 vorgenommen und in der **DIN 476** geregelt. Entwickelt wurden die Formate damals vom Berliner Ingenieur Dr. Walter Porstmann. Die bis heute gültigen Formate gelten aber nicht nur für Deutschland, sondern an diesen orientieren sich auch die europäischen sowie nicht europäischen Länder (z.B. USA). Abweichungen von den Formaten darf es nur in den erlaubten Toleranzen (Duldungen) geben.

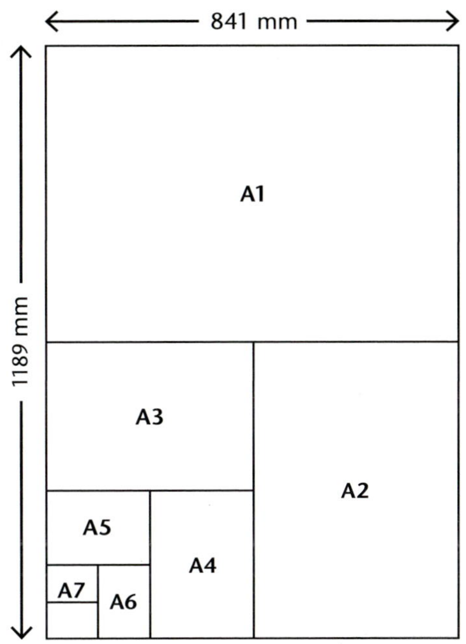

Papierformate werden in der Papier- und Druckindustrie immer in „Breite mal Höhe“ angegeben. Aufgrund dessen weiß man immer genau, ob es sich bei einem Format um Hoch- oder Querformat handelt. Das Ausgangsformat ist A0.

Die Alterungsbeständigkeit von Papier beträgt mindestens 200 Jahre.

7.4.1 Beispiele für Papierformate und ihre Verwendung

Papierformat	Papiergröße	Verwendungszweck
DIN A0	84,0 x 119,8 cm	Technische Zeichnungen, Fahrpläne, Landkarten, Poster, Filmplakate, usw.
DIN A1	59,4 x 84,0 cm	Flipcharts, Kalender, Baupläne, usw.
DIN A2	42,0 x 59,4 cm	Zeichnungen, Diagramme, Kalender, usw.
DIN A3	29,7 x 42,0 cm	Zeichnungen, Aushänge im Betrieb, usw.
DIN A4	21,0 x 29,7 cm	Briefpapier, Formulare, Hefte, Zeitschriften, usw.
DIN A5	14,85 x 21,0 cm	Einladungen, Karten, Hefte, Notizblöcke, usw.
DIN A6	10,5 x 14,85 cm	Flyer, Postkarten, Taschenbücher, Überweisungsträger, Notizhefte, usw.
DIN A7	7,4 x 10,5 cm	Flyer, Taschenkalender, Personalausweis, Visitenkarten, usw.
DIN A8	5,25 x 7,4 cm	Visitenkarten, Klebezettel, usw.

7.4.2 Briefumschläge

Einstiegssituation

Aufgrund der Erkrankung einer Mitarbeiterin sind Sie zurzeit für die interne Materialbeschaffung zuständig. Unter anderem werden in der Personalabteilung 1.000 Briefumschläge DIN lang, 1.000 Briefumschläge C4, 1.000 Versandtaschen B4 und 500 Versandtaschen C4 benötigt.

Außerdem steht ein Großversand der neuen Kataloge an: Es sollen insgesamt 3.000 Kataloge versendet werden. Ferner müssen die neuen Produkte auf einer Postkarte abgebildet und an die Stammkunden als Werbung versendet werden.

Wie kann ich die verschiedenen Papier- und Umschlagsformate unterscheiden?

Einzelarbeit

1. ***Informieren Sie sich über die Umschlagsformate sowie die Falt- und Falzarten.***
2. ***Erstellen Sie eine Checkliste, welche Arbeiten in der nächsten Zeit erledigt werden müssen und welche Materialien dafür benötigt werden (evtl. Onlineformular).***
3. ***Achten Sie auf die firmengerechte Gestaltung Ihrer Checkliste.***
4. ***Drucken Sie Ihr Ergebnis aus.***

Dreier-Gruppe

5. ***Vergleichen Sie Ihre Checklisten und ergänzen Sie bei Bedarf fehlende Aspekte.***
6. ***Nehmen Sie die vorne auf dem Tisch liegenden Materialien (Briefumschläge, Papier, Postkarten usw.) und ordnen Sie diese den einzelnen Punkten Ihrer Checkliste zu.***

Plenum

7. ***Präsentieren Sie Ihr Ergebnis mithilfe der Materialien.***

Jeder kennt sie – die Briefumschläge! Ob klein, groß, weiß, rot, grün oder aus Recyclingpapier, mit oder ohne Fenster; sowohl in privaten Haushalten als auch in allen sonstigen Bereichen werden sie benötigt.

Doch Briefumschläge gab es nicht immer. Früher wurden Briefe nicht in separate „Hüllen“ verpackt, sondern einfach durch Falten oder Aufrollen und Versiegeln vor unberechtigten Zugriffen geschützt.

Papier war früher ein sehr teurer und kostbarer Rohstoff, und nicht jeder hatte das Privileg, Papier zu besitzen. Im Laufe der Zeit wurde der Rohstoff Papier jedoch immer günstiger. Im Jahr 1820 wurden von dem Buch- und Papierwarenhändler S. K. Brewer in Brighton erstmals Briefumschläge zum Kauf angeboten. Die Herstellung dieser ersten

Briefumschläge erfolgte, indem er die Umschläge einzeln mithilfe von Blechschablonen zurechtschnitt. Als die Nachfrage nach Umschlägen immer größer wurde, vergab Brewer im Jahr 1835 an die Londoner Firma Dobbs & Comp. einen Massenherstellungsauftrag. Im Jahr 1844 wurde dann die erste Maschine zur Herstellung von Umschlägen gebaut.

Die heutigen Briefumschläge sind alle genormt, genauso wie das Papier, das wir verwenden. Die Standardgrößen sind in der ISO 269 und der DIN 678 festgelegt.

C-Umschläge sind Umschläge in „normaler" Größe, die B-Umschläge sind jeweils etwas größer, sodass ein C-Umschlag gut in den B-Umschlag seiner Reihe passt.

Beispiel
Ein mit Dokumenten gefüllter C4-Umschlag passt in einen Umschlag der Größe B4.

Format	Höhe (mm)	Breite (mm)	passende Inhalte
C6	114	162	Postkarte A4-Blatt, über Kreuz gefaltet
B6	125	176	C6-Umschlag
C5/6 (DIN lang)	110	220	A4-Blatt, gefaltet z. B. als Wickelfalz
C6/5 (so hoch wie C6 und so breit wie C5)	114	229	A4-Blatt, gefaltet z. B. als Wickelfalz
C5	162	229	A4-Blatt, einmal gefaltet A5-Blatt
B5	176	250	C5-Umschlag
C4	229	324	A4-Dokumente
B4	250	353	C4-Umschlag
E4	280	400	B4-Umschlag
C3	324	458	A3-Dokumente

Damit die Anschrift des Empfängers im Anschriftfeld eines Briefumschlages sichtbar ist, regelt das Deutsche Institut für Normung e. V. exakt, an welcher Stelle die Anschrift auf einem Geschäftsbrief stehen muss: Das Anschriftfeld besteht aus 9 Zeilen. Die ersten 3 Zeilen sind für die Zusatz- und Vermerkzone, die Zeilen 4 bis 9 sind für die Adresse vorgesehen.

7.4.3 Formate von Papier zur Briefumschlagnutzung

Einstiegssituation

Ihr Chef hat in einer Fachzeitschrift das folgende Übungsblatt gefunden und bittet Sie, dieses in ein Worddokument zu übernehmen. Es soll später als Übung für die neuen Auszubildenden in Ihrem Unternehmen eingesetzt werden.

Lernziel: Wie kann ich Informationen übersichtlich darstellen?

Einzelarbeit:

1. ***Übernehmen Sie das Dokument wie abgebildet (incl. Überschrift und Arbeitsanweisungen).***
2. ***Verwenden Sie Autoformen.***
3. ***Formatieren Sie das Dokument ansprechend.***
4. ***Speichern Sie es unter dem Dateinamen „UmschlägeArbeitsblatt" ab.***
5. ***Ergänzen Sie nun die fehlenden Angaben und speichern Sie das Dokument unter dem Dateinamen „UmschlägeLösung" ab.***

Plenum:

6. ***Präsentieren Sie Ihre Datei „UmschlägeLösung" über den Beamer und gehen Sie zuerst auf die gewählten Formatierungen und ggf. Probleme bei dem Erstellen ein.***
7. ***Erläutern Sie Ihre Lösungen und ergänzen Sie evtl. fehlende oder falsche Ergebnisse.***
8. ***Drucken Sie Ihr Ergebnis aus und heften Sie es in Ihrem Ordner ab.***

Übungsblatt zu Falt- bzw. Falzarten

Tragen Sie die entsprechenden Falzarten ein (orientieren Sie sich an der „Blattgröße" der Skizzen!) und **notieren** Sie, für welche Sendungen diese Falzung sinnvoll ist und welche Briefhüllen verwendet werden können.

____

Für ______________________ Sendungen über 20 g

Briefhülle: __________ mit und ohne Fenster

____

Für __________ Vordrucke ______________________

Briefhülle: ______________________ Fenster

____

Für __________ Schreiben __________/__________ Anschriftfeld

und __________ Anlagen

Briefhülle: ______________________ Fenster

____

Für __________ Schreiben __________/__________ Anschriftfeld

und ______________

Briefhülle: ______________________ Fenster

____

Für __________ Schreiben ______________________

Briefhülle: ______________________ Fenster

8 Ordnen und Speichern von Informationen

8.1 Registratur – Wie kann ich Unterlagen richtig ablegen?

Einstiegssituation

Auf der Messe wurden nicht nur neue Aufträge angenommen, auch viele Anfragen kamen danach zur Bearbeitung in Ihrem Unternehmen an. Da zwei Kollegen ausgerechnet jetzt in Urlaub sind, wurden diese Anfragen zunächst unsortiert gesammelt. Nun sollen Sie für Ordnung sorgen!

Wie sortiere ich das Schriftgut richtig?

Einzelarbeit

1. ***Lesen Sie das Infoblatt zu den Ordnungssystemen.***
2. ***Notieren Sie sich für die verschiedenen Ordnungssysteme jeweils Beispiele.***
3. ***Erstellen Sie eine Tabelle mit den verschiedenen Ordnungssystemen. Führen Sie jeweils die Vor- und Nachteile an.***
4. ***Fügen Sie nun Ihre Beispiele für die verschiedenen Ordnungssysteme sowie erklärende Bilder ein.***
5. ***Speichern Sie Ihr Dokument ab und drucken Sie es aus.***
6. ***Entwickeln Sie ein Quiz zu den Ordnungssystemen! Überlegen Sie sich beispielsweise verschiedene Fragen oder ein Rätsel mit Lösungswort, achten Sie dabei auf eine gelungene Darstellung.***
7. ***Drucken Sie Ihr Quiz oder Ihr Rätsel aus.***

Partnerarbeit

8. ***Tauschen Sie das Quiz bzw. Rätsel mit Ihrer Nachbarin bzw. Ihrem Nachbarn und lösen Sie es.***
9. ***Vergleichen Sie die Antworten und ergänzen bzw. ändern Sie Ihr Quiz, falls notwendig.***

Plenum

10. ***Hängen Sie Ihre Tabellen an die Pinnwand. Bewerten Sie die Tabellen mit Punkten! Berücksichtigen Sie dabei folgende Kriterien:***
    - ***Übersichtlichkeit***
    - ***Vollständigkeit***
    - ***Wurden sinnvolle Beispiele gewählt?***

Vergeben Sie jeweils einen Punkt, wenn die entsprechende Voraussetzung erfüllt ist.

11. ***Werten Sie die Punkte aus und besprechen Sie, warum die Tabelle mit den meisten Punkten die Wertung „gewonnen" hat.***
12. ***Heften Sie Ihre Ergebnisse ab.***

8.1.1 Ordnungssysteme

Alphabetisches Ordnungssystem

Alphabetisches Ordnungssystem bedeutet, dass Schriftgut nach dem ABC abgeheftet wird. Bei dem Sortieren sind verschiedene Regeln einzuhalten, die in der DIN 5007 festgehalten sind.

Vorteil dieses Systems ist natürlich, dass normalerweise alle Mitarbeiter/-innen das Alphabet beherrschen und dadurch die Ordnungsweise für alle gleichermaßen nachvollziehbar ist. Dadurch wird der direkte Zugriff auf die Akten erleichtert. Eine besondere Kennzeichnung des Schriftgutes ist nicht notwendig.

Nachteilig ist jedoch, dass ein sehr konzentriertes Arbeiten gewährleistet sein muss und dass es bei der Ablage des Schriftgutes zu Schwierigkeiten bei Umlauten, Abkürzungen und zusammengesetzten Namen kommen kann.

Numerisches Ordnungssystem

Das Schriftgut wird nach Zahlen bzw. Nummern sortiert und abgelegt. Dieses Ordnungssystem ist besonders gut geeignet für Schriftstücke, die schon eine Ordnungsnummer tragen (Rechnungen, Lieferscheine, usw.).

Vorteile sind: schnelles Sortieren und Ordnen, keine Zuordnungsprobleme (Nummer wird einmal vergeben und steht dann fest), Bearbeitung sowie Verarbeitung mit dem PC wird erleichtert, für Betriebsfremde haben die Nummern keine Aussagekraft, die Beschriftung der Akten ist platzsparend.
Ein Nachteil besteht jedoch darin, dass der Rückgriff meist nur über einen Index (Suchregister) möglich ist.

Farben und Symbole

Beim Ordnen nach Farben und Symbolen bekommen Vorgänge oder Gruppen bestimmte Symbole oder Farben zugeordnet. Meist werden Hilfsmittel für die Registratur eingesetzt (Reiterschilder, Rückenschilder, usw.).
Dieses Ordnungssystem ist sehr übersichtlich und leicht nachvollziehbar. Außerdem können Außenstehende mit den Farben und Symbolen oft nichts verbinden.

Alphanumerisches Ordnungssystem

Alphanumerisch bedeutet, dass eine Kombination aus Zahlen und Buchstaben verwendet wird. Mit den Buchstaben wird meist eine gedankliche Verbindung zu einem Sachverhalt hergestellt, die Zahlen bilden dann die Vorgangsnummer bzw. dienen der genauen Zuordnung.

Der Vorteil besteht darin, dass Betriebsfremde mit den Buchstaben- und Zahlenkombinationen meist nichts verbinden können. Nachteilig ist, dass die Ablage sehr zeitaufwendig ist und eine hohe Konzentration erfordert.

Chronologische Ordnung

Bei der chronologischen Ordnung werden Schriftstücke nach dem Datum abgelegt. Hier wird zwischen kaufmännischer Heftung und Behördenheftung unterschieden. Bei der kaufmännischen Heftung wird das „Neueste" oben, also am Anfang der Ablage abgelegt, bei der Behördenheftung wird das „Neueste" unten, also am Schluss abgelegt.

Merksatz
Ordnung ist in jedem Büro unumgänglich!
Auch der altbewährte Spruch „Ordnung ist das halbe Leben" ist hier sehr zutreffend.

8.1.2 Regelungen der DIN 5007 zur alphabetischen Ordnung

Schreibauftrag

- ***Erfassen Sie den folgenden Auszug aus der DIN 5007 und speichern Sie diesen unter dem Dateinamen: „DIN 5007" ab.***
- ***Gestalten Sie die Überschrift als WordArt.***
- ***Setzen Sie um Ihren Text einen Rahmen, Rahmenbreite mindestens 4 pt.***
- ***Fügen Sie einen Buchstaben Ihrer Wahl als Grafik „hinter den Text" ein.***

Merksatz
Die alphabetische Ordnung wird in der DIN 5007 geregelt.

Allgemeines (Buchstabenfolge)

- Bei der Ordnung von Umlauten ist die Rückführung auf den Grundbuchstaben (ä = a, ö = o, ü = u) als allgemeine Regel anzuwenden.
- Akzente aus fremden Sprachen bleiben unberücksichtigt (á, è = a, e).
- Lautverbindungen wie ch, ck, sch und st gelten als zwei bzw. drei Buchstaben (ß = ss).
- **Ausnahme:** Sch und St am Wortanfang werden in der Registratur als selbstständige Buchstaben in der Reihenfolge S, Sch, St behandelt.

- Vorsatzwörter (van, von, de, der, das, die, von, zur, zum), akademische Grade und Berufsbezeichnungen (Dipl.-Ing., Rechtsanwalt), Titel (Dr.) und Adelsbezeichnungen (Freiherr) werden nicht berücksichtigt. Der Oberbürgermeister = Bürgermeister; Dr. Klaus Freiherr von Neuhaus = Neuhaus Klaus.
- Die Wörtchen „und (&), für" usw. bleiben unberücksichtigt: Oberwenger & Schmidt = Oberwenger Schmidt.
- Feststehende und gebräuchliche Abkürzungen können wie ein Wort behandelt werden: DHL = Dhl.

Ordnungsfolge nach Namen

- Ordnungswert hat das erste Wort des Familien-, Firmen- oder Sachnamens.
- Ordnungswert besitzen alle Vornamen, Zweitnamen und Zusätze.
- Familiennamen ohne Vornamen stehen vor solchen mit Vornamen oder Zusätzen.
- Abgekürzte Vornamen stehen vor den gleichartigen, ausgeschriebenen Vornamen.
- Gebrüder, Geschwister oder Familiennamen werden wie Vornamen behandelt.
- Zweite und weitere Vornamen oder Zusätze bestimmen die Ordnungsfolge, wenn die ersten gleich sind.
- Ordnungswert erhält der Ort, wenn alle Vornamen und Zusätze gleich sind.
- Zusätze, z. B. & Co., GmbH, & Schmidt, -Markt, & Söhne, werden den Vornamen gleichgestellt.
- Zusammengesetzte Familiennamen werden als einzelne Worte wie Vornamen eingeordnet, z. B. Oberwenger-Claustaler nach Oberwenger Claus.
- Untrennbare Eigennamen werden ohne Rücksicht auf die Vornamen in der bestehenden Wortfolge geordnet: z. B. wird Oberwenger-Schmidt-Stiftung hinter dem Familiennamen Oberwenger-Schmidt eingeordnet.

8.1.3 Übungen zur alphabetischen Ordnung

Einstiegssituation 1

Folgende Übungen hat Frau Pfeifer in einer Fachzeitschrift entdeckt und gibt Ihnen diese zur Bearbeitung.

Einzelarbeit

1. ***Übernehmen Sie die Tabelle wie abgebildet und ergänzen Sie die dazugehörigen Regeln.***
2. ***Heben Sie Ihre Ergänzungen optisch hervor.***

Partnerarbeit

3. ***Vergleichen Sie Ihre Ergebnisse mit Ihrem Nachbarn und ergänzen Sie ggf.***

Einzelarbeit

4. ***Drucken Sie Ihre Ergebnisse aus.***

Beispiele	Regel
Adenau **B**aumann **C**hristen	Zunächst ist der ______________________________ _______ des Ordnungswortes maßgebend.
Boost **Boos**tler **Bor**sten	Stimmen die Anfangsbuchstaben überein, ist in der Reihen- folge der weiteren ________________ zu ordnen.
Büttnert **Bu**ndnert	Die Umlaute „**ä**", „**ö**" und „**ü**" werden wie _______, _______ und _______ geschrieben.
Neu**ss**, **A**lex Neu**ss**, **R**ebecca Neu**ß**, **R**ebecca Neu**ss**, **V**era	Der Buchstabe „**ß**" ist unter __________ einzuordnen. Es gelten die gleichen Regeln wie für die Umlaute.
Ocela **Och**s **Ock**ert **Sc**amari **Sch**ulze **Sr**okenbeck **St**arke	Die Mitlautverbindungen **ch**, **ck**, **sp** und **st** werden wie ___________, sch wie _________ Buchstaben behandelt. **<u>Ausnahme:</u> Registratur**
Roth **Roth, B.** **Roth, Ba.** **Roth, Ba**rbara **Roth, H**einrich	Familiennamen ohne Vornamen sind __________ den gleichen Familiennamen mit Vornamen einzuordnen. Abgekürzte Vornamen gelten als ______________ Wörter und stehen __________ den ausgeschriebenen Vornamen.
Aue, Axel **Auen, G**ustav, von der **Aue, Klarissa, F**ürstin zu der **Aue, Klarissa, G**räfin von der	Vorsatzwörter wie von, von der, van, de la und historische Namenszusätze wie Freifrau, Fürst, Graf oder akademische Grade werden ___________ berücksichtigt.
Schwab, Arno **Schwab, Gebr.** **Schwab, Gebr. E.** & F. **Schwab, Ger**d **Schwab, Ges**chw.	Die Zusätze „Gebrüder" (Gebr.) und „Geschwister" (Geschw.) sind wie ________________ zu ordnen.
Schutz, Werner **Schutz, X**aver **Schutz-Reyn**, Adam **Schutzenhaus**, Bertha	Zusammengesetzte Familiennamen stehen immer ________________ dem einfachen Familiennamen.

Einstiegssituation 2

Verschiedene Unterlagen von den unten aufgeführten Kunden liegen Ihnen vor.

1. ***Ordnen Sie den beiden Familiennamen jeweils die Vornamen in der richtigen Reihenfolge zu!***

   a) NEUFELD – Gerh., G., Gebr., Gustav, Gundula, Gabi, Gabriele, Gerhard, Gertrud

   b) STERN – Inge, I., Ingeb., Ingel., Irmg., Irmgard, Iris, Ingeborg, Isab., Isabelle, Ingrid, Ingelore

2. ***Ordnen Sie die nachstehenden Aufstellungen in der richtigen Reihenfolge der Ordnungswörter!***

   a) Ingo Daun-Burger, Elisabeth Daun, U. Daun, Daun-Burger, Daun-Neuhaus, Agnes Buck, Geschw. Daun-Burger, Rolf Daun-Neuhaus, Rudolf Daun-Burger, Beate von Buck, Geschw. I. & A. Daun

   b) Maria Goebel, Marianne Göbel, Brigitte Hühner, Verena Neusses, Valentin Göbel, Axel Neusses, Cornelia Hühner, Annette Neußes, Alexander Huehner, Simone Nüsslein

   c) Hoegel Paul, Högel Sandra, Hoegel Silvia, Schlöder Yannick, Hoegel-Krauss Marianne, Schoeder Manfred

8.2 Vergleichskriterien zur Beurteilung unterschiedlicher Registratursysteme

Einstiegssituation

Da in Ihrem Betrieb der laufende Schriftverkehr immer größer wird, denken die Geschäftsführer darüber nach, das Registratursystem der Firma umzustellen. Ihre neue Projektgruppe wird damit beauftragt, sich über die verschiedenen Möglichkeiten der Ablagestandorte zu informieren und Ihren Vorgesetzten dann eine Rückmeldung zu geben.

■ ***Welche Ablagestandorte bieten sich für eine wirtschaftliche Ablage an?***

Einzelarbeit

1. ***Informieren Sie sich über die verschiedenen Standorte der Registratur und notieren Sie stichpunktartig wichtige Informationen.***

Partnerarbeit

2. ***Vergleichen Sie Ihre Stichpunkte und ergänzen Sie sie bei Bedarf.***
3. ***Öffnen Sie das Programm Word und richten Sie ihr Dokument als Querformat ein.***
4. ***Überlegen Sie sich eine aussagekräftige Überschrift und setzen Sie diese als WordArt am Blattanfang ein. Verfassen Sie einen Einleitungssatz.***
5. ***Fügen Sie ein passendes SmartArt ein (zum Beispiel: Prozess-Bildakzentprozesse) und führen Sie die einzelnen Ablagestandorte mit den passenden Ablagesystemen auf.***
6. ***Speichern Sie Ihr Dokument unter dem Dateinamen „Standorte" ab und drucken Sie es aus.***

Plenum

7. ***Präsentieren Sie Ihre Ergebnisse mit dem Beamer und erläutern Sie Ihre Vorgehensweise beim Erstellen der SmartArts.***
8. ***Bilden Sie dann einen Stuhlkreis und legen Sie ihre Ausdrucke in die Mitte des Stuhlkreises auf den Boden.***
9. ***Vergleichen Sie ihre Dokumente und erläutern Sie die Standorte der Registratur mit den jeweiligen Zugriffsmöglichkeiten und Anwendungsbereichen. Beurteilen Sie auch, wann welcher Standort sinnvoll ist.***
10. ***Prüfen Sie ihre Ergebnisse auf Vollständigkeit und Richtigkeit und heften Sie diese ab.***

Merksatz

Je nachdem, wie häufig die Mitarbeiter/-innen eines Unternehmens auf Schriftstücke zugreifen bzw. wie häufig Unterlagen von verschiedenen Sachbearbeiterinnen und Sachbearbeitern benötigt und bearbeitet werden, bieten sich unterschiedliche Registraturstandorte an: die zentrale Registratur, die Arbeitsplatzablage oder die Abteilungsablage.

Zentrale Registratur

Zentrale Registratur bedeutet, dass die Unterlagen so aufbewahrt werden, dass sie von allen Abteilungen gleichermaßen erreichbar sind. Ein zentraler Ablagestandort ist immer dann sinnvoll, wenn von vielen verschiedenen Abteilungen auf die Schriftstücke zugegriffen werden muss oder wenn Schriftgut in großen Mengen anfällt.

Beispiele für zentrale Ablagesysteme

Regale, große Aktenschränke, Paternoster, Mappen, Ordner, usw.

Arbeitsplatzablage

Bei der Arbeitsplatzablage wird das Schriftgut in direkter Umgebung des eigenen Arbeitsplatzes abgelegt bzw. aufbewahrt (z. B. im Regal hinter dem Schreibtisch oder im Schreibtisch selbst). Dies ist immer dann sinnvoll, wenn häufig und ausschließlich von einem Sachbearbeiter bzw. einer Sachbearbeiterin auf Schriftstücke zugegriffen werden muss.

Der Vorteil besteht darin, dass die jeweiligen Mitarbeiter/-innen sofort – also ohne Zeitverlust – die benötigten Unterlagen „ziehen" können. Nachteilig ist, dass diese Registraturform nicht unbegrenzt Unterlagen aufnehmen kann. Meist befinden sich daher nur aktuelle Vorgänge in der Arbeitsplatzablage. Nach der abschließenden Bearbeitung werden die Unterlagen daher aus der Arbeitsplatzablage herausgenommen und in die Altablage einsortiert.

Beispiele für Arbeitsplatzablage
Schiebeschränke, Schreibtischschubladen, Ordner, Hängemappen, Hängehefter, Schnellhefter, usw.

Abteilungsablage

Abteilungsablage bedeutet, dass die Unterlagen innerhalb einer Abteilung aufbewahrt werden. Diese Registraturform ist immer dann sinnvoll, wenn alle Mitarbeiterinnen und Mitarbeiter aus einer Abteilung auf die Schriftstücke Zugriff haben müssen.

Ein Nachteil besteht darin, dass die Sachbearbeiter/-innen unter Umständen ihre Büros verlassen müssen, um die benötigten Schriftstücke zu holen und wieder zurückzubringen. Außerdem können Vorgänge, die gerade von einem Kollegen oder einer Kollegin bearbeitet werden, ohne entsprechenden Vermerk nicht gefunden werden. Um unnötiges Suchen von Akten zu vermeiden, empfiehlt es sich, einen Ausleihplan für Akten an dem jeweiligen Aufbewahrungssystem anzubringen. Dort tragen die Mitarbeiter/-innen ein, welche Akte entnommen wurde, wann und von wem diese Akte entnommen wurde sowie wann die Akte wieder zurückgebracht wurde.

Beispiele für Abteilungsablage
Paternoster, Regale, Schränke, Ordner, Hängemappen, Hängehefter, usw.

Altablage

Werden Unterlagen nur noch selten benötigt, werden diese in der Altablage aufbewahrt. Der Standort dieser Ablage kann die Zentralablage sein. Die Unterlagen können jedoch auch an einem anderen Standort aufbewahrt werden (Keller, abgelegener Raum). Altablagen sollten möglichst kostengünstig eingerichtet werden, die Anschaffung von teuren Regalen oder Aufbewahrungsmöglichkeiten ist nicht sinnvoll.

Merksatz
Vorsicht: Die Altablage darf nicht mit dem Archiv verwechselt werden!

Aktenarchiv

Ein Aktenarchiv nimmt nur Unterlagen auf, die für das Unternehmen sehr wichtig sind und dauerhaften Wert haben.

Beispiele für Unterlagen im Aktenarchiv
Personalakten, Verträge, Unternehmensunterlagen, Baupläne von Unternehmensgebäuden

Datenschutz

Der Datenschutz spielt bei der Ablage immer eine wichtige Rolle. Es gibt verschiedene Unterlagen, die nicht jedem Mitarbeiter frei zugänglich sein dürfen (z. B. Personalakten, Lohnunterlagen, usw.). Deswegen muss in jedem Unternehmen unbedingt darauf geachtet werden, dass diese Akten unter Verschluss bleiben und nur die jeweiligen Sachbearbeiter/-innen Schlüssel für die Aufbewahrungssysteme ausgehändigt bekommen.

Merksatz
Das Schriftgut kann grundsätzlich als Einzelakte oder als Sammelakte geführt werden.

Einzelakten
In Einzelakten wird ein gesamter Vorgang abgeheftet, mit allem angefallenen Schriftgut. Bekannte Beispiele hierfür sind Personalakten.

Beispiele
In den Personalakten der Bürofashion Zeimet GmbH befinden sich die Arbeitsverträge der Mitarbeiter/-innen, der angefallene Schriftverkehr, alle Urlaubsanträge, Krankmeldungen usw.

Sammelakten
In Sammelakten werden hingegen viele verschiedene Vorgänge, die denselben Themenbereich umfassen, abgeheftet.

Beispiele
Rechnungsordner, Mahnungsordner, Lieferscheine usw.

8.3 Registraturformen und Ablagearten

Einstiegssituation

Als Sie sich mit den verschiedenen Standorten der Registratur beschäftigt haben, haben Sie schnell festgestellt: Für eine Standortbestimmung der Registratur ist vor allem wichtig, welche Registraturform eingesetzt werden soll. Darüber wollen Sie zunächst Ihre Vorgesetzten informieren.

Wie kann ich Schriftgut ablegen, um Kosten zu sparen?

Einzelarbeit

1. *Informieren Sie sich über die Registraturformen und Ablagearten.*

Partnerarbeit

2. *Sprechen Sie mit ihrem Partner die verschiedenen Möglichkeiten durch und öffnen Sie das Programm PowerPoint.*
3. *Schreiben Sie auf die erste Folie ihren Namen, ihre Klasse und das Tagesdatum.*
4. *Fügen Sie auf der zweiten Folie als Präsentationsthema (Überschrift) den Begriff „Registratur" ein. Schreiben Sie im unteren Feld „Präsentation für Herrn Zeimet, Bürofashion Zeimet GmbH".*
5. *Notieren Sie auf der dritten Folie als Überschrift das Wort „Registraturstandorte" und verlinken Sie dieses Wort mit Ihrer Datei, die das SmartArt zu den Registraturstandorten enthält (Wort markieren – EINFÜGEN – HYPERLINKS – Dateinamen auswählen – OK).*

6. *Fügen Sie nun weitere Folien ein und ergänzen Sie den neuen Themenbereich.*
7. *Achten Sie auf ein einheitliches Design.*
8. *Verwenden Sie keine Effekte oder Animationen.*
9. *Fügen Sie sinnvolle Bilder zur Veranschaulichung ein.*
10. *Speichern Sie ihre Datei unter dem Dateinamen „Registratur" ab.*

Plenum

11. *Präsentieren Sie Ihr Ergebnis. Gehen Sie dabei auf die verschiedenen Ablagearten und Registraturformen ein. Erklären Sie ihre Vorgehensweise in PowerPoint.*
12. *Prüfen Sie die Präsentationen auf Vollständigkeit und Richtigkeit und drucken Sie ihr Ergebnis als Handzettel aus.*

Merksatz
Bei der Ablage gibt es drei verschiedene Registraturformen: liegende Registratur, stehende Registratur oder hängende Registratur.

Liegende Registratur

Schriftstücke werden liegend übereinander in Schränken, Regalen oder auf dem Schreibtisch abgelegt. Geeignete Schriftgutbehälter sind Jurismappen, Schnellhefter, Aktendeckel oder Ähnliches.

Die Kosten für diese Registraturform sind niedrig, da die Schriftgutbehälter bei der Anschaffung sehr günstig sind. Jedoch können hohe Personalkosten durch langes Suchen entstehen. Vorgänge sind nicht mit einem Griff bei der Sachbearbeiterin bzw. beim Sachbearbeiter. Außerdem ist diese Registraturform sehr unübersichtlich und daher nicht zu empfehlen.

Stehende Registratur

Schriftstücke werden nebeneinander in Schränken oder Regalen abgestellt. Meist werden die Vorgänge in Ordnern aufbewahrt, also gelocht und abgeheftet, was zu einem hohen Zeitaufwand bei der Ablage führt. Ein Nachteil ist auch, dass Ordner, die nur teilweise mit Schriftgut befüllt sind, trotzdem den vollen Platz beanspruchen.

Eine weitere Möglichkeit, das Schriftgut stehend aufzubewahren, bieten Stehsammlerregister. Hier wird das Schriftgut lateral, also nebeneinander, in Stehsammlern (Kassetten aus Plastik oder Pappe) abgeheftet oder abgelegt. Stehsammler werden im Querformat oder im Hochformat angeboten. Sie sollten durch angebrachte Schilder beschriftet werden, damit das Schriftgut nach Vorgängen sortiert schnell wiedergefunden werden kann. Diese Ablageart ist sehr übersichtlich, der Zeitaufwand für das Wiederfinden von Akten ist daher gering. Zusätzlich bietet die Stehsammlerregistratur eine gute Raumausnutzung. Der Nachteil besteht allerdings darin, dass die Beschriftung der Einzelakten von vorne nicht sichtbar ist. Stehsammlerregister eignen sich besonders, wenn bei den einzelnen Vorgängen nicht viel Schriftgut anfällt.

Hängende Registratur (Pendelregistratur)

Bei der hängenden Registratur wird zwischen lateral (Schriftgut wird seitlich nebeneinander in Schienen eingehängt) und vertikal (Schriftgut wird hintereinander in Schienen eingehängt) unterschieden. Beide Ablagearten sind sehr übersichtlich und bieten eine gute Raumausnutzung bei mengenmäßig unterschiedlichem Schriftgutanfall. Das Schriftgut kann bequem abgelegt und wieder entnommen werden.

Die Hängeregistratur wird hauptsächlich eingesetzt, wenn Vorgänge in Einzelakten abgeheftet und aufbewahrt werden müssen (z. B. Personalakten, Lieferantenakten, usw.). Vorgänge, die noch nicht abgeschlossen sind, können einfach zunächst im Schreibtisch aufbewahrt und nach Abschluss des Vorgangs komplett abgelegt werden.

Beispiel
Ihre Kollegin Karin Brandis bekommt einen Änderungsvertrag. Das dafür benötigte Schriftgut wird in einer Hängemappe abgelegt, bis der neue Vertrag geschrieben wurde. Ist der Vorgang abgeschlossen, wird er in der Personalakte abgeheftet.

Voraussetzung für eine Hängeregistratur ist, dass die Büromöbel mit Schienen versehen sind und entsprechende Pendelmappen, Pendeltaschen o. Ä. als Aufbewahrungshilfe angeschafft werden.

Ein Nachteil besteht darin, dass die Auszüge für die Schienen Platz brauchen. Der Schreibtisch muss daher in einem bestimmten Abstand zum Regal aufgestellt werden, damit die Schubladen ganz ausgezogen und die Akten bequem entnommen werden können. Weiterhin ist bei der lateralen Registratur nur die Schmalseite zu sehen, was ein Suchen der Akten erschwert. Bei der vertikalen Registratur können die Reiter direkt von hinten nach vorne (oder umgekehrt) eingesehen werden.

Häufig wird die hängende Registratur in einem Paternoster (vergleichbar mit einem Aufzug, der sich immer im Kreis dreht) aufbewahrt. Der Paternoster ist mit verschiedenen Schienen versehen und wird elektrisch betrieben. Jede Schiene ist eine eigene Schublade, in der die Akten eingehängt werden können. Die Schubladen werden durch Eingabe der Nummer vom Paternoster angefahren und können dann geöffnet werden.

Merksatz
Weiter unterscheidet man nach Art der Ablage: Unterlagen können entweder gelocht und geheftet oder ungelocht abgelegt werden.

Gelochte bzw. geheftete Ablage

Geheftete Ablage bedeutet, dass Schriftstücke zuerst gelocht und anschließend in Schriftgutbehälter eingeheftet werden. Dieses Verfahren nimmt beim Ablegen sehr viel Zeit in Anspruch. Von Vorteil ist jedoch, dass die Schriftstücke sicher aufbewahrt werden, ein schnelles Wiederfinden durch chronologische oder alphabetische Reihenfolge gewährleistet ist und die Akten sicher (ohne Papierverlust) transportiert werden können.
Als Schriftgutbehälter für diese Ablageform kommen z. B. Schnellhefter, Hängehefter, Pendelhefter, Ordner o. Ä. infrage.

Ungelochte Ablage bzw. Loseblatt-Ablage

Ungelochte Ablage bedeutet, dass Schriftstücke nicht gelocht und eingeheftet, sondern lose in Schriftgutbehältern abgelegt werden. Der Vorteil dieser Ablageart besteht darin, dass der Zeitaufwand für die Ablage sehr gering ist, was niedrige Personalkosten zur Folge hat. Besonders geeignet ist die Loseblatt-Ablage, wenn die Akten nicht häufig benötigt werden, wenn der Vorgang nicht sehr umfassend ist, wenn die Akten nicht zu umfangreich sind (max. 100 Blatt je Behälter) oder wenn die Akten nur selten transportiert werden müssen.

Im Durchschnitt werden nur 2 % bis 5 % der abgeschlossenen Vorgänge wieder benötigt. Muss ein Vorgang ausnahmsweise im Nachhinein nochmals geprüft werden, ist der zeitliche Mehraufwand für das Suchen bei nicht chronologischer Reihenfolge sehr gering und schlägt daher bei den Kosten kaum zu Gewicht.

Als Schriftgutbehälter für die ungelochte Ablage eignen sich Klemmmappen, Aktendeckel, Prospekthüllen, Sichthüllen, Juris-Sammelmappen, Pultmappen, Hängemappen oder Hängetaschen sowie Pendelmappen oder Pendeltaschen.

8.4 Schutz des Schriftgutes

Einstiegssituation

Am Wochenende kam es in den Büros der Personalabteilung zu einem Schwelbrand, welcher durch die Sprenkelanlage Ihrer Firma und die Feuerwehr schnell gelöscht werden konnte. Da in diesem Bürotrakt auch die Personal- und Firmenunterlagen aufbewahrt werden, bittet Herr Zeimet Sie, eine Aufstellung über den Schaden anzufertigen.

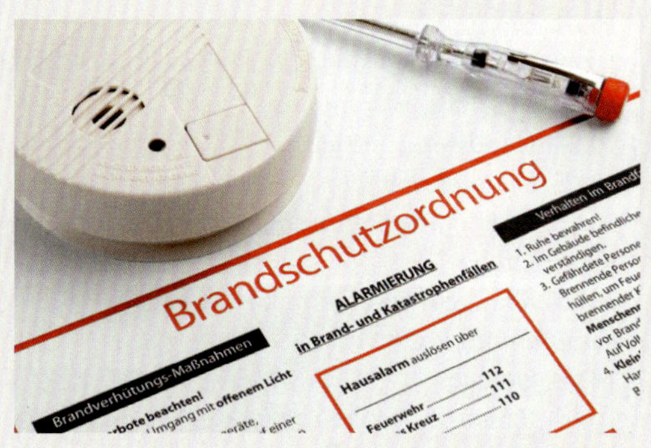

Wie kann ich das Schriftgut schützen?

Einzelarbeit

1. ***Lesen Sie den Bericht der Feuerwehr Ulm.***
2. ***Markieren Sie wichtige Details.***

Partnerarbeit

3. ***Vergleichen Sie Ihre Markierungen.***
4. ***Überprüfen Sie, welche Auswirkungen der Brand bzw. das Wasser auf die oben genannten Unterlagen haben könnte.***
5. ***Erstellen Sie für Ihren Chef eine Liste, wie das Schriftgut vor Schäden geschützt werden kann und zu welchen Schäden es tatsächlich gekommen ist. Zählen Sie auch auf, was außerdem zu einem Verlust von Akten führen kann.***
6. ***Verwenden Sie für die Überschriften die Funktion WordArt.***
7. ***Illustrieren Sie Ihr Dokument mit passenden Bildern.***

Plenum

8. ***Präsentieren Sie Ihrem Chef das Ergebnis und erläutern Sie, wie Schäden am Schriftgut entstehen und wie diese vermieden werden können.***
9. ***Drucken Sie Ihr Ergebnis aus und heften Sie es in Ihrem Ordner ab.***

BERICHT der FEUERWEHR ULM

Datum des Brandes: 24.03.20.. **Ort:** Bürofashion Zeimet GmbH, Frauenstr. 124, Ulm

Brandumfang
03.01. Kleinbrand
03.02. Mittelbrand
03.03. Großbrand
03.04. Brand bei Eintreffen der Feuerwehr bereits gelöscht
Brandfläche: **40 m²**

Brandobjekt
10.01. Wohnungen
10.02. Verwaltung, Büro
10.03. Geschäft, Warenhaus
10.04. Handwerksbetrieb
10.05. Kleinbetrieb
10.06. Theater, Versammlungsstätte, Schule, Kino, Kirche
10.07. Krankenhaus, Heim, Strafanstalt, Sammelunterkunft
10.08. Garage
10.09. Baustelle, Rohbau
10.10. Landwirtschaft, Forstwirtschaft
10.11. Verkehrsanlage, Bahnhof, Hafen, Pipeline
10.12. Fahrzeug
10.13. Kleinteile (Mülltonne, Abfallhaufen, Baum)
10.14. Lager, Spedition
10.15. Industrie, Energieversorgung
10.16. Freiräume (Wald, Moor, Heide, Gras, Müll)
10.17. Sonstiges:
10.99. Unbekannt

Brandumfang
05.01. Ein Raum
05.02. Wohnung, Brandabschnitt, Geschoss
05.03. Gebäude
05.04. Nachbargebäude, Nachbaranlage
05.05. Gefährliche Stoffe im Brandbereich (z. B. Chemikalien)
05.06. Radioaktive Stoffe im Brandbereich
05.07. Freifläche (Wald, Heide, Moor, Gras, Feld)
05.99. Unbekannt

Löschwasserentnahmestelle
14.01. Fahrzeuglöschwasserbehälter
14.02. Hydrant
14.03. Löschwasserbehälter, Löschwasserbrunnen, Löschwasserteich
14.04. Offenes Gewässer
14.05. Sonstige Löschwasserentnahme
14.99. Kein Löschwasser benötigt

Bericht:
Der Brand konnte von der Feuerwehr Ulm sehr schnell bekämpft werden.
Erwähnenswert ist, dass die Schränke aus feuerfestem Stahl bestanden, sodass das Schriftgut weder von Wasser noch von Feuer vernichtet werden konnte. Der Feueralarm wurde sehr schnell durch das eingebaute Warnsystem ausgelöst und die Sprengelanlage hat sich selbst eingeschaltet.
Es wurde festgestellt, dass auf dem Dach des Bürogebäudes ein Blitzableiter fehlt. Dieser muss nachträglich dort angebracht werden.
Ferner wurde festgestellt, dass die Büromöbel nicht abschließbar waren. Akten hätten von jedem entnommen werden können. Das Anbringen von Schlössern ist unbedingt erforderlich.
Außerdem ist anzuraten, vor den Fenstern Gitter oder Spezialverglasungen anzubringen, um so das Risiko eines Einbruchs zu minimieren.

____

____
Ulm, 25.03.20..
Einsatzleiter

8.5 Registraturkosten

Einstiegssituation

Nachdem Sie sich über die verschiedenen Registraturstandorte informiert haben und Ihren Vorgesetzten die Informationen in Form einer PowerPoint-Präsentation vorgestellt haben, bittet Herr Zeimet Sie nun, mehr über die Registraturkosten in Erfahrung zu bringen und ihm ebenfalls eine umfassende Rückmeldung zu geben.

Worauf ist bei den Registraturkosten zu achten?

Einzelarbeit

1. ***Informieren Sie sich über die Registraturkosten.***
2. ***Notieren Sie stichpunktartig mögliche Kosten.***

Gruppenarbeit (3er-Gruppen)

3. ***Erstellen Sie ein Plakat mit den Kosten, die Sie berücksichtigen müssen. Nehmen Sie dazu Ihre Stichpunkte zur Hilfe.***
4. ***Suchen Sie passende Bilder aus dem Internet und gestalten Sie Ihr Plakat ansprechend.***
5. ***Bereiten Sie sich auf die Präsentation vor.***

Plenum

6. ***Präsentieren Sie Ihr Ergebnis.***
7. ***Beurteilen Sie die Gestaltung der Plakate.***
8. ***Bilden Sie ein Fazit!***

In jedem Betrieb fallen viele Unterlagen und Schreiben unterschiedlicher Art an, die abgelegt werden müssen. Daher stellt die gesamte Registratur eines Betriebes einen sehr hohen Kostenfaktor dar.

Man schlüsselt diese Kosten auf in:

- Personalkosten (Ablagezeiten sowie Suchzeiten der Mitarbeiter),
- Materialkosten (Paternoster, Aktenschränke, Schriftgutbehälter, Locher usw.) sowie
- Raumkosten (Miete, Reinigung, Abluftsysteme und deren Wartung usw.).

Diese Kosten müssen bei der Anschaffung bzw. Änderung der Registratur eines Unternehmens berücksichtigt werden. Vorschnelle Entscheidungen, die sich hauptsächlich an den Anschaffungskosten der Registraturform orientieren, sind meist nicht sinnvoll. Eine Veränderung der Registratur in einem Unternehmen muss vielmehr dazu führen, dass die Personalkosten dauerhaft gesenkt werden. Werden Schriftstücke beispielsweise erst als abgeschlossener Vorgang abgeheftet, reduziert sich die Ablagezeit erheblich. Natürlich wird sich jedes Unternehmen vor allem auf Aspekte der Wirtschaftlichkeit berufen.

Unter diesem Gesichtspunkt sind also folgende Kriterien zu berücksichtigen:

- Wie häufig wird auf Schriftstücke zugegriffen?
- Muss das Schriftgut für jede Mitarbeiterin und jeden Mitarbeiter verfügbar sein, also transportabel?
- Wann und wie oft sind Änderungen oder Ergänzungen der Ablage notwendig?
- Lassen sich die gespeicherten Informationen bei Bedarf auch umsortieren?
- Welche gesetzlichen Vorschriften müssen eingehalten werden?
- Unterliegen die Schriftstücke dem Datenschutz?
- Wie lange müssen die Unterlagen aufbewahrt werden?
- Wo sollen sich die Registratursysteme befinden? (Flur, zentrale Stelle o. Ä., müssen die Systeme evtl. auch farblich an die Raumausstattung angepasst sein?)

Merksatz
Zusammengefasst bedeutet dies: Jeder Betrieb spart mit einer optimal geplanten Registratur Zeit, Raum und Geld!

8.6 Wertstufen und gesetzliche Aufbewahrungsfristen

Einstiegssituation 1

Daniel Breuer ist Auszubildender im ersten Lehrjahr bei der Bürofashion Zeimet GmbH. Da in wenigen Monaten eine Umstrukturierung von einigen Abteilungen ansteht, wird Daniel gebeten, die Unterlagen der Abteilung „Verkauf“ zu sammeln. Dabei soll er alte Vorgänge von den aktuellen trennen und nach Themen ordnen sowie alte Prospekte wegwerfen. Nachdem Daniel schon über drei Stunden eifrig gearbeitet hat und sich in einer Ecke des Raumes bereits zahlreiche Unterlagen türmen, kommt sein Vorgesetzter ins Büro. Ralf Hammes schlägt die Hände über dem Kopf zusammen: Ganz oben auf einem Stapel liegen wild durcheinander Grundbuchauszüge, Arbeitsverträge und andere wichtige Unterlagen!

Ralf Hammes: *„Guten Morgen, Herr Breuer. Wie weit sind Sie denn mit den Unterlagen?“*

Daniel Breuer: *„Guten Morgen, Herr Hammes. Das ist ja ganz schön viel Arbeit, so schlimm hatte ich mir das nicht vorgestellt! Ich bin schon den ganzen Morgen dabei, die Unterlagen erst mal zu sortieren, um einen Überblick zu bekommen.“*

Ralf Hammes: „Ja, man wird hier mit Prospekten und Angeboten bombardiert. Wenn man da alles aufheben würde, könnten wir bald anbauen!"

Daniel Breuer: „Das habe ich gemerkt! Deshalb habe ich gerade die abgelaufenen Prospekte von 2005 schon im Aktenvernichter entsorgt."

Ralf Hammes: „Das ist gut. Aber was ist mit diesem Stapel da in der Ecke?"

Daniel Breuer: „Ach, das ist auch lauter alter Kram. Stellen Sie sich vor, ich habe noch alte Kaufverträge von Grundstücken von 1987 gefunden! Da war unser Unternehmen doch noch in Hamburg, oder? Die kommen auch gleich in den Aktenvernichter, sobald ich hiermit fertig bin. Also ich kann wirklich nicht verstehen, warum die Mitarbeiter hier so unordentlich arbeiten. Das alte Zeug hätte man doch schon längst wegwerfen können. Und an mir bleibt dann die ganze Arbeit hängen? Das ist ja wieder typisch!"

Ralf Hammes: „Herr Breuer; das ist doch wohl nicht Ihr Ernst!? Das sind alles wichtige Unterlagen unseres Unternehmens. Die können Sie doch nicht wegwerfen!"

Daniel Breuer: „Wieso, das verstehe ich jetzt nicht. Ich hatte doch den Arbeitsauftrag, alle alten Unterlagen zu entsorgen!"

Welche Unterlagen müssen in einem Unternehmen aufbewahrt werden?

Einstiegssituation 2

Ralf Hammes ist entsetzt. Gibt es denn in der Bürofashion Zeimet GmbH keine Übersicht, aus der für alle Mitarbeiterinnen und Mitarbeiter klar ersichtlich ist, welche Unterlagen vernichtet werden dürfen und welche nicht? Herr Hammes ruft sofort alle Auszubildenden in sein Büro: Sie sollen Daniel Breuer direkt heute Nachmittag dabei helfen, eine eindeutige Übersicht für alle Schriftstücke in Ihrem Unternehmen zu erstellen.

Welche Wertstufen und Aufbewahrungsfristen gibt es für das Schriftgut?

Einzelarbeit

1. ***Informieren Sie sich über die Wertstufen und die gesetzlichen Aufbewahrungsfristen.***
2. ***Markieren Sie die wichtigsten Informationen.***

Gruppenarbeit (3er-Gruppen)

3. ***Nehmen Sie sich die verschiedenen Materialien vom Medientisch.***
4. ***Erstellen Sie unter Berücksichtigung der Funktion „Tabellen in Word" eine Tabelle mit den verschiedenen Wertstufen. Achten Sie dabei auf die DIN!***
5. ***Ordnen Sie nun die Aufbewahrungsfristen den Wertstufen zu.***

6. ***Fügen Sie eine zusätzliche Spalte mit der Bezeichnung „Beispiel" ein und ordnen Sie Ihre Materialien den entsprechenden Wertstufen zu.***

7. ***Speichern Sie Ihr Ergebnis und drucken Sie es aus.***

8. ***Bereiten Sie sich auf die Präsentation vor. Die Materialien sollen Ihnen als Hilfe während der Präsentation dienen.***

Plenum

9. ***Präsentieren Sie Ihr Ergebnis.***

10. ***Hängen Sie Ihr Ergebnis an die Tafel.***

11. ***Bewerten Sie die verschiedenen Ergebnisse mithilfe des Bewertungsbogens.***

12. ***Bilden Sie ein Fazit.***

Gesetzliche Vorschriften und betriebliche Vorgaben erfordern die Aufbewahrung von Schriftgut als Informationsquelle (z. B. als Nachschlage- oder Auskunftsmittel), zur Sicherung eigener und zur Abwehr unberechtigter Ansprüche (z. B. Garantieverpflichtungen) sowie zur Dokumentation (z. B. als Nachweis der Firmenentwicklung).

Untersuchungen in Betrieben belegen jedoch immer wieder, dass Schriftgut zu lange aufbewahrt wird. Der Umfang der täglich eingehenden Post nimmt ständig zu, ebenso die innerbetrieblichen Aufzeichnungen, die nur von kurzfristigem Informationswert sind.

Schriftgut lässt sich in verschiedene Wertstufen und Aufbewahrungsfristen einteilen:

Die erste Wertstufe heißt Tageswert/ohne Wert. Dieses Schriftgut hat nur einen einmaligen Informationswert. Nach Kenntnisnahme und Auswertung kann dieses Schriftgut vernichtet bzw. gelöscht werden.

Beispiele
Wurfsendungen, unverlangte Angebote, Zeitungen, Einladungen

Darauf folgt die Wertstufe Prüfwert. Bei diesem Schriftgut handelt es sich um in Bearbeitung befindliche Vorgänge. Dazu zählen interessante Angebote und Preisinformationen, Mahnungen von Zahlungen, Termine, Angebote und Bewerbungen, die sich noch in Prüfung befinden. Als Aufbewahrungsmöglichkeit eignet sich die arbeitsplatzbezogene Zwischenablage. Nach der Bearbeitung verändern diese Schriftstücke ihre Wertstufe und werden entweder vernichtet, zurückgeschickt oder aufbewahrt.

Die nächste Wertstufe hat Gesetzeswert. Nach dem Handelsgesetzbuch (§§ 238, 257 HGB) und dem Steuerrecht (§ 147 AO) sind Unterlagen aufbewahrungspflichtig, die in unmittelbarem Zusammenhang mit einem Handelsgeschäft stehen und zum lückenlosen Nachweis eines Handelsgeschäfts dienen (Handelsbriefe). Die Aufbewahrungsfrist beginnt mit dem Schluss des Kalenderjahres, in dem das Schriftstück erstellt wurde, und beträgt entweder 6 oder 10 Jahre.

Bei Handelsbriefen handelt es sich um alle Schriftstücke, die das Handelsgeschäft betreffen. Hier beträgt die gesetzliche Aufbewahrungsfrist 6 Jahre.

Beispiele
Auftragsbestätigungen, Bestellungen, Bauverträge, Mietunterlagen, Leasingverträge, Lieferscheine, Mahnungen, Transportunterlagen, Frachtbriefe, Mängelrügen, Gehaltslisten, Quittungen

Buchungsanweisungen müssen nach den gesetzlichen Aufbewahrungsfristen 10 Jahre aufbewahrt werden. Unter Buchungsanweisungen fallen alle Belege, nach denen Buchungen in den Handelsbüchern vorgenommen werden können.

Beispiele
Rechnungen, Quittungen, Nachnahmebelege, Reisekostenabrechnungen, Kontoauszüge, Lohn- und Gehaltsunterlagen, interne Buchungsanweisungen

Auch alle Aufzeichnungen über die körperliche Bestandsaufnahme aller Vermögensgegenstände, z. B. Grundstücksverzeichnis, müssen 10 Jahre aufbewahrt werden (Inventar). Ebenfalls unter die 10-jährige Aufbewahrungsfrist fallen Eröffnungsbilanz, Jahresabschlussbilanz, Lagebericht sowie Konzernabschluss. Hier ist darauf zu achten, dass es sich um geprüfte und unterzeichnete Berichte und Bilanzen handelt. Auch Wertpapieraufstellungen sowie Geschäftsberichte gehören hierzu.
Auch die Nachweise über Arbeitsanweisungen und Organisationsunterlagen für EDV-Buchführung, Software sowie ggf. notwendige Hardware muss jedes Unternehmen 10 Jahre aufbewahren.

Die Aufbewahrungsfrist beginnt immer mit dem Schluss des Kalenderjahres, in dem das Schriftstück erstellt wurde.

Beispiele
- Rechnung vom 07.08.2011 (Aufbewahrungsfrist **10 Jahre**)
  - Beginn: 31.12.2011
  - Ende: 31.12.2021
  - ab dem 01.01.2021 kann der Beleg vernichtet werden
- Angebot vom 12.05.2011 (Aufbewahrungsfrist **6 Jahre**)
  - Beginn: 31.12.2011
  - Ende: 31.12.2017
  - ab dem 01.01.2018 kann der Beleg vernichtet werden

Als Aufbewahrungsmöglichkeit eignen sich hier platzsparende Registraturen.

Schließlich gibt es die Wertstufe Dauerwert/Archivwert. Hierzu zählen Unterlagen mit langfristiger Bedeutung für ein Unternehmen.

Beispiele
Handelsregistereinträge, Muster, notarielle Urkunden, Kaufverträge für Grundstücke, Patentschriften

Die Aufbewahrung dieser Unterlagen ist ohne zeitliche Begrenzung. Als Aufbewahrungsmöglichkeit eignen sich hier Archive, Spezial-Ablagen oder feuerfeste Tresore.

8.7 Alternative Registraturformen

Einstiegssituation

Sie haben sich bereits umfassend über die verschiedenen Registraturformen informiert. Was Sie jedoch noch nicht berücksichtigt haben, sind die alternativen Registraturformen, die in einem modernen Büro eine immer größere Rolle spielen.

Welche Speichermöglichkeiten bieten sich für Ihr Unternehmen an?

Stammgruppe (4er-Gruppe)

1. ***Bilden Sie eine Stammgruppe (nach Anweisung der Lehrperson).***
2. ***Einigen Sie sich, welches Stammgruppenmitglied sich mit welchem Thema beschäftigt, und gehen Sie in die Ihrem Thema entsprechende Expertengruppe.***

Expertengruppe (jeweils zwei Personen aus jeder Stammgruppe)

Einzelarbeit

3. ***Lesen Sie das Informationsblatt und markieren Sie wichtige Informationen.***

Gruppenarbeit

4. ***Vergleichen Sie Ihre Markierungen und überlegen Sie gemeinsam, wie Sie Ihren Stammgruppenmitgliedern Ihr Thema erklären können.***
5. ***Erstellen Sie ein Handout für Ihre Stammgruppenmitglieder.***
6. ***Überlegen Sie gemeinsam und arbeiten Sie eine Möglichkeit aus, wie Sie überprüfen können, ob Ihre Stammgruppenmitglieder das von Ihnen erklärte Thema auch verstanden haben. Danach kehren die Experten wieder in ihre Stammgruppen zurück.***

Stammgruppe

7. ***Erklären Sie sich gegenseitig die von Ihnen erarbeiteten Themen.***
8. ***Kontrollieren Sie mithilfe der in Ihrer Expertengruppe erarbeiteten Idee, ob Ihre Stammgruppenmitglieder das von Ihnen Erklärte wirklich verstanden haben.***

Gruppenarbeit

9. ***Überlegen Sie gemeinsam, welche Speichermöglichkeiten sich für Ihr Unternehmen anbieten, erstellen Sie dazu ein Plakat.***
10. ***Bereiten Sie sich auf die Präsentation vor.***

Plenum

11. ***Präsentieren Sie Ihr Ergebnis als szenische Darstellung.***
12. ***Achten Sie auf die Plakatgestaltung und den Inhalt (Vollständigkeit, Richtigkeit usw.).***

Varianten der CD

Die **CD** (engl. Compact Disc = kompakte, kleine Scheibe) ist ein Speichermedium, welches zu den optischen Speichern zählt. Ursprünglich wurde sie zum Abspielen von Musik eingesetzt. Seit sie auch für Computer zum Speichern und Lesen von Daten verwendet wird, bezeichnet man sie als CD-ROM (engl. „read only memory" = nur Lesespeicher).

Auf einer **CD-ROM** befinden sich 20.000 „Spuren", die spiralförmig von innen nach außen verlaufen. Auf diesen Spuren sind die Datenblöcke in gleicher Dichte gespeichert, z. B. ein PC-Programm. Um die Daten lesen zu können, benötigt man ein CD-ROM-Laufwerk, welches die CD-ROM mit einem Laserstrahl abtastet und so die Daten von der CD-ROM liest. Eine CD-ROM kann nur gelesen werden, die darauf gespeicherten Daten können also nicht geändert oder gelöscht werden. Es können auch keine weiteren Daten hinzugefügt werden. Der Preis einer CD-ROM ist abhängig von den Daten, die darauf enthalten sind (z. B. Softwareprogramm, Computerspiel).

Eine Weiterentwicklung der CD-ROM ist die **CD-R** (engl. CD recordable = einmal beschreibbar), die das einmalige Speichern von Daten erlaubt. Nach dem Speichern können die Daten nicht mehr geändert oder gelöscht werden. Bei der Speicherung werden die Daten mit einem Laserstrahl in der Speicherschicht der CD-R aufgezeichnet und bleiben dauerhaft erhalten. Zum Beschreiben einer CD-R kann kein CD-ROM-Laufwerk benutzt werden. Hierfür ist ein sogenannter CD-Brenner (CD-Rekorder) notwendig. Die gespeicherten Daten können von CD-Rekordern sowie von CD-ROM-Laufwerken gelesen werden.

Auf **CD-RWs** (engl. CD rewritable = wiederbeschreibbar) können die Daten beliebig oft gespeichert, geändert oder gelöscht werden. Zum Speichern und Lesen der Daten sind spezielle CD-RW-Rekorder notwendig. Auf normalen CD-ROM-Laufwerken oder CD-Rekordern können die Daten einer CD-RW nicht gelesen werden. Daher muss bei der Verwendung von CD-RWs auf mehreren Computern darauf geachtet werden, dass in jedem Computer ein geeignetes Laufwerk vorhanden ist. Viele moderne PCs besitzen bereits Laufwerke, die das Lesen und Speichern von Daten auf CD-R und CD-RW ermöglichen. Falls dies nicht der Fall sein sollte, besteht die Möglichkeit, über eine Schnittstelle ein externes Laufwerk an den PC anzuschließen.

Zum Speichern von Daten auf CD-R oder CD-RW sind sogenannte CD-Rohlinge erhältlich, auf denen sich noch keine Daten befinden. Der Preis für einen CD-R-Rohling beträgt ungefähr 0,30 EUR, für einen CD-RW-Rohling ungefähr 0,70 EUR. Die Speicherkapazität von CD-ROM, CD-R und CD-RW beträgt 650 MB, 700 MB oder 800 MB (MB = Megabyte).

Die Lebensdauer einer CD kann zwischen 25 und 80 Jahren betragen. Voraussetzung ist, dass die empfindliche Speicherschicht der CD nicht beschädigt oder verkratzt wird. Ferner sollten CDs keinen extremen Temperaturschwankungen ausgesetzt werden.

DVD

Die Speicherkapazität einer DVD (engl. Digital versatile Disc) ist bis zu 25-mal größer als die einer CD-ROM. Das liegt daran, dass sich die DVD auf beiden Seiten in je zwei Schichten beschreiben lässt. Damit sind Kapazitäten bis zu 17 GB (GB = Gigabyte) möglich.

Die Formate DVD-RW und DVD-RAM ermöglichen es, DVDs zu beschreiben bzw. erneut zu beschreiben. Durch die höhere Datenkapazität wird die DVD mit der Zeit die CD im Bereich der Datenspeicherung ablösen. Der Leseprozess erfolgt im PC wie bei einer CD-RW.

USB-Stick

Eine Alternative zur CD ist der **USB-Flashstick** – umgangssprachlich nur **USB-Stick** oder **Memorystick** genannt. Hiermit können alle Arten von Dateien und Dokumenten schnell und sicher zwischen verschiedenen Computern ausgetauscht werden. USB-Sticks gehören zu den Massenspeichern. Sie bieten eine Kapazität von 16 MB (Megabyte) bis mittlerweile 16 GB (Gigabyte). Der Preis für einen USB-Flashstick liegt zwischen 5,00 EUR und 40,00 EUR.

Der in den PC oder Laptop eingesteckte USB-Flashstick wird von den Betriebssystemen Windows ME, 2000, XP, Linux (ab Kern el 2.4.18) und Mac OS (ab Version 9) als Wechsel-Laufwerk angesprochen und kann mit Daten beschrieben werden. Die Daten können natürlich auch wieder gelöscht werden.

Der größte Vorteil im Vergleich zur Diskette besteht darin, dass der USB-Flashstick eine höhere Kapazität und eine höhere Datensicherheit als eine Diskette hat. Heute werden PCs bzw. Laptops daher meist ohne Diskettenlaufwerk gebaut.
Ferner ist ein USB-Stick unabhängig vom Betriebssystem. Durch die kompakte und robuste Bauform ist der Stick auch ein perfektes Hosentaschenmedium. Der Nachteil hierbei ist jedoch, dass er schnell verloren bzw. gestohlen werden kann.

USB-Sticks gibt es in den unterschiedlichsten Varianten. Leider erhöhen jedoch die „Zusatzfunktionen“ den Preis gegenüber den klassischen Geräten.

Beispiele
- Memorysticks mit integriertem MP3-Player, Radio oder Digitalkamera
- Bauformen als Kugelschreiber, Armbanduhr usw.

Der „normale“ Memorystick besteht aus vier grundlegenden Bauteilen:

Flash-ROM
Der Flash-ROM ist der elektronische Speicherchip des USB-Sticks, auf welchem die Daten beim Speichern einprogrammiert und dauerhaft auch ohne Stromzufuhr gespeichert bleiben. Der Speicherchip erlaubt dabei ein mehrfaches Lesen, Speichern und Löschen von Daten.
Leider hat der Flash-ROM nur eine begrenzte Lebensdauer: Die elektrische Ladung des Flash-ROM wird nur etwa zehn Jahre aufrechterhalten.

Steuerchip
Der Steuerchip ist für die Ansteuerung des Speichermediums verantwortlich. Er sorgt also dafür, dass die Daten richtig geschrieben, gelesen und wieder gelöscht werden.

USB-Anschluss
Durch den USB-Anschluss wird der Memorystick mit dem PC verbunden. Heute hat jeder neuere PC solch einen Anschluss. Über ihn werden alle Daten zwischen PC und Memorystick übertragen. Gleichzeitig dient der PC auch als Stromversorgung für den Memorystick, die für den Betrieb notwendig ist. Die Datenübertragungsrate zwischen PC und Memorystick beträgt bei modernen Geräten etwa 14 MB Daten pro Sekunde.

Status-LED
Die Status-LED dient zur Statusanzeige. Sie zeigt dem Benutzer durch Aufleuchten an, ob momentan vom PC auf den Memorystick zugegriffen wird, ob also gerade Daten gelesen,

gelöscht oder geschrieben werden. Dies ist für den Benutzer sehr wichtig, da bei einem plötzlichen Entfernen des Sticks aus dem PC Daten verloren gehen oder der Memorystick im schlimmsten Fall falsch formatiert werden kann.

Archivierung per Mikrofilm

Zu den kostengünstigsten und sichersten Langzeit-Archivierungsverfahren zählt die Mikroverfilmung.

Unabhängig von Format, Grafiken oder Zeichnungen wird bei der Belegverfilmung das gesamte Schriftgut verfilmt. Jedes Einzelbild wird dabei durch eine elektronische Markierung indiziert. Sind die zu verfilmenden Dokumente indiziert, wird ein Film entwickelt, auf dem die Dokumente dann als kleines Bild sichtbar sind. Bei dem heutigen Stand der Technik haben die Mikrofilme eine lange Haltbarkeit und eine hohe Entwicklungsqualität. Vorteile der Mikroverfilmung sind:

- Kostengünstige und sichere Langzeitarchivierung,
- Archivierung von komplexen Dokumenten,
- Standards bezüglich Qualität, Haltbarkeit und Entsorgung.

9 Informationsaustausch

9.1 Kommunikation

Einstiegssituation

„Oft reden Kunden am Verkäufer vorbei und umgekehrt!“
Für dieses Thema sollen Ihre Kunden während der Messe sensibilisiert werden. Sie bekommen die Aufgabe, zunächst zu überlegen, wie Sie Ihren Kundinnen und Kunden die verschiedenen Kommunikationsmöglichkeiten gut erläutern können.

Wie erstelle ich für unsere Kunden einen informativen Flyer zum Thema Kommunikation?

Einzelarbeit

1. *Überlegen Sie, wie man kommunizieren kann. Schreiben Sie alle gefundenen Möglichkeiten auf.*
2. *Finden Sie für das Thema Kommunikation ein treffendes Sprichwort oder einen aussagekräftigen Satz und notieren Sie Ihre Idee.*

Partnerarbeit

3. *Vergleichen Sie mit Ihrer Partnerin bzw. Ihrem Partner die notierten Möglichkeiten sowie das Sprichwort/den Satz und entscheiden Sie sich für den treffenderen Satz. Nutzen Sie diesen später als Überschrift.*
4. *Informieren Sie sich über die Möglichkeiten der Kommunikation und entwerfen Sie einen Flyer, der Ihren Kunden als Information mitgegeben werden kann.*
5. *Führen Sie in Ihrem Flyer auch an, worauf es bei der Kommunikation ankommt („Aktives Zuhören“). Achten Sie dabei auf die typografischen Regeln und auf die Regeln zur Gestaltung von Texten (Informationsteil im Buch).*
6. *Drucken Sie Ihre Flyer aus.*

Plenum

7. ***Bilden Sie einen Stuhlkreis und legen Sie Ihre Flyer auf den Boden.***
8. ***Vergleichen Sie Ihre Flyer und überprüfen Sie diese auf Vollständigkeit und Richtigkeit.***
9. ***Entscheiden Sie sich für den Flyer, den Sie an die Kunden ausgeben würden.***
10. ***Heften Sie Ihr Ergebnis in Ihrem Ordner ab.***

Beispiel
Liebe Frauen, kennen Sie das auch? Sie gehen mit einer Freundin durch die Fußgängerzone, mustern eine Ihnen entgegenkommende Frau, schauen Ihre Freundin an und wissen genau, dass Sie beide gerade das Gleiche gedacht haben!

Beispiele
Eine Frau wartet am Bahnhof auf ihren Zug und setzt sich auf eine freie Bank. Ein Mann setzt sich neben sie und zwinkert ihr zu. Die Frau ignoriert dies und rutscht ein Stück vom Mann weg. Der Mann rückt nach und macht mit seinem Kopf verrückte Bewegungen. Die Frau rollt mit den Augen, steht auf und geht.

Obwohl in beiden Fällen kein Wort gesprochen wurde, handelt es sich um Kommunikation, und zwar um **nonverbale (zwischenmenschliche) Kommunikation**.

Definition
Nonverbal bedeutet, dass man kommuniziert, ohne dabei miteinander zu sprechen (also Verständigung ohne Worte).

Hierzu zählen Gestik, Mimik, Körperhaltung, Berührungen, Geruch und Augenkontakt. Problematisch bei der nonverbalen Kommunikation ist, dass das Gegenüber Gesten oder Mimik vielleicht anders deutet und daraus falsche Schlüsse zieht, was sehr schnell zu Missverständnissen führen kann.

Wichtig im beruflichen Alltag ist stets das Einhalten sogenannter **Distanzzonen** bei anderen Menschen:

- Intime Zone
- Persönliche Zone
- Gesellschaftliche Zone
- Öffentliche Zone (auch Fluchtzone genannt)

All diese Zonen wahren einen bestimmten Abstand zu den Mitmenschen. In welchem Rahmen der Abstand liegen soll, ist je nach subjektivem Empfinden unterschiedlich, jedoch sollte bei der intimen Zone ein Mindestabstand zu seinem Gegenüber von ca. 40 bis 50 cm gewährleistet sein. Die persönliche Zone bewegt sich zwischen 40 und 150 cm Abstand. Die gesellschaftliche Zone beginnt ab 150 cm, die öffentliche Zone liegt dann über 250 cm weit. Es ist sinnvoll, diese Distanzzonen auch bei der verbalen Kommunikation einzuhalten.

Das Gegenteil der nonverbalen Kommunikation ist die **verbale (mündliche) Kommunikation**.

Definition
Verbale Kommunikation erfolgt immer, indem sich mindestens zwei Menschen miteinander unterhalten. Sie geschieht von Angesicht zu Angesicht, per Telefon oder Handy, über Sprechanlagen, durch Zeichen (auch Zeichensprache, da die Zeichen den Ton ersetzen), usw.

Nun fehlt natürlich noch die **schriftliche Kommunikation**.

Definition
Die schriftliche Kommunikation ist einer der wichtigsten Bestandteile der Büroarbeit, sie erfolgt z. B. in Form eines Geschäftsbriefes oder einer E-Mail.

Bei jedem Schreiben ist darauf zu achten, dass es klar formuliert wird und alle wichtigen Informationen enthält. Ferner sollte es übersichtlich strukturiert sein, da die Leser/-innen nicht sofort während des Lesens Rückfragen stellen können (wie es in einem Gespräch der Fall wäre).

Auch **SMS** sind eine besondere Art der schriftlichen Kommunikation. Sie sollten hierbei immer berücksichtigen, dass der Empfänger einer SMS diese möglicherweise anders aufnehmen könnte, als der Versender es eigentlich mit dem Textinhalt angestrebt hat. Dies liegt daran, dass eine SMS keinen Tonfall enthält. Der Empfänger weiß also nicht, ob die Nachricht in einem freundlichen oder unfreundlichen Tonfall verfasst bzw. in welcher Laune sie formuliert wurde.

In der Arbeitswelt sollten bei der Kommunikation folgende Punkte beachtet werden, damit es nicht zu Missverständnissen kommt:

- Bleiben Sie freundlich und höflich, selbst wenn Sie sich gerade ärgern.
- Hören Sie Ihrem Gegenüber zu.
- Lassen Sie Ihr Gegenüber ausreden!
- Erst denken, dann sprechen, denn: Das gesprochene Wort kann niemals wieder zurückgenommen werden!
- Bilden Sie klare, verständliche Sätze.
- Notieren Sie Fragen, die Sie stellen möchten, im Vorfeld, damit Sie diese nicht vergessen.
- Beschränken Sie sich auf das Wesentliche, denn: Ihr Gegenüber hat vielleicht gerade nicht die Geduld oder nicht genug Zeit, um Ihnen lange zuzuhören.
- Sagen Sie das, was sie meinen (und nicht das Gegenteil von dem, was Sie gerne hätten). Dies macht vieles leichter!
- Fragen Sie nach, wenn Sie etwas nicht verstanden haben.
- Lassen Sie sich schwierige Wörter oder Namen buchstabieren, dadurch werden später Fehler vermieden, die vielleicht für Sie peinlich sein könnten.
- Je aufgeregter ein Mensch ist, desto höher wird die Stimme. Also Vorsicht, falls dies Ihrem Gegenüber passiert. Sie erkennen daran sofort, dass etwas nicht stimmt.

Viele Pädagogen, Wissenschaftler und Sprachexperten beschäftigen sich seit langer Zeit mit dem Thema Kommunikation. Paul **Watzlawick** hat fünf Grundsätze entwickelt, die sehr treffend und zum Teil auch im Büroalltag zu berücksichtigen sind. Die ersten drei Grundsätze lauten:

1. **Man kann nicht nicht kommunizieren**
   - Jedes menschliche Verhalten hat Mitteilungscharakter.
   - Kommunikation besteht nicht nur aus Worten und Sprachverhalten, sondern aus jedem Verhalten.
2. **Jede Kommunikation enthält einen Beziehungs- und einen Inhaltsaspekt**
   - Beziehungsaspekt: Wie wird es gesagt (durch Mimik, Gestik, Tonfall)?
   - Inhaltsaspekt: Was wird gesagt (Inhalt der Nachricht, die übertragen wird)?
3. **Zwischenmenschliche Beziehungen sind durch die Interpunktion von Kommunikationsabläufen geprägt**
   - Kommunikation kennt keinen Anfang, kein Ende, keinen Auslöser für die Kommunikation, keine Ungleichgewichte und keine Wertung.
   - Erst wenn die Kommunikationsteilnehmer eine entsprechende Struktur bei Kommunikationsabläufen vorgeben (= Interpunktion von Ereignisfolgen), kann es zu Beziehungskonflikten kommen. Jeder der Beteiligten beansprucht für sich, auf die Aussage des Gegenübers reagiert zu haben.

Außerdem sollte man, um Kommunikationsstörungen zu vermeiden, das **4-Seiten-Modell** (4-Ohren-Modell) von Friedemann **Schulz von Thun** beherzigen. Dieses besagt, dass sich Kommunikation (wie auch bei Watzlawick) in eine Sachebene und mehrere Beziehungsebenen gliedert:

Kommunikationsebene	Erklärung
Sachebene (Worüber informiere ich?)	Hier geht es um Daten, Fakten, Sachverhalte. **Beispiel** „Bitte geben Sie mir das Auswahlbuch.“ Es geht nur darum, dass das Gegenüber das Buch benötigt.
Selbstkundgabe (Was gebe ich von mir preis?)	Es wird übermittelt, was in einem selbst vorgeht, wie einem „ums Herz ist“ oder in welcher Rolle man sich gerade befindet. **Beispiel** „Ich bin in Eile, machen Sie schnell – ich brauche das Auswahlbuch dringend, um einen Verdacht zu prüfen.“
Appellebene (Was möchte ich erreichen?)	Es wird übermittelt, was konkret vom Gegenüber gefordert wird, welche Wünsche vorhanden sind. **Beispiel** „Ich erwarte, dass Sie die Auswahlscheine jede Woche kontrollieren, damit kein Verlust durch nicht bezahlte Auswahl entstehen kann.“

Kommunikationsebene	Erklärung
Beziehungsseite (Was halte ich von meinem Gegenüber?)	Es wird übermittelt, ob das Gegenüber gemocht, geschätzt oder weniger gemocht wird. **Beispiel** „Garantiert wurden die Scheine nicht überprüft, weil Sie ja sowieso nie mitdenken."

Quelle: Miteinander kommunizieren, www.schulz-von-thun.de

Zum Schluss noch ein wichtiger Grundsatz:

Merksatz
„Reden ist Silber, Schweigen ist Gold!"

Sie werden diesen Satz nun vielleicht belächeln – aber beherzigen Sie ihn! Oft ist es in einem Gespräch besser, zu schweigen, den eventuell vorhandenen Ärger oder den Satz auf der Zunge hinunterzuschlucken und sich nicht unbedacht zu äußern. Denn es ist leider so, dass Sie das ausgesprochene Wort niemals wieder zurücknehmen können. Es wird unter Umständen immer in den Köpfen Ihrer Gesprächspartner haften bleiben.

Merksatz
Führen Sie sich all diese Punkte immer wieder vor Augen und Ihre Kommunikation wird ein voller Erfolg!

9.2 Kommunikationsstörungen

Einstiegssituation

Ihre Flyer für die Kunden sind gut gelungen. Ihnen fällt auf, dass die Flyer zwar sehr informativ sind, eine szenische Darstellung das Ganze jedoch abrunden wird.

■ ***Wie kommuniziert man richtig?***

Einzelarbeit

1. ***Informieren Sie sich im Methodenpool über das Thema „szenische Darstellung". Machen Sie sich Notizen, was zu berücksichtigen ist.***

Partnerarbeit

2. ***Entwickeln Sie zwei szenische Darstellungen: die erste für eine missglückte verbale Kommunikation (eine gute Hilfe könnte hier das „Vier-Ohren-Modell" von Schulz von Thun sein) und die zweite für eine (gelungene oder missglückte) nonverbale Kommunikation.***
3. ***Recherchieren Sie ggf. offene Fragen und weitere Informationen im Internet.***
4. ***Halten Sie Ihre szenischen Darstellungen schriftlich in Word fest unter Berücksichtigung der Funktion „Tabellen in Word" (vgl. Programmhandbuch).***
5. ***Drucken Sie Ihre szenischen Darstellungen aus.***

Plenum

6. ***Präsentieren Sie Ihre beiden szenischen Darstellungen.***
7. ***Achten Sie dabei besonders auf Mimik und Gestik der „Schauspieler/-innen".***
8. ***Bewerten Sie die präsentierten Beispiele und geben Sie Ihren Mitschülerinnen und Mitschülern ein Feedback.***
9. ***Heften Sie Ihre Dokumente in Ihrem Ordner ab.***

„Wenn du eine weise Antwort verlangst, musst du vernünftig fragen."
Johann Wolfgang von Goethe

10 Telekommunikationsmedien – Das Büro geht ans Netz!

Einstiegssituation

Samstags und sonntags sollen auf der Messe als Highlight die wichtigsten Medien sowie die technischen Veränderungen im Bereich der Telekommunikation vorgestellt werden. Herr Zeimet bittet Sie, zu diesem Thema eine einheitliche PowerPoint-Präsentation zu erstellen, die während der Messe über den Beamer präsentiert werden kann.

Welche Kommunikationsmedien werden zur fach- und sachgerechten Erledigung von Arbeitsvorgängen eingesetzt?

Gruppenarbeit (4er-Gruppe) mit Vorbereitungsphase als Hausaufgabe

1. *Suchen Sie sich pro Gruppe einen Themenbereich aus:*
   a) *Telefon sowie „Wie telefoniere ich richtig?" (Dialoge können zur Hilfe genommen werden).*
   b) *Anrufbeantworter, Telefax und die rechtlichen Bestimmungen, mit Exkurs: Telex und Fernschreiber.*
   c) *Telefonnetze, Zugang zum Internet und computerunterstütztes Telefonieren.*
   d) *Telefonanlagen und E-Mail (geschäftlich und privat).*
2. *Organisieren Sie zu Ihren Themen Informationsmaterial (Internet, Fachbücher, Infoblätter, Prospekte, Fachzeitschriften).*
3. *Einigen Sie sich in der Klasse auf eine einheitliche Formatierung in PowerPoint und notieren Sie diese (später werden die einzelnen Teilbereiche in einer Präsentation zusammengefügt!).*
4. *Erstellen Sie eine ansprechende, übersichtliche und vollständige PowerPoint-Präsentation zu Ihrem Themenbereich.*
5. *Achten Sie auf sinnvolle Animationen und das Einhalten der Gestaltungsregeln für PowerPoint (informieren Sie sich nochmals im Methodenpool).*
6. *Bereiten Sie sich auf die Präsentation vor. Überlegen Sie sich eine geeignete Einleitung sowie einen passenden Schlusssatz.*

Plenum

7. ***Präsentieren Sie Ihr Ergebnis.***
8. ***Prüfen Sie die vorgestellten Präsentationen auf Vollständigkeit, Wirkung und Einheitlichkeit.***
9. ***Fügen Sie Ihre Präsentationen an einem PC als „Gesamtwerk" zusammen und drucken Sie dieses als Handzettel aus.***
10. ***Heften Sie das Ergebnis in Ihrem Ordner ab.***

10.1 Das Telefon

10.1.1 Telefonapparate

Telefone kennt natürlich heutzutage jeder. Jedoch gibt es bei den Telefonapparaten Unterschiede:

Ein **analoges Telefon** besteht in der Regel aus einem Nummernschalter zum Wählen, einer Schaltung für die Anrufsignalisierung (Klingel), einer Hör- und Sprechschaltung sowie einer Leitungsnachbildung (Leitungsabschluss). Mittlerweile gibt es nur noch wenige analoge Telefone.

Beim **ISDN-Telefon** setzt ein Mikrofon die Schallschwingungen der Sprache in elektrische Signale um. Das Telefon tastet die Amplitude der Schwingungen (Sprache) ca. 8.000-mal in der Sekunde ab und ermittelt den binären Zahlenwert. Hierfür wird ein Analog-/Digitalwandler eingesetzt. Durch die Digitalisierung sämtlicher Signale können die Dienste zeitlich verschachtelt (zeitmultiplex) und so für den Anwender scheinbar gleichzeitig nutzbar gemacht werden.

Das **ISDN-Bildtelefon** ist häufig ein Desktop-System, das über einen kleinen Farbmonitor und eine CCD-Farbkamera verfügt. Da die Geräte mit Mikrofon und Lautsprecher ausgestattet sind, kann man auch die Leistungsmerkmale Freisprechen und Lauthören nutzen. Neue Modelle sind sogar internetfähig und enthalten einen integrierten Webbrowser und einen E-Mail-Client. Viele Geräte sind zusätzlich mit Video- und Audioausgängen und -eingängen ausgestattet. Die Übertragung von Audio- und Videodaten erfolgt über einen oder mehrere ISDN-B-Kanäle (Kanalbündelung). Da sich das Konzept des Bildtelefons auf dem Markt nicht richtig durchgesetzt hat, sind entsprechende Geräte kaum verfügbar.

Seit einiger Zeit gibt es auch Software-Lösungen, die neben Computer und ISDN-Karte nur noch eine Kamera mit Mikrofon und Lautsprecher benötigen (**Webcams**).

10.1.2 Konferenzschaltung mithilfe des Telefons

Häufig werden die Bildtelefone als Konferenzschaltung für mehrere Personen eingesetzt. Dieses System besteht aus einer Kamera und einem Fernseher. Weil die Bandbreite von ISDN für eine gute Bild- und Tonqualität zu gering ist, werden die Audio- und Video-Daten über das Internet übertragen. So können sich mehrere Personen miteinander unterhalten und einander dabei sehen.

Moderne Telefone verfügen über verschiedene Leistungsmerkmale. Diese können von Hersteller zu Hersteller und je nach Telefontyp variieren. Teilweise weichen auch die Leistungsmerkmale der Telefone und des Telefonnetzes voneinander ab, dadurch können Merkmale, über die ein Telefon verfügt, evtl. nicht nutzbar sein (oder umgekehrt: das Telefonnetz bietet Dienste an, die ein Telefon nicht ausführen kann). Jedoch werden diese Differenzen immer seltener: Die Netze und Geräte werden im Laufe der Zeit immer besser aufeinander abgestimmt.

10.1.3 Leistungsmerkmale von Telefonen

Wahlwiederholung
Mit dieser Taste wird die zuletzt gewählte Telefonnummer erneut gewählt. Moderne Telefone bieten auch die Möglichkeit, mit einer erweiterten Wahlwiederholung gezielte Rufnummern aus dem Wahlwiederholungsspeicher anzurufen. Bei Display-Telefonen ist dieses Merkmal standardmäßig üblich.

Lauthören
Meist verfügen Telefone über integrierte Lautsprecher. Durch Aktivierung dieser Funktion mit der „Laut-Taste" können alle Personen in unmittelbarer Umgebung des Telefons das Gespräch mithören.

Freisprechen/Lautsprechen
Möchte man die Funktion Freisprechen nutzen, muss das Telefon über ein integriertes Mikrofon und einen Lautsprecher verfügen. So können mehrere Personen gleichzeitig miteinander telefonieren. Ein weiterer Vorteil ist, dass eine Nummer gewählt werden kann, obwohl der Hörer noch aufgelegt ist. Wurde das Gespräch hergestellt, ist das Abnehmen des Hörers ebenfalls nicht erforderlich.

Zielwahl
Tasten, die frei mit Rufnummern oder sogar mit Funktionen belegt werden können, nennt man Zielwahltasten oder Softkeys. Wird eine dieser Tasten betätigt, wird automatisch die hinterlegte Rufnummer gewählt.

Kurzwahl
Gespeicherte Rufnummern werden nicht über eine bestimmte Taste, sondern über eine Tastenkombination abgerufen. Dies hat den Vorteil, dass man sich nur die Kurzwahlnummern merken muss, anstatt lange Telefonnummern zu wählen. Die Funktion Kurzwahl wurde häufiger verwendet, als es noch keine Telefone mit Display gab. Heute ist jedoch fast jedes Telefon mit einem Display ausgestattet und verfügt über eine Telefonbuch-Funktion.

Telefonbuch

Das im Telefon integrierte Telefonbuch speichert Telefonnummern und die dazugehörigen Namen. Die Nummern können jederzeit ergänzt oder gelöscht werden. Der Vorteil des Telefonbuchs besteht darin, dass eine Anwahl direkt aus dem Telefonbuch heraus möglich ist. Bei eingehenden Anrufen wird bei einer gespeicherten Nummer direkt der Name im Telefondisplay angezeigt.

Direktruf/Babyfon

Mit der Direktruf-Funktion kann man das Telefon so programmieren, dass beim Abheben des Hörers automatisch eine Rufnummer gewählt wird. Dieses Leistungsmerkmal nennt man auch Babyfon oder Babyruf.

Mikrofonstummschalten

Mit der Mikrofonstummschalttaste kann das Mikrofon des Hörers vorübergehend abgeschaltet werden, um beispielsweise eine dritte Person etwas zu fragen, ohne dass der Anrufer es hört. Diese Funktion wird auch als Raumrückfragetaste bezeichnet.

Ruhe vor dem Telefon

Mit diesem Leistungsmerkmal hat man die Möglichkeit, eingehende Anrufe vorübergehend abzuschalten. Eine Anrufsignalisierung (Klingelton) erfolgt nicht. Abgehende Gespräche sind jedoch jederzeit möglich.

Anrufweiterschaltung/Rufumleitung

ISDN-Telefone bieten die Möglichkeit, über eine Programmierung des Telefons eingehende Anrufe an ein anderes Telefon umzuleiten. Der Anruf kann an diesem Telefon sofort angenommen werden.

10.1.4 Wie telefoniere ich richtig?

1. ***Lesen Sie beide Dialoge.***
2. ***Notieren Sie Dinge, die Ihnen auffallen.***
3. ***Beurteilen Sie beide Telefonate.***

Dialog 1

Sven Müller: *„Hallo, ist Sandra da?"*
Caroline Neu: *„Hier ist Neu, welche Sandra?"*
Sven Müller: *„Na Sandra. Halt, wieso Neu?"*
Caroline Neu: *„Hier spricht Caroline Neu. Sie haben mich gerade angerufen."*

Sven Müller: *„Oh, Sie wollte ich gar nicht sprechen, Entschuldigung. Tschüss!"*

Dialog 2

Anja Klassen: *„Bürofashion Zeimet GmbH, Anja Klassen, guten Tag!"*
Thomas Roth: *„Hier spricht Thomas Roth, guten Tag! Frau Klassen, ich möchte eine Bestellung aufgeben."*
Anja Klassen: *„Hallo Herr Roth, sagen Sie mir bitte Ihre Kundennummer."*

Thomas Roth: *„Meine Kundennummer lautet 30 40 13."*
Anja Klassen: *„Danke, Herr Roth. Bitte zuerst die Bestellnummer und dann die Anzahl angeben."*
Thomas Roth: *„Drei, neun, vier, acht, Anzahl acht mal neun, vier, zwo, sieben, Anzahl vier mal zwo, zwo, eins, null, Anzahl zwo mal. Das wäre alles."*
Anja Klassen: *„Danke für Ihre Bestellung, Herr Roth, die Ware geht Ihnen in den nächsten Tagen zu, es ist alles sofort lieferbar. Einen schönen Tag wünsche ich Ihnen."*
Thomas Roth: *„Danke, Frau Klassen, wünsche ich Ihnen auch!"*

10.2 Der Anrufbeantworter

Unter Anrufbeantworter (Abkürzung: AB) versteht man ein elektrisches oder elektronisches Gerät, welches Telefonanrufe annimmt und nach dem Einschalten den vorher aufgesprochenen Text abspielt. Im Anschluss daran ertönt ein Signalton und der Anrufer kann eine Nachricht hinterlassen. Diese Nachrichten können entweder am Gerät oder von unterwegs aus jederzeit abgerufen werden.

Beim Besprechen des Anrufbeantworters sollten einige Grundsätze berücksichtigt werden:

- Nennen Sie zuerst Ihren Namen, damit der Anrufer weiß, ob er richtig verbunden ist. Es reicht nicht aus, nur die gewählte Nummer zu wiederholen, da der Anrufer oft nicht auswendig weiß, welche Nummer er gewählt hat und ob die gewählte Nummer fehlerfrei eingegeben wurde.
- Weisen Sie den Anrufer darauf hin, dass Sie ihn zurückrufen (aber nur dann, wenn sie dies wirklich später tun).
- Erinnern Sie den Anrufer daran, seinen Namen, seine Nummer und den Grund des Anrufs zu hinterlassen, damit Sie schneller zurückrufen können (ohne Zeitverzögerung durch ein Suchen der Nummer beispielsweise).
- Beenden Sie das „Telefonat" höflich (Auf Wiederhören).
- Vermeiden Sie „flappsige Ansagen" als Bandtext. Sie wissen nie, wer Sie anruft.
- „leiern Sie den Text nicht runter" sondern betonen Sie diesen sinnvoll.
- Sprechen Sie Ihren Ansagetext laut und deutlich auf!
- Vermeiden Sie Hintergrundgeräusche, da diese dazu führen können, dass der Ansagetext vom Anrufer nicht richtig verstanden wird.

Beispiel für einen korrekten Firmenansagetext:
Guten Tag, Sie sind verbunden mit dem Anrufbeantworter der Firma Bürofashion Zeimet GmbH. Leider rufen Sie außerhalb unserer Geschäftszeiten an. Sie erreichen uns montags bis freitags von 08:00 Uhr bis 18:00 Uhr und samstags von 08:00 Uhr bis 14:00 Uhr. Sie können uns gerne eine Nachricht nach dem Signalton hinterlassen, wir rufen Sie umgehend zurück. Bitte denken Sie daran, uns Ihren Namen, Ihre Rufnummer und den Grund Ihres Anrufs mitzuteilen! Vielen Dank! Ihr Team von Bürofashion Zeimet GmbH.

Beispiele für einen weniger guten Ansagetext:
Hier sind Tom und Tina, wir wünschen euch frohe Weihnacht, sind g´rade einen Baum klau´n, ruft später noch mal an (hinterlegt mit Weihnachtsmusik, „We wish you a merry christmas“!).

Hallo, wir sind nicht zu Hause, wir rufen Sie gerne zurück. Auf Wiederhören.

Sie sind verbunden mit dem Abschluss 0731 12344-0. Hinterlassen Sie eine Nachricht nach dem Signalton.

10.3 Das Telefax

Ein Telefaxgerät überträgt originalgetreu Dokumente von einem Faxgerät zu einem anderen. Das Faxgerät des Empfängers erzeugt dabei eine Kopie der übertragenen Vorlage.

Funktionsweise eines Faxgerätes

Ein Faxgerät besteht aus vier Einheiten:

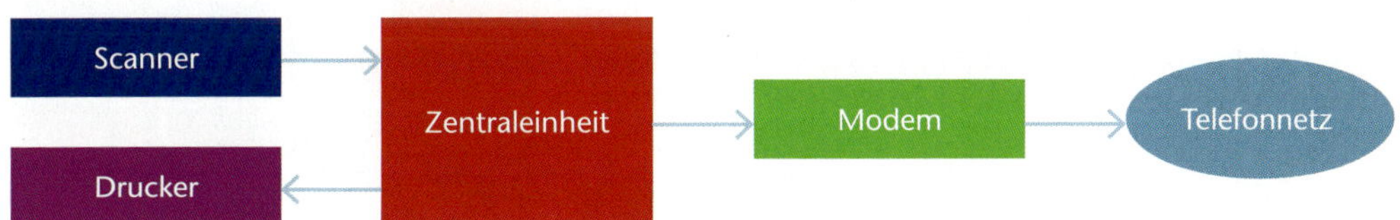

Der oben sichtbare Scanner tastet die Vorlage ab und gibt die Daten an die Zentraleinheit weiter. Der Datenverkehr zwischen Scanner, Drucker und Modem wird von der Zentraleinheit (Mikroprozessorsystem) gesteuert. Weiterhin überwacht und verarbeitet sie die Bedienelemente. Durch das Modem werden die Fax-Daten in der synchronen Betriebsart übertragen und empfangen. Der Drucker gibt die Daten auf Papier weiter und druckt die Kopie aus.

Rechtliche Bestimmungen für Faxmitteilungen

Merksatz
Ein Dokument, das per Fax versendet bzw. übertragen wurde, wird als rechtlich bindend angesehen. Dies gilt auch für Bestellungen, Stornierungen oder Auftragsbetätigungen, die per Fax an einen Empfänger gesendet wurden.

Ein Problem kann sich jedoch ergeben, wenn der Empfänger behauptet, er hätte das Fax nicht erhalten. Um dieser Situation entgegenzuwirken, ist es unbedingt erforderlich, nach dem Versenden der Faxmitteilung einen **Sendebericht** ausdrucken zu lassen. Dieser dient der Beweisfunktion. Anhand des Sendeberichts kann eindeutig festgestellt werden, wann das Fax gesendet wurde, an welche Nummer und von welcher Nummer es gesendet wurde und ob die Übertragung korrekt erfolgte.

Richtiger Umgang mit dem Faxgerät

Folgende Regeln sollten auf jeden Fall beachtet werden:

- Alle Sende- und Empfangsbestätigungen sowie alle Fehlerprotokolle sorgfältig aufbewahren (bei Sendeprotokollen reicht auch das Sendejournal aus).
- Unklare Faxeingänge sollten gesammelt werden.
- Vor Wochenenden und Feiertagen kontrollieren, ob genügend Papier im Faxgerät vorhanden ist (ggf. nachfüllen).
- Weist ein Faxgerät einen Defekt auf, geht dieser immer zulasten des Empfängers!

10.4 Exkurs: Telekommunikation früher

10.4.1 Das Telex

Das Telexnetz wurde schon in den 20er-Jahren des vorigen Jahrhunderts erfunden. Telex ist die Kurzform für „**Tel**eprinter **Ex**change". Bei einem Telex werden Textnachrichten über ein Telekommunikationsnetz, das dem Telefonnetz vergleichbar ist, übermittelt. Die Endgeräte zum Senden und Empfangen der Nachrichten werden als **Fernschreiber** bezeichnet.

Mittlerweile ist das Telex sehr veraltet und wird fast nicht mehr genutzt. Manchmal findet man das Telex noch in Botschaften oder in technisch unterentwickelten Ländern, weil dort die Fernschreiberverbindungen immer noch besser funktionieren als Telefon und Telefax.

10.4.2 Der Fernschreiber

Fernschreiber sind im Prinzip Schreibmaschinen mit Telefonanschluss. Während der Verbindung muss man in den Fernschreiber eintippen. Dabei muss darauf geachtet werden, dass die Eingabe nicht zu schnell erfolgt, da es sonst zu fehlenden Zeichen kommen kann und der Empfänger evtl. eine falsche Nachricht übermittelt bekommt. Tippt man jedoch zu langsam, dauert die Verbindung länger als nötig und kann schnell sehr teuer werden. Fernschreiber haben in der Regel keinen Pufferspeicher.

Neuere Geräte haben einen Lochstreifen. Dieser ermöglicht es, vor dem Verbindungsaufbau die Nachricht zu tippen. Außerdem verfügen moderne Geräte über eine „Intelligenz", die merkt, ob Buchstaben oder Ziffern getippt werden, sie fügt das Umschaltsonderzeichen automatisch ein.

10.5 Telefonanlagen

Systeme, an denen Endgeräte für die Dienste der Kommunikationstechnik angeschlossen werden, nennt man **Telekommunikationssysteme** (TK-Systeme) bzw. **Telekommunikationsanlagen** (TK-Anlagen). Diese Endgeräte haben Zugriff auf die System-Leistungsmerkmale und können interne Verbindungen und externe Verbindungen über die Amtsleitungen der öffentlichen Kommunikationsnetze zu anderen Endgeräten aufbauen.

Kennen Sie noch den Begriff „Nebenstelle“ in Verbindung mit dem Telefon? Wissen Sie auch, woher dieser Begriff kam?

Die meisten Telefone waren früher nicht direkt erreichbar. Anrufer mussten sich erst über eine zentrale Stelle bzw. ein zentrales Telefon verbinden lassen. Diese zentrale Stelle wird heute noch in vielen Unternehmen als *„Zentrale“* bezeichnet. Meist ist die Zentrale (oder Vermittlung) mit der Durchwahlnummer „0“ zu erreichen.

Die ersten Telefonanlagen waren mit wenigen technischen Möglichkeiten ausgestattet. Erst, als sich die Telefonanlagen zu Telekommunikationsanlagen bzw. Telekommunikationssystemen entwickelten, konnten daran auch weitere Endgeräte wie Faxgeräte, Modems und Anrufbeantworter angeschlossen werden.

Bei klassischen Telefonanlagen hat man die Möglichkeit, mehrere Telefone an relativ wenigen Amtsleitungen zu betreiben. Die internen Telefongespräche können gebührenfrei geführt werden. Zusätzlich können bei internen Verbindungen weitere Leistungsmerkmale genutzt werden, die das Telefonieren komfortabler machen.

Moderne Telefonanlagen haben **viele Leistungsmerkmale**, wie z. B.:

Makeln
Während zweier Gespräche kann mit der Funktion Makeln zwischen diesen hin- und hergeschaltet werden.

Partnerfunktion („Chef-Sekretärin-Funktion“)
Ist das Telefon mit Funktionstasten und Display ausgestattet, können die Funktionstasten mit Partnerrufnummern belegt werden. Ein klassisches Beispiel ist die sogenannte Chef-Sekretärin-Funktion. Über ein Display im Telefon wird hier angezeigt, ob ein Kollege bzw. der Chef oder die Sekretärin gerade telefoniert. Die Telefone können auch auf die gegenseitigen Apparate umgestellt werden.

Nachtschaltung
Über die Nachtschaltung können Anrufe gezielt zu einer Nachtstelle umgeleitet werden. Dies kann entweder ein Anrufbeantworter oder eine Serviceeinrichtung sein.

Beispiel
Arztpraxen leiten die Anrufe oft nach den Praxiszeiten an eine Zentrale weiter, die den Anrufenden die Notfalldienste mitteilt.

Rückruf
Ist eine Nummer besetzt, wird mit der Funktion Rückruf die Telefonanlage angewiesen, das Freiwerden der Nummer zu signalisieren (Rückrufsignal). Nimmt der Anrufer den Hörer ab, wird automatisch die freie Nummer zurückgerufen. Leider funktioniert dieser Dienst meist nur hausintern, bei externen Telefonaten wird dieser Dienst nicht unterstützt.

Anklopfen
Mit dieser Funktion wird dem Nutzer während eines Telefonats signalisiert, dass eine weitere Person versucht, ihn anzurufen. Der Anrufer hört nur ein Freizeichen, er kann nicht feststellen, ob die Leitung belegt ist.

Konferenz
Werden mehr als zwei Nebenstellen zusammengeschaltet, nennt man dies Konferenz. Hierbei kann jeder mit jedem sprechen. Möglich sind 3er- bis 10er-Konferenzen.

10.6 Telefonnetze

Das am häufigsten verwendete Netz ist das **ISDN-Netz**. Dieses wurde 1989 von der damaligen Deutschen Bundespost in Deutschland eingeführt, damit war Deutschland der Vorreiter für ISDN in Europa. Das gesamte Telefonnetz wurde damals auf eine digitale Technik umgestellt, was 1997 vollständig erreicht wurde.

ISDN bedeutet *Integrated Services Digital Network* (*Dienste integrierendes digitales Netz*). Dies ist ein internationaler Standard für ein digitales Telekommunikationsnetz. Die Telekommunikationsdienste Daten, Sprache, Text und Bilder werden zusammengefasst und über eine Anschlussleitung digital übertragen. So können verschiedenartige ISDN-Endgeräte den gleichen Anschluss parallel nutzen. Durch die Digitalisierung sämtlicher Signale können die Dienste zeitlich verschachtelt (zeitmultiplex) und so für den Anwender scheinbar gleichzeitig nutzbar gemacht werden.

ISDN im Telefonnetz
Auf einer zweiadrigen Leitung wird ISDN vom Netzbetreiber zum Kunden geschaltet. Der sogenannte Übergabepunkt für den ISDN-Anschluss ist die TAE-Dose, die schon für den analogen Telefonanschluss verwendet wurde und immer noch verwendet wird. Bei ISDN wird an der TAE-Dose kein Endgerät angeschlossen, sondern ein Netzabschlussgerät. Dieses Gerät bildet den Endpunkt des ISDN-Netzes. Ab hier ist nur noch der Kunde verantwortlich.

ISDN-Anschluss

Prinzipiell unterscheidet man zwischen zwei ISDN-Anschlüssen: dem Basisanschluss und dem Primärmultiplexanschluss. Der Basisanschluss verfügt über zwei Nutzkanäle (B-Kanäle) und einen Steuerkanal (D-Kanal). Der Primärmultiplexanschluss verfügt hingegen über 30 Nutzkanäle (B-Kanäle), einen Steuerkanal und einen Synchronisationskanal.

Wichtige **Leistungsmerkmale von ISDN** sind:

- Rufnummernanzeige (Anzeige der Rufnummer des Anrufers am eigenen Telefon),
- Anrufweiterschaltung (Rufumleitung),
- Anklopfen,
- Mehrfachrufnummern (mehrere Rufnummern an einem Anschluss),
- Rückruf sowie
- Dreierkonferenz.

10.7 Zugang zum Internet

DSL-Anschluss

DSL (*Digital Subscriber Line*) ist ein Breitband-Internetzugang mit der ADSL-Technik (ADSL = *Asymmetric Digital Subscriber Line*). Hier wird die Kupfer-Doppelader des Telefonnetzes, die als „letzte Meile" bezeichnet wird, genutzt. Die letzte Meile reicht von der Vermittlungsstelle des Netzbetreibers bis zum Kunden in die Wohnung. In Deutschland bezeichnet man diese Strecke als Teilnehmeranschlussleitung (TAL).

Insgesamt gibt es sechs verschiedene Varianten von DSL, die abhängig vom jeweiligen Anbieter sind.

T-DSL-Anschluss

Der ursprünglich von der Deutschen Telekom AG in Deutschland angebotene Anschluss heißt T-DSL. Obwohl der Telefonanschluss und der DSL-Anschluss entbündelt sind, bietet die Telekom T-DSL nur im Paket mit einem Telefonanschluss an. Das bedeutet: entweder analog oder ISDN.

Resale-Anschluss

Die Deutsche Telekom AG ist verpflichtet, ihren Konkurrenten sowohl eine Leitung als auch die DSL-Technik für die Eigenvermarktung zur Verfügung zu stellen. Dieser Resale-Anschluss (also ein Anschluss von Konkurrenten der Telekom) funktioniert technisch gesehen genau wie der T-DSL-Anschluss. Jedoch übernimmt der Serviceprovider die gesamte Auftragsabwicklung und die Abrechnung mit dem Kunden. Was der Kunde hier zusätzlich benötigt, um einen Provider-Anschluss nutzen zu können, ist der Telefonanschluss der Deutschen Telekom AG. So entstehen dem Kunden einerseits die Kosten für den Telefonanschluss und andererseits die Kosten für die DSL-Leistung des Providers.

Bitstrom-Anschluss

Im Jahr 2007 wurde die Deutsche Telekom AG von der Bundesnetzagentur angewiesen, Anschlüsse einzeln bereitzustellen. Diesen Anschluss nennt man umgangssprachlich Bitstrom-Anschluss, was bedeutet, dass Internetprovider DSL ohne einen Telefonanschluss der Telekom für ihre Kunden bestellen können.

Für die Kunden wird vom Internetprovider entweder ein DSL-Anschluss von der Telekom oder ein DSL-Anschluss vom eigenen DSLAM (sogenannter *DSL-Zugangskonzentrator, DSLAM = Digital Subscriber Line Access Multiplexer)* bereitgestellt. Dies kann wahlweise mit oder ohne Telefonanschluss erfolgen.

Linesharing

Im Jahr 2001 ordnete die Bundesnetzagentur (BNetzA) an, dass Möglichkeiten geschaffen werden müssen, um die Teilnehmeranschlussleitung (TAL) zu entbündeln. In der Praxis sieht das so aus, dass sich ein Netzbetreiber (z. B. Deutsche Telekom AG) mit seinem Telefondienst und parallel dazu ein Anbieter eines Breitband-Dienstes (DSL) das Stück Kupfer-Doppelader von der Vermittlungsstelle bis zum Kunden teilen. Allerdings überlässt der Netzbetreiber die Teilnehmeranschlussleitung dem DSL-Anbieter nicht kostenlos, dieser muss eine monatliche Miete für die Nutzung zahlen. Das Linesharing spielt jedoch am Markt kaum eine Rolle, da die Provider ihren Kunden meist alles aus einer Hand anbieten.

Vollanschluss

Vom Netzbetreiber wird die Leitung angemietet. Diese wird bei einem Vollanschluss von der Vermittlungsstelle bis zum Kunden genutzt. Die Leitungsstrecke zum Kunden ist jedoch länger als die „normale“ Leitung der Telekom. Die Anschlusstechnik, wie DSL und Telefon, stellt er selbst. Dies hat zur Folge, dass der DSL-Vollanschluss meist langsamer ist als ein T-DSL-Anschluss von der Deutschen Telekom AG.

Vollanschluss mit VoIP

Immer häufiger ist bei einem Vollanschluss kein Telefonanschluss, sondern nur noch ein DSL-Anschluss vorhanden. Damit der Kunde trotzdem telefonieren kann, erhält er eine Kombination aus Splitter, NTBA und DSL-Modem. Dieses Gerät stellt neben dem Anschluss für den PC auch Anschlüsse für Telefone, Anrufbeantworter und Faxgeräte bereit. Telefoniert wird per **VoIP** (= *Voice over Internet Protocol*).

VDSL

Unter VDSL (*Very High Rate Digital Subscriber Line*) versteht man eine DSL-Übertragungstechnik. Vergleicht man VDSL mit ADSL (*Asymmetric Digital Subscriber Line*), stellt man fest, dass VDSL mit einer noch viel höheren Übertragungsgeschwindigkeit arbeitet. Bei VDSL wird das Signal bis zu den Verteilern über Glasfaser übertragen, die letzten Meter jedoch wie gewohnt über die Kupferleitungen. Daher hängt die Geschwindigkeit von VDSL maßgeblich von dieser Entfernung ab: Je länger die Kupferleitung bis zum Anschluss ist, desto schwächer wird das Signal und desto langsamer wird die Geschwindigkeit.

10.8 Computerunterstütztes Telefonieren (CTI)

Computer Telephony Integration (CTI) bedeutet auf Deutsch computerunterstütztes Telefonieren. Mit diesem Verfahren werden die klassische Telekommunikation (TK) und die Informationstechnik (IT) miteinander vereint. Beide Welten lassen sich jedoch nur bedingt miteinander verknüpfen: Computer und Telefon sind zwei Client-Server-Systeme, die eine völlig unterschiedliche Funktionsweise haben.

Über den PC wird der Verbindungsaufbau und -abbau eines Telefongesprächs erzeugt. Das Telefon dient nur noch zur Übermittlung der Sprache. Mittlerweile fällt es sogar meist weg und wird durch ein Headset ersetzt, welches am PC angeschlossen wird. Outlook oder ein CRM-Anwendungsprogramm dienen meist als Benutzeroberfläche.

Über eine **CRM-Anwendung** wird zur Sachbearbeiterin bzw. zum Sachbearbeiter verbunden (abhängig von der übermittelten Rufnummer, die vorher gewählt wurde). Die Sachbearbeiter/-innen bekommen zeitgleich auf ihrem PC die Kundendaten angezeigt und können sich so im Vorfeld eines Gesprächs auf den Kunden einstellen. Die umgekehrte Richtung ist natürlich auch möglich. Funktioniert dieses System reibungslos, ist eine hohe Kundenbindung und Mitarbeiterauslastung gewährleistet. CTI-Lösungen haben sich bis heute leider noch nicht in der Praxis durchgesetzt, obwohl dieses System an einem Bildschirmarbeitsplatz mit hohem Telefonaufkommen sehr viel Komfort bietet. Meist wird CTI in Callcentern eingesetzt, in herkömmlichen Büros ist es nur selten zu finden.

10.9 Die E-Mail

10.9.1 Richtige Gestaltung einer E-Mail

Beispiel
Kennen Sie das auch? Morgens nach dem Aufstehen fahren Sie schnell den Rechner hoch, öffnen Ihr Postfach und lesen Ihre Post. Am Abend nach dem Heimkommen oder am Wochenende warten vielleicht schon wieder neue Mails auf Sie!

Unbegrenzt Post empfangen, Post versenden, mit Freunden kommunizieren, alles meist kostenlos und rund um die Uhr! Diese Vorteile bringt uns die Funktion E-Mail.

Im beruflichen Schriftverkehr ersetzt die E-Mail häufig den Geschäftsbrief. Dabei ist unbedingt darauf zu achten, dass die äußere Form der E-Mail an den **klassischen Geschäftsbrief** angelehnt ist:

- Tippfehler, DIN-Fehler oder umgangssprachliche Formulierungen sollten unbedingt vermieden werden.
- Die E-Mail muss sachlich, gut strukturiert und vollständig sein.
- Auch die korrekten Anreden sind wie bei einem klassischen Geschäftsbrief einzuhalten.
- Die Kommunikationsangaben unter dem Briefabschluss ersetzen den gewohnten Informationsblock bzw. die Bezugszeichenzeile, sie sind gesetzlich vorgeschrieben. Die Kommunikationsangaben in der E-Mail ermöglichen dem Empfänger darüber hinaus schnelle und einfache Rückfragen (auch per Telefon).

Doch nicht nur geschäftliche E-Mails, sondern auch private E-Mails sollten die oben angeführten Anforderungen erfüllen, wenn sie den klassischen Brief ersetzen sollen.

Wie ist eine E-Mail-Adresse aufgebaut?

Nach der DIN 5008 enthält eine E-Mail-Adresse den Namen des Versenders sowie des Empfängers, das @-Zeichen, den Provider (Anbieter bzw. Namen des Unternehmens, in dem man beschäftigt ist) und, abgetrennt durch einen Punkt, das Länderkennzeichen. Die Umlaute ä, ö und ü werden durch ae, oe und ue ersetzt. Das „ß“ wird durch ss ersetzt. Zur Trennung der einzelnen Angaben können nur Punkte oder Striche verwendet werden.

Beispiele
daniel.breuer@gmx.de
Peter.Zeimet@t-online.de
laura_mueller@blumen-freis.de
schoenheim@zweirad-neu.bw.de
daniel.breuer@buerofashion-zeimet.de

Wie ist eine E-Mail aufgebaut?

Im Feld **„An“** wird die E-Mail-Adresse des Empfängers angegeben, an den die E-Mail versendet werden soll. In den Feldern **„CC“** (Carbon Copy) oder **„BCC“** (Blind Carbon Copy) werden die E-Mail-Adressen eingetragen, die eine Kopie der Mail erhalten sollen.

Bei diesen beiden Feldern ist jedoch darauf zu achten, dass beim Eintragen von weiteren Empfängern im Feld „CC“ der Empfänger des Feldes „An“ alle weiteren Empfänger bzw. deren E-Mail-Adressen sehen kann. Gleichzusetzen wäre dies mit dem Verteilervermerk des klassischen Briefes. Werden die weiteren E-Mail-Adressen hingegen im Feld „BCC“ eingetragen, kann der Empfänger im Feld „An“ nicht sehen, dass jemand eine Kopie der E-Mail erhalten hat.

Im Feld „**Betreff**“ wird kurz und knapp der Betreff eingetragen, wie bei einem herkömmlichen Geschäftsbrief auch.

Im **Textfeld** der E-Mail beginnen Sie mit der Anrede (Sehr geehrte Damen und Herren, Sehr geehrter Herr ..., usw.). Nun wird zweimal geschaltet, sodass eine Leerzeile entsteht, und der Brieftext wird geschrieben. Dieser wird wie üblich in Absätze gegliedert.

Wie ein Geschäftsbrief endet die E-Mail mit einem **Briefabschluss**. Die einzelnen Teile des Briefabschlusses werden immer durch jeweils eine Leerzeile gegliedert. Auch Zusätze, wie i. A., i. V. usw., müssen im Briefabschluss aufgeführt werden.

Auch die **Geschäftsangaben** gehören nach dem HGB, dem GmbHG und dem AktG zum E-Mail-Abschluss, sie sind gesetzlich vorgeschrieben. Aufzuführen sind der Sitz des Unternehmens, die Namen der Vertretungsberechtigten (Geschäftsführer, Vorstand und Aufsichtsrat) sowie Angaben über die Eintragung im Handelsregister. Die Postanschrift bzw. die Hausanschrift wird mit einer Leerzeile Abstand zum vorherigen Text aufgeführt.

Der Briefabschluss einer privaten Mail unterscheidet sich von dem einer geschäftlichen E-Mail. Nach der maschinellen Unterschrift folgt die Privatadresse (und zwar ohne Leerzeile), danach stehen die Kommunikationsangaben, diese werden mit Leerzeile zum vorherigen Text gegliedert.

Beispiel

Beispiel für den Abschluss einer geschäftlichen E-Mail	Beispiel für den Abschluss einer privaten E-Mail
Freundliche Grüße x Bürofashion Zeimet GmbH x i. A. Daniel Breuer x Telefon: 0731 12333-48 Telefax: 0731 12333-408 E-Mail: daniel.breuer@buerofashion-zeimet.de Internet: www.buerofashion-zeimet.de x Postanschrift: Postfach 10 20 10 – 89045 Ulm Sitz/Hausanschrift: Frauenstr. 124 – 89073 Ulm Geschäftsführer: Christian Zeimet, Peter Zeimet Handelsregister: B 37 558 beim Amtsgericht Ulm	Freundlich grüßt Sie x Daniel Breuer Herrensteg 10 89233 Neu-Ulm x Telefon: 0731 79665 Mobiltelefon: 0176 45603088 Telefax: 0731 79668 E-Mail: daniel.breuer@gmx.de

10.9.2 E-Mail-Knigge

Einstiegssituation

In der Poststelle der Bürofashion Zeimet GmbH kommen auch alle E-Mails an, die an die zentrale Firmen-Mail-Adresse gesendet werden. In letzter Zeit gab es viele Beschwerden von Kunden, deren E-Mails nicht oder erst sehr spät beantwortet wurden. Andererseits beklagen sich die Mitarbeiter/-innen der Poststelle häufig darüber, dass die Inhalte vieler Mails überhaupt nicht in ihren Aufgabenbereich fallen.
Um in Zukunft einen geregelten Arbeitsablauf zu gewährleisten, bittet Frau Pfeifer Sie, ein Handout zu erstellen, welches in der Poststelle verwendet werden kann. Ihre Kolleginnen und Kollegen aus der Poststelle haben bereits einige wichtige Regeln in einem „vorläufigen E-Mail-Knigge" gesammelt.

Wie erstelle ich eine adressatengerechte und formal korrekte E-Mail?

Einzelarbeit

1. ***Lesen Sie das „vorläufige Informationsblatt" zum E-Mail-Knigge.***
2. ***Markieren Sie wichtige Informationen.***

Partnerarbeit

3. ***Sortieren Sie die Regeln sinnvoll nach Themenbereichen und erstellen Sie ein Handout mit 20 Regeln, die beim Verfassen von Mails beachtet werden sollten (jeder an seinem eigenen PC).***
4. ***Arbeiten Sie mit der Funktion „Nummerierung und Aufzählungszeichen".***
5. ***Fügen Sie sinnvolle Bilder ein.***
6. ***Beachten Sie die typografischen Regeln.***
7. ***Bereiten Sie sich auf die Präsentation vor.***

Plenum

8. ***Präsentieren Sie Ihre Ergebnisse und gehen Sie dabei auch auf die Leitfrage ein.***
9. ***Prüfen Sie die Ergebnisse Ihrer Mitschüler/-innen auf Vollständigkeit, Übersichtlichkeit, usw.***
10. ***Drucken Sie Ihr Ergebnis aus und heften Sie es in Ihrem Ordner ab.***

Vorläufiger E-Mail-Knigge
Eine E-Mail muss immer eine Anrede sowie die Grußformulierung enthalten. Als Anrede muss nicht immer die förmliche Floskel „Sehr geehrte(r) …" stehen. Vielmehr ist es möglich, eine E-Mail mit „Guten Tag" zu beginnen. Überlegen Sie beim Empfänger genau, wer die E-Mail wirklich erhalten soll. In der heutigen Zeit werden so viele Werbemails, die nur

Zeit und Platz kosten, versendet, dass die Empfänger schnell von den Massen-Mails genervt sind und ihren Posteingang nur oberflächlich überfliegen. Abkürzungen in E-Mails sind zu vermeiden (z. B. HDL, MfG). Die Angabe des eigenen Vor- und Nachnamens nach der Grußformel sollte gewährleistet sein, damit der Empfänger die Mail eindeutig zuordnen kann. Weiterhin sind beim Briefabschluss natürlich die DIN-Regeln einzuhalten. Auch Absätze bzw. Strukturierungen sollten eingehalten werden, damit die E-Mail ansprechend aussieht und das Lesen erleichtert wird. Rechtschreibfehler sollten vermieden werden. Auch die mittlerweile in Internet gängige Kleinschreibung aller Worte ist zu unterlassen, da dies das Lesen erschwert und der Empfänger ggf. negative Rückschlüsse auf den Absender ziehen könnte. „Übermütige" oder „flapsige" Formulierungen dürfen ebenfalls nicht verwendet werden. Auch die häufig eingesetzten „Emoticons" (z. B. Smileys) wirken unprofessionell und unter Umständen sogar kindisch. Der Briefbetreff ist – wie bei einem Geschäftsbrief auch – treffend und kurz zu formulieren. Inhaltlich sollte eine E-Mail so kurz wie möglich formuliert werden. Kurze, treffende Sätze ohne Verschachtelungen sind am sinnvollsten, da diese von jedem schnell verstanden werden und nicht zu Missverständnissen führen können. Schauen wir uns nun das Ende Ihrer Mail an: Vergessen Sie nicht, die komplette Signatur anzufügen (Vor- und Nachnamen, Ihre Firma und alle Kontaktdaten). Mit vielen Programmen lässt sich die Signatur nach einmaligem Erstellen automatisch in jede Mail einfügen. Wenn Sie auf eine Mail antworten, löschen Sie den ursprünglichen Text des vorherigen Mail-Wechsels! Die alten Mail-Texte können sonst zu Verwirrungen beim Lesen führen. Denken Sie an Ihren Anhang, wenn es vorgesehen ist, einen Anhang mit zu versenden. Oft kommt es vor, dass die Mail ohne die entsprechende Datei versendet wird und der Empfänger dann die fehlenden Unterlagen reklamiert. Dies wirkt unprofessionell und kostet Zeit für Rückfragen. Eingehende Mails sollten innerhalb von 24 Stunden beantwortet werden. Anderenfalls sollten Sie direkt Bescheid geben, dass die Mail bei Ihnen angekommen und in Bearbeitung ist, dies wirft ein gutes Licht auf Ihre Ordentlichkeit und Zuverlässigkeit. Seien Sie vorsichtig mit dem Vergeben einer Priorität: Eine falsche Einschätzung der Priorität kann zu unangenehmen Missverständnissen führen. Mail-Adressen sind personenbezogene Daten und vertraulich zu behandeln. Berücksichtigen Sie also auch hier den Datenschutz. Haben Sie vor, eine sogenannte Streu-Mail zu versenden, verwenden Sie die Funktion „BCC" (Blind Carbon Copy) im Adressfeld. So verhindern Sie, dass die anderen Empfänger sehen, an wen die Mail noch gesendet wurde.

10.10 Das Handy

10.10.1 Handys und ihre Leistungsmerkmale

Einstiegssituation

„Ohne Handy fühlt sich der Mensch nackt!", behauptet Daniel Breuer in der Mittagspause.
Heutzutage besitzt nahezu jeder mindestens ein Handy. In der U-Bahn, im Café – überall hört man verschiedene Klingelsignale. Wann darf es wieder ein neues Handy sein? Vielleicht ein Handy, mit dem man auch im Internet surfen kann? Der Tarifdschungel der Anbieter ist unergründlich und die Leistungsmerkmale nahezu unbeschränkt.

Worauf muss ich achten, wenn ich ein neues Handy anschaffen möchte?

Einzelarbeit

1. *Nehmen Sie Ihr Handy und schalten Sie es ein.*
2. *Prüfen Sie Ihr Handy auf die vorhandenen Funktionen und notieren Sie fünf Leistungsmerkmale Ihres Handys in Word.*
3. *Gestalten Sie das Dokument so, dass Sie es später als Nachschlagewerk verwenden können.*

Partnerarbeit

4. *Vergleichen Sie die Merkmale mit Ihrer Nachbarn oder Ihrem Nachbarn und ergänzen Sie ggf. fehlende Merkmale.*
5. *Machen Sie Notizen, ob die Leistungsmerkmale unbedingt zum Telefonieren notwendig sind, und begründen Sie, warum diese dennoch aus anderen Gründen nützlich sein können (auf einer neuen Seite Ihres Handouts).*
6. *Fügen Sie in Ihr Dokument sinnvolle Abbildungen zur Veranschaulichung ein.*

Plenum

7. *Präsentieren Sie Ihr Ergebnis und nutzen Sie dabei Ihr Handy zur Veranschaulichung.*
8. *Ergänzen Sie bei Bedarf fehlende Angaben.*
9. *Drucken Sie das Ergebnis aus und heften Sie es in Ihrem Ordner ab.*

10.10.2 Die wichtigsten Dienste im Mobilfunk

Einstiegssituation

Nachdem Sie sich mit den Leistungsmerkmalen Ihres Handys auseinandergesetzt haben, überlegen Sie, welche Dienste den Leistungen zugeordnet werden können und welche Kosten diese Dienste wohl mit sich bringen können.

Worauf muss ich achten, wenn ich verschiedene Dienste meines Handys nutzen möchte?

Einzelarbeit

1. *Informieren Sie sich über die Handydienste.*
2. *Ergänzen Sie Ihr Nachschlagewerk aus den letzten Stunden mit den Diensten, die für Handys angeboten werden.*
3. *Informieren Sie sich im Internet über die Kosten, die für diese Dienste anfallen, und ergänzen Sie diese ebenfalls in Ihrer Übersicht.*
4. *Tragen Sie nun die Möglichkeiten, ein neues Handy bzw. einen Vertrag zu erwerben, in Ihrer Übersicht ein.*

Partnerarbeit

5. *Tauschen Sie den PC mit Ihrer Nachbarin bzw. Ihrem Nachbarn und prüfen Sie gegenseitig Ihre Darstellungen auf Vollständigkeit und Richtigkeit.*
6. *Ergänzen Sie ggf. fehlende Informationen.*

Plenum

7. ***Präsentieren Sie Ihr Ergebnis.***
8. ***Achten Sie auf die angewendeten Formatierungen und prüfen Sie, ob diese einheitlich und sinnvoll sind.***
9. ***Drucken Sie Ihre neuen Seiten des Nachschlagewerkes aus und heften Sie diese ab.***

Durch viele technische Neuerungen und die Weiterentwicklung der „Hightech-Generation" werden die Handygeräte immer kleiner und leistungsfähiger. Aktuell sind die neuen Smartphones (Mobiltelefon mit Minicomputern) sehr gefragt. Mit dem Handy kann man längst nicht mehr nur telefonieren, sondern vieles mehr!

Beispiele
Versenden von schriftlichen Nachrichten, Übertragen von Bildern, Faxen von Informationen, Surfen im Internet, Verwalten von Daten und Dateien, usw.

Der Technik sind fast keine Grenzen gesetzt, auf jeder Technikmesse werden weitere Neuerungen vorgestellt. Mittlerweile können die Business-Handys sogar das eigene Büro ersetzen, sie werden daher auch als „Mobiles Büro" bezeichnet.

SMS

Der Kurznachrichtendienst **Short Message Service** (**SMS**) bietet die Möglichkeit, schriftliche Botschaften zu versenden. Dies funktioniert mit jedem Handy und ist diskret. Die Nachrichten werden innerhalb von Sekunden an den Empfänger übermittelt. Über die Tastatur oder den Bildschirm des Handys (Touchscreen) wird der Nachrichtentext eingegeben, der Empfänger wird gewählt und die Nachricht versendet. Durch die hohe Speicherkapazität können die Nummern im handyeigenen Telefonbuch gespeichert werden, sie müssen nicht extra manuell eingegeben werden. Es wird lediglich der Name des Empfängers im Telefonbuch ausgewählt und die Nummer wird automatisch eingelesen.

Der Handydienst SMS zählt zu den erfolgreichsten Anwendungen der Mobilfunktechnik, wobei das Versenden von E-Mails stark im Vormarsch ist. Durch die günstigen Internet-Flatrates der verschiedenen Vertragsanbieter ist der Kostenfaktor mittlerweile gering.

Beim Schreiben von SMS sollte jedoch großer Wert auf den Schreibstil und das Schreiben in ganzen Sätzen gelegt werden. Häufig werden Wörter mit wirren Buchstabenkombinationen abgekürzt, Satzzeichen werden weggelassen, Rechtschreibung und Grammatik werden vernachlässigt. Da das Sprachgefühl äußerst wichtig ist, sollte auch beim Schreiben von SMS darauf Rücksicht genommen werden. Außerdem können Sie so Missverständnisse vermeiden!

Kennen Sie das auch? Sie schreiben eine SMS, die nett gemeint ist, und bekommen eine patzige Antwort zurück – woran liegt das? Dies ist einfach zu erklären. Beim Übertragen von Textnachrichten wird leider nur der Text übermittelt, nicht aber der Tonfall der Stimme. Daher kommt es vor, dass der Empfänger einer SMS diese vielleicht gerade bei schlechter Laune liest oder die Nachricht anders auffasst, als sie eigentlich gedacht war.

MMS

Der **Multimedia Messaging Service (MMS)** ist ein Mitteilungsdienst, der auf dem SMS-Kurzmitteilungsdienst aufbaut. Per MMS können neben Texten auch Fotos, Sprach-, Ton-

oder Videoaufzeichnungen versendet werden. Das Erstellen einer MMS funktioniert wie das Erstellen einer SMS, zusätzlich wird beispielsweise ein Foto einfach als Anhang hinzugefügt.

Internetnutzung

Überall online sein – schnell über das Internet eine Telefonnummer heraussuchen, die E-Mails abrufen oder aktuelle Nachrichten lesen: Das alles ist mittels des Internetdienstes der Mobilfunkanbieter möglich.

Sie sollten jedoch beachten, dass das Surfen nicht kostenfrei ist. Bei einer häufigen Nutzung des Internetdienstes bietet sich eine Internet-Flatrate an, um zu einem meist günstigen Preis unbegrenzt und zu jeder Tages- oder Nachtzeit surfen zu können. Um verschiedene Dienste schnell nutzen zu können, bieten Smartphones (Mischung aus Mobiltelefon und Minicomputer) sogenannte Apps an, die auf dem eigenen Handy einmalig installiert werden. Sobald man die installierte App anklickt, gelangt man automatisch auf die entsprechende Internetseite. Apple-Handys bieten zusätzlich den Service, dass die Apps sich merken, wo man „aufgehört“ hat. Wenn man zur App zurückkehrt, wird die zuletzt angesehene Seite oder das zuletzt gespielte Spiel wieder aktiv und man kann direkt an die vorherige Tätigkeit anschließen.

Weitere Funktionen bzw. Leistungsmerkmale von Handys und Smartphones sind u. a.

- integrierte Kamera,
- MP3-Player,
- Weckfunktion,
- Radiofunktion,
- Bluetooth,
- Kalender/Organizer,
- GPS-Funktion mit Navigationssystem,
- Videotelefonie mit FaceTime sowie
- Multitasking-Benutzeroberfläche.

10.10.3 Mobilfunkverträge, Prepaidkarten und Tarifmodelle

Um ein Handy nutzen zu können, muss man entweder einen Mobilfunkvertrag oder eine Prepaidkarte besitzen. Entscheidet man sich für eine Prepaidkarte und möchte trotzdem ein neues Handy, ist es bei verschiedenen Anbietern möglich, einen „My-Handy-Vertrag“ abzuschließen. Mit diesem Vertrag zahlt man monatliche Raten, meist 24 Monate und mit oft 0 % Zinsen. Bis zur vollen Bezahlung des Handys bleibt jedoch der Anbieter der Eigentümer.

Bevor jedoch ein Vertrag abgeschlossen oder eine Prepaidkarte erworben wird, sollte man sich kritisch damit auseinandersetzen, welche Dienste man hauptsächlich in Anspruch nehmen möchte und was das Handy alles „können“ muss.

Folgende Punkte müssen bekannt sein und im Vorfeld geprüft werden:

Anschlussgebühr

Schließt man einen Mobilfunkvertrag in einem Anbietershop ab, fällt häufig eine einmalige Anschlussgebühr an. Erfolgt dies jedoch über das Internet, entfällt die Anschlussgebühr oft.

Laufzeit

In der Regel beträgt die Vertragslaufzeit 24 Monate. Bietet der Betreiber kürzere Laufzeiten an, ist dies meist mit höheren Telefontarifen bzw. SMS-Tarifen verbunden.

Beispiel
Die Kosten einer SMS können bei 24-monatiger Vertragslaufzeit 0,19 EUR betragen, bei 6-monatiger Vertragslaufzeit hingegen 0,22 EUR.

Mindestumsatz

Wird ein Vertrag mit Mindestumsatz abgeschlossen, fällt dieser jeden Monat an, auch wenn Sie weniger oder gar nicht telefoniert haben.

Telefonzeiten

Je nach Tageszeit sind die Gebühren für das Telefonieren mit dem Handy unterschiedlich gestaffelt. In der Regel unterscheidet man zwischen drei Tarifzeiten: Hauptzeit, Wochenende, Nebenzeit.

Handy-Modell

Welches Handy möchte ich nutzen? Reicht mir ein Standardgerät aus oder benötige ich ein Business- oder Smartphone, mit welchem ich surfen, fotografieren, Musik hören und vieles mehr erledigen kann?

Tarifmodelle

Wie oben bereits erwähnt, unterscheiden die Mobilfunknetzbetreiber in Deutschland zwischen zwei unterschiedlichen Tarifmodellen:

Mobilfunkgerät mit Vertrag (Postpaid-Vertrag)	Mobilfunkgerät mit Prepaidkarte
Unter „Postpaid“ versteht man im Telekommunikationsbereich einen Vertrag mit nachträglicher Rechnungsstellung. Die Laufzeit von Postpaid-Verträgen (normaler Handyvertrag) beträgt in der Regel 24 Monate. Beide Parteien verpflichten sich, über eine bestimmte Laufzeit Dienstleistungen bereitzustellen bzw. diese zu zahlen. Neuerdings bieten Mobilfunkanbieter auch Postpaid-Tarife ohne Mindestvertragslaufzeit und ohne monatliche Grundgebühr an (z. B. O2o Tarif). Mit einer Kündigungsfrist von vier Wochen zum Monatsende können diese Verträge jederzeit gekündigt werden. **Vorteile:** – Geringer Anschaffungspreis für das Handy, – Zugriff auf fast alle Serviceleistungen, – günstigere Gebühren pro Einheit.	„Prepaid“ bedeutet: Erst (die Karte) bezahlen, dann Dienste nutzen. Die monatliche Grundgebühr, die bei einem Mobilfunkvertrag meist anfällt, entfällt bei der Prepaidkarte. **Vorteile:** – Monatliche Grundgebühr entfällt, – Prepaidkarte setzt ein Kostenlimit, – Erreichbarkeit auch ohne Einheitenguthaben.

Mobilfunkgerät mit Vertrag (Postpaid-Vertrag)	Mobilfunkgerät mit Prepaidkarte
Nachteile: – Vertragliche Bindung über die vereinbarte Laufzeit, – Handys können durch einen SIM-Lock geschützt sein (zzt. noch bei Apple iPhone), – Netzwechsel erst nach Vertragsablauf möglich und/oder mit Kosten verbunden, – keine exakte Kostenkontrolle während des laufenden Monats (kein Kostenlimit).	**Nachteile:** – Höhere Gebühren pro Einheit, – eingeschränkter Zugriff auf Serviceleistungen, – Kurznachrichten sind oft teurer, – hoher Anschaffungspreis für das Handy, – Telefonieren nur so lange möglich, wie ein Guthaben vorhanden ist, – Guthaben muss regelmäßig erneuert werden.

Für die Anschaffung eines Handys mit oder ohne Vertrag gilt:

Merksatz
Überlegen Sie im Vorfeld genau, welche Funktionen Sie benötigen und wie Ihr eigenes Nutzverhalten ist, um sich vor unnötigen Kosten zu schützen!

10.10.4 Handy-Etikette

Einstiegssituation

Nun kennen Sie sich richtig gut mit den Leistungsmerkmalen Ihres Handys und mit den Kosten der Mobilfunkdienste aus. Können Sie jetzt aber auch gut telefonieren?

- ***Wie telefoniere ich richtig?***

Einzelarbeit

1. ***Informieren Sie sich über das Thema Handy-Etikette.***
2. ***Gestalten Sie ein dreispaltiges Faltblatt mit allen wichtigen Informationen zur Handy-Etikette.***
3. ***Nutzen Sie dazu die Funktion „Spalten" in Word.***
4. ***Die erste Seite Ihres Faltblattes soll nur das Wort „Handy-Etikette" als WordArt sowie eine sinnvolle Grafik enthalten.***
5. ***Drucken Sie Ihren Flyer aus.***

Partnerarbeit

6. ***Entwickeln Sie eine szenische Darstellung zum Telefonieren! Wählen Sie dafür ein typisches Praxisbeispiel.***

Plenum

7. ***Präsentieren Sie Ihre szenische Darstellung und erläutern Sie mithilfe Ihres Praxisbeispiels, warum die Regeln sinnvoll sind.***
8. ***Achten Sie während der Darstellung auf die Erklärungen sowie die Mimik und Gestik der Präsentierenden und machen Sie sich Notizen.***
9. ***Üben Sie konstruktive Kritik.***

Handys sind aus unserem Alltag nicht mehr wegzudenken – entsprechend groß kann jedoch auch die Lärmbelästigung sein, die so viele verschiedene und ausgefallene Klingeltöne mit sich bringen. Ein gewisses Maß an Verantwortungsgefühl im Umgang mit dem Handy sollte daher jeder haben.

Beim Telefonieren im öffentlichen Raum sollten einige **Regeln** beachtet werden:

- Wählen Sie einen unauffälligen Rufton. Dann erschrickt niemand, wenn ein Anruf kommt.
- Benutzen Sie an belebten Orten nach Möglichkeit den Vibrationsalarm.
- Sprechen Sie in der Öffentlichkeit mit normaler oder gedämpfter Lautstärke in das Handy, um nicht die anderen Leute mit zu unterhalten.
- In Kirchen, Konzertsälen, Theatern, Kinos, Wartezimmern usw. sollte das Handy ausgeschaltet werden.
- In Krankenhäusern und im Flugzeug muss man immer auf das Handy verzichten! Die elektromagnetischen Felder des Handys können elektronische Geräte stören.
- Auch in Besprechungen und Konferenzen kann ein eingeschaltetes Handy störend wirken. Außerdem wird dadurch eine Geringschätzung gegenüber den anderen Teilnehmern ausgedrückt. Das Gleiche gilt für persönliche Gespräche.
- Wichtige Gesprächspartner können vor einer Besprechung oder Konferenz informiert werden, dass man für diese Zeit nicht erreichbar ist. Jeder hat Verständnis, wenn man sich danach oder in einer Pause sofort meldet. Ist das Handy mit Vibrationsalarm ausgestattet, sollte man diskret den Raum verlassen, um den Anruf entgegenzunehmen.
- Haben Sie einmal vergessen, Ihr Handy auszuschalten, können Sie über die Hörertaste ein ankommendes Gespräch sofort abweisen. Der Anrufer hört dann das Besetztzeichen.
- Im Straßenverkehr sollte das Handy ausgeschaltet sein. Muss dennoch telefoniert werden, darf dies ausschließlich über eine Freisprechanlage oder ein Headset erfolgen.
- Wer im Restaurant einen schönen Abend verbringen möchte, will nicht durch Klingeltöne vom eigenen Handy oder von anderen Gästen gestört werden. Man sollte also darauf achten, dass das Handy auf Vibration umgestellt oder ganz ausgeschaltet ist.
- Stellen Sie den Signalton für eingehende SMS möglichst kurz und leise ein oder verwenden Sie den Vibrationsalarm.

Merksatz
Nehmen Sie Rücksicht auf andere Menschen, das erwarten Sie schließlich auch!

11 Termine planen und überwachen

11.1 Terminplanung und Terminarten

Einstiegssituation

Während der Messe müssen viele Termine verwaltet werden. Ihr Chef hat Sie gebeten, für ihn einen Kalender anzulegen, alle Termine einzutragen und erledigte Termine abzuhaken. Da es sich um äußerst viele Termine handelte, wussten Sie nicht recht, wie Sie mit Überschneidungen umgehen sollten. Einige Termine haben Sie zunächst einfach doppelt eingetragen.
Gestern war solch ein Tag, an dem Herr Zeimet zwei Termine gleichzeitig wahrnehmen sollte. Heute Morgen legte er Ihnen einen großen Zettel auf den Tisch:

> Ich bestehe nicht aus zwei Teilen!

Wie werden Termine richtig geplant?

Einzelarbeit

1. **Informieren Sie sich über den Themenbereich Terminarten und Terminplanung.**
2. **Notieren Sie sich relevante Stichpunkte.**
3. **Sortieren Sie die Termine Ihres Chefs übersichtlich nach den verschiedenen Kategorien.**
4. **Arbeiten Sie ggf. mit Farben.**

Partnerarbeit

5. **Vergleichen Sie Ihre Sortierungen und ergänzen Sie, wenn nötig, fehlende Informationen.**
6. **Überlegen Sie, welcher Terminplaner sich für Ihr Unternehmen anbietet, begründen Sie Ihre Meinung.**
7. **Schreiben Sie Merkmale dieses Terminplaners sowie die Vor- und Nachteile unter Ihre sortierten Termine.**
8. **Drucken Sie Ihr Dokument aus.**

Plenum

9. **Tauschen Sie mit Ihrem Nachbarpaar die Dokumente aus. Prüfen Sie die sortierten Termine auf die richtige Zuordnung und streichen Sie falsch zugeordnete Termine an.**

10. ***Prüfen Sie, ob der von Ihren Mitschülerinnen und Mitschülern ausgewählte Terminplaner wirklich sinnvoll ist.***

11. ***Setzen Sie sich mit Ihrem Nachbarpaar nach der Bearbeitung zusammen und besprechen Sie Ihre Beobachtungen.***

12. ***Ergänzen bzw. ändern Sie Ihr Dokument und drucken Sie es erneut für Ihren Ordner aus, falls nötig.***

Termine Peter Zeimet

Montag, 08:30 Uhr, Besprechung mit der Prokuristin Elisabeth Pfeifer

Dienstag, 08:00 Uhr bis 10:30, Vorstellungsgespräche zusammen mit der Personalabteilung

Mittwoch, 19:00 Uhr, Einweihungsfeier von Martin und Christa Schubs (Eröffnung des Schreibwarenladens PapierDesign Schubs)

Montag, 10:30 Uhr, Friseurtermin in Ulm

Donnerstag, 14:00 Uhr, Besuch der Rentnerin Gertrud Mergener anlässlich ihres 70. Geburtstags in 89195 Staig

Donnerstag, 14:30 Uhr, Zahnarzttermin in Ulm, Frauenstraße

Montag, 11:00 Uhr, Termin in Stuttgart mit PR-Managerin Frau Leineweber bzgl. einer neuen Werbemaßnahme

Montag, 17:00 Uhr, Verabschiedung von Volker Laurentius in der Frauenstraße in Ulm

Mittwoch, ab 09:00 Uhr, Betriebsausflug mit der ganzen Belegschaft nach München

Freitag, 10:00 Uhr, Besprechung mit den Sicherheitsbeauftragten der Bürofashion Zeimet GmbH

Freitag, 13:00 Uhr, Mittagessen mit Anke Gasthauer von der IHK

Terminplanung

Definition
Termine sind Zeitpunkte (Uhrzeit und Tag), an denen etwas (Wichtiges) stattfindet.

Beispiele

- Geburtstag
- Beginn und Ende der Ferien
- Klassenarbeit
- Arztbesuch

Damit man einen Termin nicht vergisst, sollte man diesen sofort in einem Kalender eintragen und die Einhaltung seiner Termine überwachen! Dies ist nicht nur im Privatleben, sondern natürlich ganz besonders im Geschäftsleben notwendig. Termine müssen geplant, abgestimmt, festgehalten und überwacht werden. Meist werden diese Tätigkeiten vom Sekretariat erledigt.

Beispiele für geschäftliche Termine

- Besprechungen
- Geschäftsreisen
- Urlaub der Vorgesetzten oder der Mitarbeiter/-innen
- Kündigungen
- Messen oder Ausstellungen
- Vertreterbesuche
- Einladungen

Terminarten

Bei den Terminarten unterscheidet man zwischen festen und flexiblen (beweglichen) Terminen.

Feste Termine wiederholen sich periodisch. Sie müssen möglichst frühzeitig eingetragen werden, um eventuelle Terminüberschneidungen zu vermeiden.

Beispiele für feste bzw. unveränderbare Termine

- Schul- und Betriebsferien
- Jubiläen
- Hauptversammlungen
- Geburtstage
- Messen und Ausstellungen
- Steuerzahlungen

Sobald flexible Termine festgelegt werden, sind diese ebenfalls im Kalender einzutragen. Fallen flexible Termine mit festen Terminen zusammen, müssen die flexiblen Termine auf einen anderen Zeitpunkt verschoben werden.

Beispiele für bewegliche Termine

- Besprechungen, Sitzungen oder Tagungen
- Arzttermine
- private oder geschäftliche Verabredungen (Essen mit Kunden, Theaterbesuch, usw.)
- Treffen mit Freunden

11.2 Terminüberwachung

Einstiegssituation

Ihr Chef weist Sie nochmals auf die Wichtigkeit von Terminen sowohl im privaten als auch im geschäftlichen Bereich hin. Damit Sie sich eingehend mit dem Themenbereich Terminüberwachung befassen, hat er ein paar Übungsfragen für Sie vorbereitet, die Sie beantworten sollen.

Wie stelle ich die zu beantwortenden Fragen übersichtlich dar?

Einzelarbeit:

1. ***Übernehmen Sie die u. a. Fragen in ein Worddokument.***
2. ***Nummerieren Sie diese mit der entsprechenden Wordfunktion und berücksichtigen Sie die DIN für Nummerierungen und Aufzählungen!***
3. ***Finden Sie eine passende Überschrift und fügen Sie diese als WordArt ein.***
4. ***Beantworten Sie die Fragen und formatieren Sie die Antworten in einer anderen Schriftart als die vorher übernommenen Fragen. Entscheiden Sie, wo Sie Ihre Antworten sinnvoll platzieren und wie Sie diese als Antworten zu den jeweiligen Fragen kennzeichnen.***
5. ***Drucken Sie Ihr Ergebnis aus.***

Partnerarbeit:

6. ***Tauschen Sie Ihr Dokument mit Ihrem Banknachbar aus und überprüfen Sie die Antworten auf Richtigkeit.***
7. ***Überlegen Sie gemeinsam, ob die Antworten sinnvoll platziert und den jeweiligen Fragen zuzuordnen sind.***

Einzelarbeit:

8. ***Ändern Sie ggf. Ihr Dokument, drucken Sie es aus und heften Sie es in Ihrem Ordner ab.***

1. Das Vergessen eines Termins kann zu unangenehmen Folgen führen! Erläutern Sie diese Aussage.
2. Beschreiben Sie drei Hilfsmittel, die sich zur Terminüberwachung eignen.
3. Sie stellen fest, dass Ihre Kollegin im Büro nur mit einem Taschenkalender zur Terminüberwachung arbeitet. Sie sind der Meinung, dass unbedingt ein elektronischer Planer angeschafft werden muss. Mit welchen Argumenten können Sie Ihre Kollegin von dieser Anschaffung überzeugen?
4. Welche Termine sollten von einer Schülerin oder einem Schüler direkt am Jahresanfang in den Kalender eingetragen werden und wie können diese „überwacht" werden? Nennen Sie mehrere Beispiele.
5. Ist bei der Terminüberwachung von Belang, ob es sich um bewegliche oder um feste Termine handelt? Notieren Sie Beispiele für bewegliche und feste Termine und erläutern Sie, ob bei der Terminüberwachung entsprechende Maßnahmen im Bezug auf die Terminarten zu treffen sind.

Folgende Terminarten ergeben sich bei der Terminüberwachung:

- Kontrolltermine (z. B. für Rücksprachen),
- Erledigungstermine (z. B. bei Projekten),
- gesetzlich vorgeschriebene Termine (z. B. Steuern, Sozialabgaben usw.).

Merksatz
Damit man Termine besser unterscheiden kann, können diese farblich markiert werden. Jede Terminart sollte dabei eine feste Farbe haben, damit es nicht zu Verwechslungen kommen kann.

Um Termine schnell und einfach zu überwachen, bieten sich folgende Hilfsmittel an:

- Terminkalender und Terminplaner,
- Plantafeln,
- Terminmappen,
- Terminkarteien sowie
- elektronische Medien.

Moderne Terminüberwachung

Elektronische Medien spielen bei der Terminplanung eine immer wichtigere Rolle. Ein elektronischer Terminplaner bietet viele Funktionen, die eine Terminplanung und Terminüberwachung sehr vereinfachen.

Beispiele für elektronische Terminplaner
Pocket-PC, Smartphone, Palm-Organizer, Handy mit Organizer-Funktion usw.

Die Vorteile dieser Geräte liegen klar auf der Hand:

- die Nutzer haben überall und zu jeder Zeit Zugriff auf sämtliche Daten, Adressen und Termine,
- Organizer verfügen meist über zusätzliche Funktionen wie z. B. Aufgaben- und Adressverwaltung oder Telefonieren über das Internet,
- Abgleich der Daten über Kabel oder Infrarot- bzw. Bluetooth-Schnittstelle mit dem PC im Büro.

Die Nachteile dieser Geräte sind hingegen:

- Abhängigkeit von Strom,
- lange Dokumente müssen kompliziert eingegeben werden,
- Texte müssen mit einem kleinen Stift eingegeben werden,
- evtl. mangelnde Übersicht, bedingt durch das kleine Format,
- langsamer Zugriff, um einen Termin nachzuschauen oder einzutragen.

Erinnerung an Termine

Da nahezu jeder Mensch ein Handy besitzt, gehen viele Unternehmen dazu über, die Kunden mit einer SMS frühzeitig an einen Termin zu erinnern. Auch die E-Mail-Funktion wird immer häufiger für diesen Service genutzt. Die Kunden haben den Vorteil, einen vielleicht vergessenen Termin doch wahrnehmen zu können, und dem Unternehmen entstehen so weniger Ausfallzeiten.

Beispiele für elektronische Terminplaner
Die Zahnarztpraxis von Daniel Breuer sendet Daniel drei Tage vor seinem nächsten Zahnarzttermin eine SMS, an welchem Datum und um welche Uhrzeit sein Termin notiert ist.

Mehrere Termine hintereinander

Werden mehrere Termine an einem Tag hintereinander wahrgenommen, ist bei der Organisation im Vorfeld unbedingt darauf zu achten, dass sogenannte Pufferzeiten eingeplant werden. Diese werden benötigt, wenn man beispielsweise auf einer Fahrstrecke in einen Stau gerät und trotzdem pünktlich zum Folgetermin erscheinen muss. Pufferzeiten sollen unvorhergesehene Störungen bei den Abläufen auffangen und so die Pünktlichkeit gewährleisten.

Vermeidung von Terminstörungen

Damit es bei einem Terminplan nicht zu Terminstörungen kommt, kann die **„Alpen-Methode“** eingesetzt werden:

Merksatz
Aufgaben, Aktivitäten und Termine aufschreiben
Länge (Zeitbedarf) der Tätigkeit einschätzen
Pufferzeit für unvorhergesehene Ereignisse einplanen
Entscheidungen über Prioritäten treffen
Nachkontrolle durchführen: Unerledigtes für den nächsten Tag eintragen

12 Organisation von Veranstaltungen

12.1 Veranstaltungsarten

Schreibauftrag

Der folgende Text soll in Ihrer Firmenzeitschrift, die mehrmals im Jahr erscheint, veröffentlicht werden. Sie erhalten den Auftrag, den Text vorzubereiten.

- ***Erfassen Sie den Text fortlaufend.***
- ***Heben Sie wichtige Dinge optisch hervor.***
- ***Formatieren Sie die Hauptwörter mit Relief, Schriftgröße 14 pt.***

Definition
Eine Veranstaltung ist ein zweckbestimmtes Ereignis, zu welchem sich viele verschiedene Personen zusammenfinden. Der zeitliche Rahmen einer Veranstaltung kann begrenzt, aber auch unbegrenzt sein.

Welche **Veranstaltungsarten** gibt es?

Event
Mittlerweile wird das Wort „Event“ im deutschen Sprachgebrauch recht häufig genannt. Ein Event ist mit einer Veranstaltung gleichzusetzen, hier werden jedoch oft Emotionen oder zwischenmenschliche Kontakte gefördert, der Spaß steht im Vordergrund.

Konferenz
Findet eine Konferenz statt, handelt es sich um einen Zusammenschluss von Fachleuten aus einem bestimmten Bereich. Die Konferenz kann sowohl in einem Unternehmen als auch außerhalb eines Unternehmens stattfinden.

Beispiel
Verschiedene Konferenzen kennen Sie aus der Schule: Hier gibt es Fachkonferenzen (Lehrerinnen und Lehrer, die ein bestimmtes Fach unterrichten), Klassenkonferenzen (Lehrerinnen und Lehrer, die in einer bestimmten Klasse unterrichten), usw.

Tagung

Eine Tagung dient dazu, einem bestimmten Personenkreis Informationen zu vermitteln.

Beispiel
Wenn ein neues Produkt eingeführt wird, werden auf einer Tagung alle Außendienstmitarbeiter/-innen der Bürofashion Zeimet GmbH über die Neuerungen sowie die Vorteile und Nachteile dieses Produktes informiert.

Tagungen dauern mindestens einen ganzen Tag, meist länger. Die Vorbereitungen für eine Tagung sind daher sehr umfangreich: Man muss die Teilnehmer/-innen frühzeitig einladen, Schulungsräume organisieren, Übernachtungsmöglichkeiten buchen, das Programm planen, die benötigten Materialien bereitstellen, usw.

Sitzung

Wird eine Sitzung einberufen, müssen die Sitzungsteilnehmer/-innen frühzeitig eingeladen und über die anstehenden Themen informiert werden. So bekommen die Teilnehmer/-innen die Möglichkeit, sich bereits im Vorfeld auf die Sitzung vorzubereiten. In jedem Betrieb gibt es unterschiedliche Arten von Sitzungen.

Beispiele
- Regelmäßige Abteilungssitzungen zur Besprechung von aktuellen Themen, die den Arbeitsbereich der Abteilung betreffen.
- Vorstandssitzungen, auf denen wichtige Grundsatzentscheidungen getroffen werden.

Besprechung

Bei einer Besprechung treffen sich beispielsweise mehrere Sachbearbeiter/-innen aus einem Betrieb, um ein aktuelles Thema zu besprechen. Die Teilnehmer/-innen der Besprechung müssen nicht zwangsläufig aus einem Fachbereich kommen, es müssen auch keine Formalitäten eingehalten werden.

Kongress

Ein Kongress ist ein Zusammentreffen von Expertinnen und Experten, die sich über ein bestimmtes Thema oder technische Neuerungen informieren, Podiumsdiskussionen führen oder an Workshops teilnehmen. Häufig haben Kongresse einen internationalen Charakter.

Beispiel
In Genf werden regelmäßig Ärztekongresse einberufen. Zu diesen Kongressen werden Ärztinnen und Ärzte aus vielen verschiedenen Ländern eingeladen.

Seminar

Durch ständige technische Neuerungen und die schnellen Entwicklungen in der Arbeitswelt müssen alle Mitarbeiter/-innen stetig geschult werden. Dies geschieht meist in einem Seminar. Seminarthemen können z. B. Gesprächsführung oder neue Computerprogramme sein. An einem Seminar nehmen meist Mitarbeiterinnen und Mitarbeiter teil, die zwar aus verschiedenen Abteilungen kommen, jedoch die gleiche Technik anwenden (z. B. Microsoft Access 2010).

12.2 Veranstaltungen planen

Einstiegssituation 1

„Der Umsatz hängt maßgeblich von dem Geschick der Verkäuferinnen und Verkäufer ab!"
Diesen Slogan hat sich Ihr Unternehmen auf die Fahnen geschrieben. Damit die Verkaufsmitarbeiterinnen und -mitarbeiter der Bürofashion Zeimet GmbH den ständig steigenden Anforderungen im Verkauf gewachsen sind, wird jährlich eine Verkaufsschulung in Ihrem Hause durchgeführt. Sie sollen die anstehende Verkaufsschulung organisieren! Ihnen stehen folgende Daten zur Verfügung:

Verkaufsschulung am 12.01.20.. im Hotel Maritim, Donauhallen Ulm, Beginn 09:00 Uhr, Ende des Programms 18:00 Uhr, ab 18:15 Uhr Rahmenprogramm. Referentinnen bzw. Referenten noch offen. Tagesordnungspunkte sind u. a. Begrüßung, Vortrag „Wie man richtig mit Kunden spricht", Workshoparbeit, Mittagessen, Kaffeepausen (2 x), Besprechung der Workshopergebnisse. Zimmer sollen für eine Übernachtung im Hotel Maritim gebucht werden (nach Wunsch: Einzel- oder Doppelzimmer).

Wie plane ich eine Veranstaltung so, dass sie ein Erfolg wird?

Einzelarbeit

1. **Informieren Sie sich mithilfe der nachfolgenden Infotexte über die Planung von Veranstaltungen.**
2. **Markieren Sie wichtige Informationen.**
3. **Überlegen Sie, worauf es bei einer Verkaufsschulung ankommt und welche Informationen Ihnen noch fehlen. Notieren Sie diese Punkte auf einem Spickzettel.**

Partnerarbeit

4. **Vergleichen Sie Ihre Spickzettel und besprechen Sie Ihre Notizen.**
5. **Erstellen Sie eine Checkliste, was Sie alles vorbereiten müssen und welche Eckpunkte Sie noch benötigen (jeder an seinem eigenen PC).**
6. **Bereiten Sie sich auf die Präsentation vor.**
7. **Drucken Sie Ihr Dokument aus und heften Sie es an die Pinnwand.**

Plenum

8. **Vergleichen Sie Ihre Checklisten. Was fällt Ihnen auf?**
9. **Reflexion: Ist es Ihnen schwergefallen, eine Checkliste mit den Angaben zu erstellen?**

Einstiegssituation 2

Nachdem Sie nun die Checkliste für die o. a. Veranstaltung erstellt haben, gibt Ihr Chef Ihnen den Auftrag, alle weiteren Schritte, die im Bezug auf die Veranstaltung notwendig sind, zu erledigen.

Wie kann ich gewährleisten, dass sich viele Mitarbeiterinnen und Mitarbeiter zu einer Veranstaltung anmelden?

Partnerarbeit

1. ***Erstellen Sie eine Einladung zu der im Vorfeld beschriebenen jährlichen Verkaufsschulung der Bürofashion Zeimet GmbH.***
2. ***Sprechen Sie sich mit Ihrer Partnerin bzw. Ihrem Partner ab und überlegen Sie, welche Punkte für Ihre Einladung noch fehlen.***
3. ***Schreiben Sie diese Punkte selbstständig auf und entwerfen Sie die Einladung. Nutzen Sie dafür die Ihnen bekannte Briefmaske.***
4. ***Beachten Sie die DIN.***
5. ***Entwickeln Sie nun einen Antwortbogen, auf dem die angeschriebenen Teilnehmer/-innen angeben können, ob sie an der Veranstaltung teilnehmen möchten bzw. ob sie nicht teilnehmen werden.***
6. ***Arbeiten Sie mit Symbolen in Word und einer ansprechenden Schrift und berücksichtigen Sie, dass Ihr Antwortbogen alle wichtigen Informationen, die Sie später benötigen (der Antwortbogen geht ja an Sie zurück!), enthalten muss.***
7. ***Bereiten Sie sich auf die Präsentation vor.***

Plenum

8. ***Präsentieren Sie Ihre Einladung über den Beamer und nennen Sie die einzuhaltenden DIN-Regeln. Erläutern Sie, welchen Inhalt Ihre Einladung hat.***
9. ***Präsentieren Sie den Antwortbogen und erklären Sie, wie Sie die Symbole eingefügt haben und wie Ihr Antwortbogen aufgebaut ist bzw. welche Inhalte er enthält.***
10. ***Drucken Sie Ihr Ergebnis aus und heften Sie es in Ihrem Ordner ab.***

Einstiegssituation 3

Die Verkaufsschulung war ein voller Erfolg! Die Mitarbeiterinnen und Mitarbeiter haben sich nur positiv über diese Veranstaltung geäußert! Dies teilt Ihnen Ihr Chef mit und bittet Sie, auch die Abschlussarbeiten für die Verkaufsschulung zu erledigen.

Wie erstelle ich einen übersichtlichen und zweckmäßigen Vordruck für die Nachbereitung von Veranstaltungen?

Einzelarbeit

1. ***Überlegen Sie, was alles nach einer Veranstaltung erledigt werden muss und notieren Sie die gefundenen Punkte stichwortartig.***

2. *Schreiben Sie alle Kosten auf, die bei der o. a. Verkaufsschulung angefallen sein könnten, und überlegen Sie, wie diese abgerechnet werden können.*
3. *Entwerfen Sie nun einen Vordruck, der für die Nachbereitung einer Veranstaltung eingesetzt werden kann.*
4. *Nutzen Sie die Felder der Funktion „Onlineformular" in Word.*
5. *Achten Sie darauf, dass Ihr Formular sinnvoll strukturiert ist.*
6. *Falls Sie die Tabellenfunktion in Word zusätzlich nutzen, berücksichtigen Sie die DIN.*
7. *Drucken Sie Ihr Ergebnis aus.*

Plenum

8. *Hängen Sie Ihr Ergebnis an die Pinnwand und überprüfen Sie die Ergebnisse auf die sachliche Richtigkeit, den Inhalt sowie die gewählten Formatierungen.*
9. *Heften Sie Ihr Ergebnis in Ihrem Ordner ab.*

Veranstaltungen planen

Merksatz
Veranstaltungen sind ein wichtiger Bestandteil des Marketing-Mix. Sie bieten die Möglichkeit, direkt und von Angesicht zu Angesicht mit den Kunden zu kommunizieren.

Früher wurden Events eher zur Imagepflege veranstaltet, doch mittlerweile wird darauf geachtet, dass alle Veranstaltungen einen konkreten Nutzen erbringen, der sich in Zahlen prüfen bzw. ausdrücken lässt. Daher ist es wichtig, genau zu überlegen, wann, wie und warum man eine Veranstaltung durchführt.

Bei manchen Veranstaltungen wird sogar die Presse eingeladen, sei es ein Neujahrsempfang, eine Messe oder Ähnliches. Dies kann verschiedene Gründe haben: Zum einen macht ein Zeitungsartikel über eine Veranstaltung auf das Unternehmen aufmerksam. So kann die Veranstaltung als Werbemittel dienen und beispielsweise zeigen, dass die Firma sich um ihre Mitarbeiterinnen und Mitarbeiter kümmert (z. B. bei einem Bericht über eine Fortbildungsveranstaltung). Andererseits dient ein Zeitungsartikel der Dokumentation. Viele Unternehmen sammeln Zeitungsartikel und können so ihren Mitarbeiterinnen und Mitarbeitern sowie den Kunden zeigen, was das Unternehmen im Laufe der Jahre alles erreicht oder angeboten hat.
Folgende Punkte müssen bei der Organisation einer Veranstaltung immer beachtet werden:

Vorbereitung

- Zuerst Themen und Inhalte festlegen.
- Kosten klären (mit Geschäftsführung, Marketing-Abteilung, ggf. auch mit anderen Abteilungen).
- Terminplanung vornehmen: Wann soll die Veranstaltung stattfinden? Wie lange soll sie dauern?
- Auswahl des Ortes: Wo soll die Veranstaltung stattfinden? Der Veranstaltungsort muss zum Veranstaltungsthema passen! Reservierungen vornehmen.

- Teilnehmerkreis: Wer wird eingeladen? Wie wird eingeladen?
- Programm der Tagung: Genaue Aufstellung des Tagungsablaufes! Wie sollen die Inhalte präsentiert werden? Auch Pausenregelungen usw. planen.
- Rahmenprogramm: Wie soll die Veranstaltung nach „getaner Arbeit" ausklingen – evtl. gemütliches Beisammensein, Musikeinlage o. Ä.?
- Einladungen: Erstellen der Einladung mit den Inhalten wann, wo, was, wer, wie lange, Voranmeldung ist erforderlich, usw.
- Bewirtung planen: Was wird gegessen? Imbiss, Buffet? Woher kommt das Essen? Cateringservice bzw. Essenslieferanten informieren, und zwar: Wann muss geliefert werden? Wohin muss geliefert werden? Wie viele Personen müssen bewirtet werden? Was muss geliefert werden?
- Hilfsmittel organisieren (z. B. Schirme für eine Veranstaltung im Freien, sind genügend Stühle vorhanden, ...).
- Informationsmaterial zusammenstellen: Prospekte, Schreibmaterial, Notizblöcke, Reisekostenformulare, Tagungsprogramm, zusätzliche Informationen (z. B. bei der Einführung von neuen Produkten Vorstellung der Produkte), usw.

Durchführung

- Begrüßung der Gäste
- Infomaterial (Austeilen oder Hinweis auf Infomaterial)
- Offizielle Eröffnung (Nennung des Themas, Vorstellen der Referenten)
- Organisatorische Hinweise bekannt geben (Essensregelung, Pausenregelung, Ablaufplan, usw.)
- Betreuung der Teilnehmer/-innen – mit Getränken, im Gespräch, während der Workshops, usw.
- Presse (ggf. Anfertigen von Fotos und Verweis auf Presseanwesenheit)
- Entscheidungen fixieren und besprechen
- Ergebnisse fixieren und besprechen
- Verabschiedung (positiver Ausklang, auch Rückfragen zulassen!)
- Übergang in das abendliche Rahmenprogramm mit Hinweis auf den geplanten weiteren Verlauf des Abends bzw. des Endes der Veranstaltung

Nachbereitung

- Abschlussarbeiten durchführen (was war gut, was war weniger gut, Feedback der Teilnehmer/-innen auswerten, Kosten-Nutzen-Faktor prüfen)
- Protokoll anfertigen und auf Vollständigkeit und Richtigkeit prüfen
- Dokumentation der Veranstaltung (Ablauf, Anwesende, Abwesende; sind Mehrkosten angefallen und warum?)
- Abrechnung der Kosten

- Dankschreiben
- Sammeln der Presseberichte und Ablage in der entsprechenden Akte

Die oben aufgeführten Punkte sind das Grundgerüst, welches unbedingt beim Organisieren einer Veranstaltung eingehalten werden sollte.

Je nachdem, um welche Veranstaltungsart es sich handelt, kann natürlich ein Kriterium schwerer wiegen, ein anderer Punkt hingegen ganz entfallen. Das folgende Beispiel macht dies deutlich:

Beispiel
Ein Kongress hat einen sehr edlen Charakter und sollte stets niveauvoll gestaltet werden. Daher muss genau auf den Veranstaltungsort sowie die Umgebung dieses Ortes geachtet werden. Die Kosten müssen zwar berücksichtigt werden, sie fallen unter Umständen jedoch sehr hoch aus, was in diesem Fall akzeptiert werden kann.
Bei einer Tagung hingegen, wo der Schwerpunkt z. B. auf der Einführung eines neuen Produktes liegt, muss der Veranstaltungsort unter dem Gesichtspunkt Kosten-Nutzen-Faktor ausgewählt werden. Der Raum sollte natürlich über einen Beamer, ein Rednerpult sowie eine geschickte Sitzordnung verfügen, damit jeder Teilnehmer das Geschehen vorne gut sehen und nachvollziehen kann. Es muss sich jedoch nicht um einen Luxusraum mit edlem Flair und Mobiliar handeln.

Was allerdings bei allen Veranstaltungsorten gleich wichtig ist, ist die gute Erreichbarkeit (ggf. auch mit öffentlichen Verkehrsmitteln) und das Vorhandensein von ausreichend Parkmöglichkeiten.

13 Das Protokoll

Einstiegssituation

Am vergangenen Wochenende fand eine Sitzung in Ihrem Hause statt. Schwerpunkt der Sitzung war die Ausdehnung Ihrer Vertriebswege auf angrenzende europäische Länder, nämlich Österreich, Schweiz, Luxemburg und Belgien.
Christian Zeimet legt Ihnen nun seine mitgeschriebenen Stichpunkte vor und bittet Sie, daraus ein Protokoll anzufertigen.

Wie erstelle ich ein aussagekräftiges und treffendes Protokoll?

Einzelarbeit

1. ***Informieren Sie sich über das Thema Protokoll.***
2. ***Schreiben Sie einen Spickzettel mit den verschiedenen Protokollarten und den jeweiligen Merkmalen.***

Partnerarbeit

3. ***Vergleichen Sie Ihre Spickzettel.***
4. ***Gestalten Sie einen Protokollrahmen und speichern Sie diesen unter dem Dateinamen „Protokollrahmen" ab.***
5. ***Erstellen Sie nun ein Protokoll (Protokollart kann von Ihnen selbst gewählt werden) anhand der Stichpunkte Ihres Chefs und verwenden Sie den von Ihnen erstellten Protokollrahmen. Speichern Sie die Datei unter dem Dateinamen „Protokollzeimet" ab.***

Plenum

6. ***Präsentieren Sie Ihren Protokollrahmen und erläutern Sie Ihre Vorgehensweise bei dem Erstellen des Rahmens.***
7. ***Öffnen Sie nun die Datei „Protokollzeimet" und nennen Sie die Protokollart, für die Sie sich entschieden haben. Führen Sie die Besonderheiten dieser Protokollart auf und stellen Sie Ihr geschriebenes Protokoll vor.***
8. ***Vergleichen Sie Ihre Protokolle.***
9. ***Drucken Sie Ihr Protokoll aus (ggf. vorher verbessern).***

Mitschrift der Sitzung von Christian Zeimet – Sitzung vom 18.04.20..

Thema: Ausdehnung der Vertriebswege auf angrenzende europäische Länder mit dem Abteilungsleiter der IHK Ulm, Rudolf Schwabe, Regina Neuhaus aus der Reisekostenabteilung, Geschäftsführer Christian Zeimet, Hermann-Klaus Ziegler, Spezialist für europäische Absatzwege, Manfred Reiter, Assistent der Geschäftsleitung.

Absatzwege sollen ausgedehnt werden auf Luxemburg, Schweiz, Belgien, Österreich. Alle finden das toll. Als erstes Ziel ist Österreich anzustreben. Fa. Gruber AG könnte angefragt werden.

Herr Ziegler sagt lachend, dass man dort gut Mozartkugeln kaufen kann und in Salzburg ein Outlet-Fabrikverkauf von den Original-Mozartkugeln ist! (Unbedingt mal mit meiner Frau hinfahren!)

Wichtig ist laut Herrn Reiter, dass bei der Schweiz verschiedene Punkte zu klären sind, wie: was darf eingeführt werden, wie wird bezahlt, fallen Zölle an, usw. Herr Reiter wird sich bis zur nächsten Sitzung darüber informieren und einen Bericht schreiben.

Herr Schwabe von der IHK findet die Idee gut, da die Wirtschaft hier in Ulm so weiter gestärkt wird. Gut ist, dass wir hier in Ulm weniger arbeitssuchende Menschen haben, das freut mich. Den Bericht muss ich mir unbedingt mal von der Kammer geben lassen.

Frau Neuhaus will genau wissen, wohin wir verkaufen möchten, damit sie eine Aufstellung für die Reisekosten machen kann. Die immer mit ihren Zahlen. Nun ja, ist natürlich auch wichtig und ich habe ihr gesagt, dass wir, sobald eine genaue Vereinbarung vorliegt, der Reisekostenabteilung Rückmeldung geben.

Hermann-Klaus schlägt vor, nach Österreich mal einen Betriebsausflug zu unternehmen und, falls eine Vereinbarung mit der Firma Gruber getroffen wird, dort die Firmengebäude zu besichtigen. Es könnten Bilder angefertigt werden und diese können auf unserer Homepage veröffentlicht werden, als Zeichen guter Geschäftsbeziehungen! Die Idee ist prima, da sind sich alle einig.

Schon 17:00 Uhr, Ende der Sitzung, genau 3 Stunden hat die Sitzung gedauert. Schade, dass Ilka Breuer aus der Personalabteilung heute krank war.

13.1 Protokollarten

Definition
Unter einem Protokoll versteht man einen übersichtlich gegliederten Bericht über eine Sitzung, Tagung oder Verhandlung. Es soll über Verlauf und Ergebnis von Sitzungen Auskunft geben und bei Meinungsverschiedenheiten oder Unklarheiten als Beweis dienen.

Da sich das Protokoll an einen Bericht anlehnt, müssen beim Schreiben von Protokollen die Merkmale eines Berichts berücksichtigt werden. Protokolle sind daher sachlich, nüchtern, klar und verständlich zu formulieren. Alle Inhalte müssen vom Protokollführer unparteiisch und ohne Gefühlseinflüsse wiedergegeben werden.

Man unterscheidet beim Protokoll verschiedene Arten:

Das Wortprotokoll (wörtliches Protokoll)

Bei einem Wortprotokoll wird alles genau mitgeschrieben. Bei der Mitschrift handelt es sich um eine vollständige, wörtliche Wiedergabe der gesamten Sitzung bzw. Besprechung. Wichtig ist, dass der gesamte Verlauf der Besprechung unverändert und alle Beiträge personenbezogen und ungekürzt notiert werden. Selbst Zwischenrufe oder Gefühlsäußerungen, Lachen, Klatschen oder ein Tränenausbruch sind aufzuführen. Ergebnisse werden ebenfalls vollständig notiert. Anwendung findet das Wortprotokoll z. B. im Bundestag. Hierfür werden extra Stenografierexperten eingestellt, die jede Sitzung genau mitstenografieren (Stenografie = Kurzschrift).

Das Verlaufsprotokoll (ausführliches Protokoll)

Bei einem Verlaufsprotokoll wird der veränderte Verlauf einer Sitzung festgehalten. Beiträge sind personenbezogen zu notieren. Kürzungen, Streichungen oder Zusammenfassungen sind jedoch möglich. Ergebnisse müssen auch hier vollständig festgehalten werden. Beispiele für den Einsatz von Verlaufsprotokollen sind Konferenzen, Sitzungen u. Ä.

Das Kurzprotokoll

Wird ein Kurzprotokoll geschrieben, ist aus diesem der Verlauf einer Sitzung nicht mehr erkennbar. Der Inhalt bezieht sich nur auf sachbezogene Beiträge, die in Kurzform abgefasst werden. Lediglich die Ergebnisse werden vollständig aufgeführt.

Das Ergebnisprotokoll

Beim Ergebnisprotokoll handelt es sich um die kürzeste Protokollart. Nur Ergebnisse, Beschlüsse, Aufträge und Anträge werden festgehalten. Das Ergebnisprotokoll bietet so einen schnellen Überblick sowie exakte und kurze Informationen über stattgefundene Besprechungen oder Sitzungen. Beiträge der einzelnen Personen werden im Ergebnisprotokoll nicht aufgeführt.

13.2 Protokollerstellung

Merksatz
Protokolle werden immer im Präsens geschrieben und lesen sich wie ein Bericht.

Beispiel
Christian Zeimet stellt sich vor und begrüßt alle anwesenden Teilnehmerinnen und Teilnehmer.

Merksatz
Wird ein wörtliches Protokoll angefertigt, geschieht dies immer in der direkten Rede und im Indikativ (Wirklichkeitsform).

Beispiel
„Morgen werden wir einen neuen Mitarbeiter einführen.“

Merksatz
Bei den restlichen Protokollen wird mit der indirekten Rede und oft mit dem Konjunktiv gearbeitet.

Beispiel
Herr Zeimet erwähnt, es werde morgen ein neuer Mitarbeiter eingeführt.

Merksatz
Feststehende Tatsachen, wie Vorschläge, Ergebnisse, Anträge, usw., werden im Indikativ (direkt/bestimmt) geschrieben.

Beispiel
Herr Ziegler schlägt vor, einen Betriebsausflug im Mai d.J. durchzuführen.

Aufbau eines Protokolls

Prinzipiell wird zwischen Verlaufsprotokoll und Ergebnisprotokoll unterschieden. Ein Verlaufsprotokoll gibt den Verlauf eines Gespräches oder einer Handlung wieder, ein Ergebnisprotokoll hält nur die Gesprächs- und Handlungsergebnisse fest.

Protokollkopf

- Überschrift (Protokollanlass)
- Datum und Zeitangabe, in der Regel Beginn und Ende mit Uhrzeit
- Namen der anwesenden Personen
- Namen der abwesenden Personen (unter dem Punkt „entschuldigt", falls dies zutrifft)
- Tagesordnungspunkte

Protokolltext

- In chronologischer Form werden Ereignisse bzw. Abläufe schriftlich festgehalten (beim Verlaufsprotokoll).
- Ergebnisse werden in chronologischer Form oder nach der Wichtigkeit geordnet schriftlich festgehalten.

Protokollfuß

- Ende des Gesprächs bzw. der Handlung
- Hinweis auf Anlagen
- Ort und Datum der Protokollabfassung
- Unterschrift des Protokollanten bzw. der Protokollantin (links unten)
- Unterschrift des bzw. der Gegenzeichnenden (Sitzungsleiter/-in – rechts unten). Mit dieser Unterschrift wird die sachliche Richtigkeit des Protokollinhaltes bestätigt.

13.3 Protokollrahmen

Unter einem Protokollrahmen versteht man die Gestaltung des Kopfes und des Schlusses eines Protokolls. Aus dem Protokollrahmen muss Folgendes ersichtlich sein (und ist ggf. aus dem vorhandenen Text abzuleiten):

- Name der Firma (welche die Sitzung veranstaltet)
- Tag der Protokollerstellung
- Angabe der Protokollart bzw. der Protokollnummer
- Thema der Sitzung
- Tagesordnungspunkte
- Ort der Sitzung (Straße, Raum, Ort)
- Datum und Dauer der Sitzung (genaue Angabe der Uhrzeit – von/bis)
- Sitzungsteilnehmer/-innen
- Entschuldigte Personen

Beispiel für einen „Blanko-Protokollrahmen"

<table>
<tr><td colspan="2">FIRMENNAME</td><td>Datum: 18.04.20..</td></tr>
<tr><td colspan="3">1. Verlaufsprotokoll
über</td></tr>
<tr><td>Am:</td><td colspan="2" rowspan="7"></td></tr>
<tr><td>Ort:</td></tr>
<tr><td>Beginn:</td></tr>
<tr><td>Ende:</td></tr>
<tr><td>Teilnehmer:</td></tr>
<tr><td>Entschuldigt:</td></tr>
<tr><td>Tagesordnung</td></tr>
<tr><td colspan="3"></td></tr>
<tr><td colspan="2"></td><td></td></tr>
<tr><td colspan="2">Datum, Unterschrift Protokollführer</td><td>Datum, Unterschrift Vorsitzender</td></tr>
</table>

14 Geschäftsreisen

14.1 Dienstreisen organisieren

Einstiegssituation 1

Die Messe war ein voller Erfolg! Die Bürofashion Zeimet GmbH wird ihre Absatzwege schon bald auf Länder des angrenzenden Europas ausweiten, es gibt bereits Anfragen aus Österreich, Frankreich und Belgien. Mit einem Unternehmen hat Christian Zeimet bereits einen Termin vereinbart, es handelt sich um die Gruber AG mit Sitz in Wien. Die Geschäftsführerin der Firma Gruber möchte mit Herrn Zeimet vor Ort die Neuausstattung aller Büroräume durchsprechen und im Anschluss daran ein detailliertes Angebot erhalten.

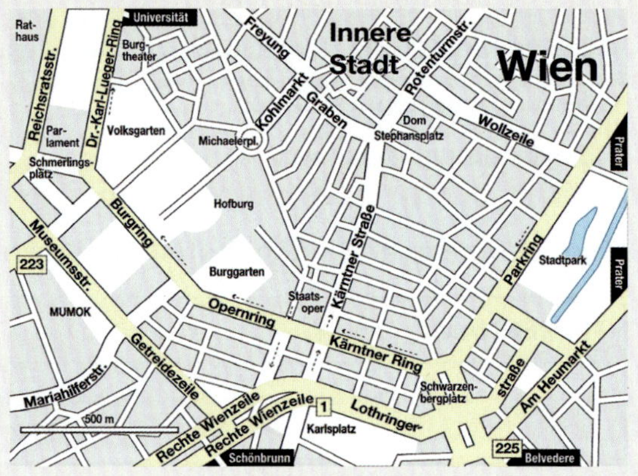

■ ***Wie organisiere ich eine Dienstreise?***

Einzelarbeit

1. ***Informieren Sie sich über den Themenbereich Dienstreise.***
2. ***Schreiben Sie sich ggf. Stichworte auf, die Sie bei dem Themenbereich als WICHTIG erachten.***

Partnerarbeit

3. ***Vergleichen Sie Ihre Stichworte und ergänzen Sie ggf. fehlende Informationen.***
4. ***Machen Sie eine Aufstellung, welche Reisemöglichkeiten sich für Herrn Zeimet anbieten (jeder an seinem eigenen PC).***
5. ***Listen Sie jeweils die Vorteile und Nachteile der verschiedenen Reisemöglichkeiten auf (berücksichtigen Sie hierbei Kosten, Schnelligkeit, Sicherheit u. Ä.).***
6. ***Achten Sie darauf, auch anzugeben, welche Besonderheiten ggf. zu berücksichtigen sind.***
7. ***Bereiten Sie sich auf die Präsentation vor.***

Plenum

8. *Präsentieren Sie Ihr Ergebnis.*
9. *Prüfen Sie das Ergebnis auf Vollständigkeit, Übersichtlichkeit und Richtigkeit.*

Einzelarbeit

10. *Schauen Sie sich nun die „Übersicht für meine Dienstreise" an, aus der ersichtlich ist, wann und wie lange Ihr Chef verreisen möchte.*
11. *Erstellen Sie für Christian Zeimet einen Reiseplan mit dem Programm Word unter Verwendung der Tabellenfunktion.*
12. *Die Gestaltung des Reiseplans soll sinnvoll und für Herrn Zeimet soll der Reiseplan gut nachvollziehbar und übersichtlich sein. Achten Sie auf die Einhaltung der DIN.*
13. *Erstellen Sie zusätzlich eine Checkliste, was alles beim Planen der Dienstreise von Herrn Zeimet berücksichtigt werden muss.*
14. *Arbeiten Sie beim Erstellen der Checkliste mit der Funktion „Onlineformular".*
15. *Achten Sie darauf, die typografischen Regeln einzuhalten.*

Partnerarbeit

16. *Tauschen Sie mit Ihrem Nachbarn den Platz und prüfen Sie die Ergebnisse auf Vollständigkeit und Richtigkeit.*
17. *Präsentieren Sie nun das Ergebnis Ihrer Nachbarin bzw. Ihres Nachbarn über den Beamer.*
18. *Beschreiben Sie, ob der Reiseplan und die Checkliste für Sie nachvollziehbar sind und ob die Struktur sinnvoll ist.*

Einzelarbeit

19. *Drucken Sie Ihre Ergebnisse aus und heften Sie diese in Ihrem Ordner ab.*

Einstiegssituation 2

Nachdem Ihr Vorgesetzter, Christian Zeimet, mit den von Ihnen vorbereiteten Unterlagen sehr zufrieden war, bittet Ihr zweiter Geschäftsführer, Herr Peter Zeimet, Sie, auch für ihn die anstehende Dienstreise zu planen. Das Reiseziel wird Koblenz sein.

Wie erstelle ich einen Reiseplan für Herrn Peter Zeimet?

1. *Schauen Sie sich nun die „Daten für die Dienstreise nach Koblenz" an und markieren Sie die Informationen, die für Sie zur Erstellung des Reiseplans wichtig sind.*
2. *Erstellen Sie für Peter Zeimet einen Reiseplan mit dem Programm Excel.*

3. *Zentrieren Sie als Überschrift den Text „Reiseplan für Herrn Peter Zeimet nach Koblenz" über der Tabelle.*
4. *Formatieren Sie die Tabelle sinnvoll (Rahmen, Tabellenkopf, usw.).*
5. *Fügen Sie in die Kopfzeile rechtsbündig „Reiseplan Peter Zeimet" ein.*
6. *Fügen Sie in die Kopfzeile linksbündig den Dateinamen ein.*
7. *In der Fußzeile soll automatisch das Tagesdatum erscheinen.*

Plenum

8. *Präsentieren Sie Ihr Ergebnis über den Beamer und erklären Sie, wie Sie die Formatierungen vorgenommen haben.*
9. *Erläutern Sie, welche Inhalte Ihr Reiseplan enthält.*
10. *Vergleichen Sie den in Word erstellten Reiseplan mit Ihrem nun erstellten Reiseplan in Excel und nennen Sie Vor- und Nachteile, die Ihnen aufgefallen sind.*

Einzelarbeit

11. *Drucken Sie Ihr Ergebnis aus und heften Sie es in Ihrem Ordner ab.*

Die Bedeutung einer Geschäftsreise

Im Zuge der Globalisierung spielen Geschäftsreisen eine immer größere Rolle. Früher wurden zwar auch Geschäftsreisen unternommen, die dabei zurückgelegten Strecken waren aber meist kürzer (im Umkreis von 100 bis 300 km). Heute können die Geschäftsreisen rund um den Globus verlaufen, die Reise kann per Bahn, per Pkw oder mit dem Flugzeug erfolgen.

Aber was genau ist eigentlich eine Geschäftsreise?

Definition
Geschäftsreise bedeutet, dass man Termine, die im unmittelbaren Zusammenhang mit der beruflichen Tätigkeit stehen, wahrnehmen muss. Diese Termine finden außerhalb des eigenen Arbeitsplatzes oder Firmengebäudes statt (daher das Wort „Reise"). Um zu den Terminen zu gelangen, muss man sich also auf den Weg zum vereinbarten Treffpunkt begeben.

Eine Geschäftsreise wird häufig auch als Dienstreise bezeichnet. Sie muss möglichst pannenfrei ablaufen, da meist der Erfolg eines Geschäftsabschlusses im direkten Zusammenhang mit der Reise steht. Aus diesem Grund werden auch an die Mitarbeiterinnen und Mitarbeiter, die Geschäftsreisen organisieren, hohe Anforderungen gestellt. Je mehr Erfahrung die zuständigen Sachbearbeiter/-innen haben, desto erfolgreicher wird die Reise ablaufen!

Wie geht man vor, um eine Geschäftsreise zu planen?

Vorabklärung

Zuerst sollten immer die wichtigsten Fragen geklärt werden, um das weitere Vorgehen sinnvoll gestalten zu können:

- Wo führt die Reise hin? (Reiseziel)
- Welche Reisemittel kommen infrage? (Bahn, Auto, Flugzeug)
- Worin genau besteht der Zweck der Geschäftsreise?

- Wie lange dauert die Geschäftsreise? (Genaue Terminfestlegung)
- Wer nimmt an der Reise teil, wie viele Personen verreisen?
- Wer sind die Geschäftspartner/-innen, die getroffen werden?

Ablaufpläne
Am besten sollte nun für jeden einzelnen Tag der Dienstreise ein möglichst genauer Ablaufplan der Reise aufgestellt werden. Achten Sie dabei aber darauf, zwischen den einzuhaltenden Terminen ausreichend Pufferzeiten einzuplanen!

Beispiel

Erster Tag der Dienstreise – Montag, 02.05.20..
Abfahrt vom Firmengebäude zum Bahnhof um ... Uhr, Personen: ...
Ankunft am Bahnhof um ... Uhr
Taxi ist bestellt für ... Uhr und fährt ca. 20 Minuten bis zum Hotel ... in ...
Abfahrt mit dem Taxi vor dem Hotel ... um ... Uhr zur Besprechung mit Geschäftspartner/-in ... im Tagungszentrum der Firma ...
Rückfahrt ins Hotel mit dem Taxi (dieses muss selbst bestellt werden)

Weitere Planung/Erfordernisse

Sind die obigen Fragen beantwortet, kann es an die weitere Planung gehen.

- Welche Reiseunterlagen werden benötigt? (Reisepass, Visum, usw.)
- Sind besondere gesundheitliche Vorsorgemaßnahmen für das Reiseland zu treffen? (Impfungen o. Ä.)
- Welche Buchungen müssen vorgenommen werden? (Unterkunft, kulturelle Veranstaltungen, usw.)
- Wie soll gereist werden? (Konkrete Festlegung auf ein Reisemittel und ggf. Buchung von Zugkarten, Flugtickets)
- Welche Zahlungsmittel werden benötigt? (Schecks, Kredit- oder EC-Karten, evtl. andere Währung)
- Welche Kontaktdaten werden benötigt? (Adressen, E-Mail-Adressen und Telefonnummern der Geschäftspartner, der Unterkunft, usw.)

Hier ist es sinnvoll, eine genaue Checkliste anzulegen und alle erledigten Punkte abzuhaken.

Vorteile einer Checkliste sind:

- Arbeitsvorgänge werden klar strukturiert,
- es kann nichts vergessen werden,
- man hat alle organisatorischen Punkte immer vor Augen,
- umfangreiche Aufgaben können frühzeitig delegiert werden,
- erledigte Punkte können abgehakt und als erledigt angesehen werden,
- Wiederholung von Fehlern kann vermieden werden (da alte Checklisten als Hilfe herangezogen werden können),

- durch bewährte Checklisten geht das Planen einer neuen Dienstreise leichter von der Hand,
- Checklisten können nach jeder Dienstreise erweitert und angepasst werden (so erreicht man eine Minimierung von Pannen und Fehlern!).

Besorgungen

Nun wissen Sie, welche Vorbereitungen und Dokumente notwendig sind. Sie sind jetzt an der Reihe, mithilfe der erstellten Checkliste alles Notwendige zu organisieren.

Stellen Sie alle erforderlichen Unterlagen zusammen, die die Reisenden für die Dienstreise benötigen!

- Reisedokumente, also alle Dokumente, die zur Einreise und für den Aufenthalt im betreffenden Land benötigt werden (Reisepass, Visum, Versicherungsschein, Impfbescheinigungen, Flugticket, Fahrkarten usw.).
- Geschäftspapiere, also alle Unterlagen, die für die geschäftliche Tätigkeit – den Zweck der Geschäftsreise – notwendig sind.
- Kontaktliste mit den wichtigsten Kontaktdaten (z. B. der Geschäftspartner, der Unterkunft, Erreichbarkeit bei Verlust von Unterlagen usw.).
- Reiseinformationen: Diese sind besonders wichtig, wenn das Land von den Reisenden zum ersten Mal besucht wird. Die Mitarbeiter/-innen sollten über das Land und über die Leute, die dort leben, sowie über die Sitten und Umgangsformen gut informiert sein!
- Stadtpläne, Landkarten, Wörterbuch, Informationsmaterial sowie Hinweise auf Sehenswertes.

Gepäck

Im Normalfall sind die Mitarbeiter/-innen für ihr Gepäck selbst verantwortlich. Dennoch sollten Sie die Reisenden noch einmal auf wichtige Utensilien hinweisen, die mitgenommen werden müssen (z. B. Firmenhandy, passendes Ladegerät, usw.). Auch über die aktuelle Wetterlage im Reiseland sollten Sie die Reisenden rechtzeitig informieren.

Abschlussprüfung

Sind alle Vorbereitungen abgeschlossen, sollte der Ablaufplan nochmals genau durchgearbeitet und geprüft werden, damit wirklich keine Pannen entstehen, denn: Meist steckt der Teufel im Detail! Zu jedem Punkt sollte geprüft werden, ob alle möglichen Störungen berücksichtigt wurden und welche Möglichkeiten oder Alternativen sich beim Auftreten einer Störung anbieten.

Im Anschluss daran ist es wichtig, dass der Reiseplan von einer weiteren Person gegengeprüft wird, denn: Vier Augen sehen oft mehr als zwei! Sinnvoll ist es, wenn der Reiseplan nach den Prüfungen auch den Reisenden vorgelegt wird. Diese haben oft noch eine Ergänzung oder zusätzliche Aspekte, auf die sie besonderen Wert legen.

Vertretungsregelungen

Gehen Mitarbeiter/-innen oder Vorgesetzte auf eine Dienstreise, liegt es klar auf der Hand, dass während ihrer Abwesenheit im Unternehmen Vertretungsregelungen getroffen werden müssen. Meist kümmern sich die Mitarbeiter/-innen selbst um diese Angelegenheit. Eine Erinnerung kann jedoch nicht schaden. Auch muss vereinbart werden, wie, wann und von wem die abwesenden Kolleginnen und Kollegen am besten erreicht werden können.

Nun steht einer erfolgreichen Dienstreise nichts mehr im Wege!

Übersicht für meine Dienstreise

Liebe(r) ____________________,

anbei meine Aufstellung für die Dienstreise nach Wien. Bitte entsprechend organisieren!

Dienstreise von Christian Zeimet nach Wien (dort reise ich zum ersten Mal hin) in der Zeit vom 02.05. (morgens) bis 06.05.20.. (später Nachmittag).

Geplantes Treffen mit der Firma Gruber AG, Hauptsitz in Wien, am 03.05.20.. um 11:00 Uhr und am 04.05.20.. ab 13:00 Uhr, genaue Adresse: Annagasse 23, 1010 Wien.
Unterlagen, die ich mitnehmen möchte: Firmenleitbild sowie kurze Aufstellung über unsere Firmengeschichte. Dazu kleine Mitbringsel aus Ulm (bitte suchen Sie was aus).
Programm: Einladung der Firmenleitung in Wien in die Oper (bitte Programm raussuchen und die beste Verkehrsverbindung) und zu einer Kutschfahrt Mitte der Woche (am Abend).
Hotel: Unbedingt in der Nähe der Ringstraße in Wien (mind. 3 Sterne), Übernachtung mit Frühstück buchen.
Bitte eine Aufstellung von der Umgebung machen (Sehenswürdigkeiten, Verkehrsverbindungen, usw.).
Bilder von Wien möchte ich später auf unserer Homepage unter der Kategorie „Deutschland und Österreich – Hand in Hand" veröffentlichen!
Am 06.05.20.. möchte ich das Schloss Schönbrunn (ehemaliger Sommersitz der Kaiserin Sissi) besichtigen und dort einer Führung beiwohnen. Unsere Prokuristin hat am 07.05. Geburtstag, was kann ich ihr als Geschenk aus Wien mitbringen? Bitte Vorschläge notieren!

Danke!

Christian Zeimet

Daten für die Dienstreise nach Koblenz von Peter Zeimet
Peter Zeimet besucht am 14.06. und 15.06. die Büromittelmesse in Koblenz und wird mit seinem Privat-Pkw anreisen. Sie haben für ihn rechtzeitig schriftlich ein Zimmer im Hotel „Frauenschuh", Erlenstr. 7, 56073 Koblenz, gebucht. Da er am 13.06. um 19:30 Uhr eine Verabredung zum Abendessen im Restaurant „Deutsches Eck" hat, will er spätestens um 18:30 Uhr im Hotel sein (den Tisch für 3 Personen im Restaurant haben Sie bereits reserviert). Ihr Chef trifft sich mit Dr. Jan Tiftel und seiner Ehefrau, Ilona Tiftel. Die beiden sind Geschäftsinhaber eines großen Papierkonzerns in Luxemburg. Frau Tiftel erhält als kleine Aufmerksamkeit einen Ulmer Spatz aus Schokolade. Die Unterlagen, die Herr Zeimet benötigt (Hotelreservierung, Anschrift des Restaurants), haben Sie für ihn in der grünen Jurismappe zusammengestellt.
Die Büromittelmesse beginnt am 14.06. um 09:00 Uhr. Dort wird Herr Zeimet den ganzen Tag verbringen. Auf der Messe trifft sich Herr Zeimet um 14:00 Uhr am Haupteingang mit

dem Einkäufer, Herrn Dammes, um über neue Produkte, die evtl. in das Sortiment aufgenommen werden sollen, zu sprechen und sich diese vor Ort anzuschauen.
Am 14.06., 20:00 Uhr, besucht Herr Zeimet zusammen mit Herrn Dammes ein Kabarettprogramm auf der Festung Ehrenbreitstein in Koblenz. Die Karten für das Kabarett befinden sich in der gelben Jurismappe.
Am 15.06. tritt Herr Zeimet am Nachmittag die Rückreise nach Ulm an. Morgens möchte er die Zeit nutzen, um Koblenz ein wenig kennenzulernen.

14.2 Nachbereitung von Dienstreisen

Einstiegssituation

Christian Zeimet ist seit gestern aus Wien zurück und möchte direkt einen Dienstreisebericht schreiben. Leider gibt es in Ihrem Unternehmen kein aktuelles Formular für einen solchen Bericht. Daher bittet Herr Zeimet Sie, ein entsprechendes Formular zu entwerfen.

Welche Informationen sind nach dem Abschluss einer Dienstreise wichtig?

Einzelarbeit

1. ***Informieren Sie sich über den Themenbereich „Prüfung des Kosten-Nutzen-Faktors" sowie „Kostenerstattung".***
2. ***Notieren Sie wichtige Informationen als Stichpunkte.***

Partnerarbeit

3. ***Tauschen Sie sich mit Ihrer Nachbarin bzw. Ihrem Nachbarn aus.***
4. ***Entwerfen Sie ein Formular, damit Herr Zeimet den Reisebericht schreiben kann.***
5. ***Informieren Sie sich nun über das Thema „Erstellen eines Reisekostenformulars".***
6. ***Entwickeln Sie für die Bürofashion Zeimet GmbH ein Reisekostenformular, mit dem die angefallenen Kosten für die Dienstreise abgerechnet werden können. Ihr Reisekostenformular muss auch ein Feld für Bemerkungen enthalten (Tipp: Nutzen Sie zum Erstellen des Formulars die Funktion „Onlineformular"!).***
7. ***Bereiten Sie sich auf die Präsentation vor.***

Plenum

8. ***Präsentieren Sie Ihr Ergebnis und erläutern Sie, wie Sie Ihr Formular gestaltet und wie Sie Ihr Reisekostenformular erstellt haben.***
9. ***Prüfen Sie Ihre Ergebnisse auf Vollständigkeit und Richtigkeit.***
10. ***Drucken Sie Ihre Produkte aus und heften Sie sie in Ihrem Ordner ab.***

Prüfung des Kosten-Nutzen-Faktors

Ist die Dienstreise abgeschlossen, so muss diese nachbereitet werden. Vor allem der Kosten-Nutzen-Faktor für das Unternehmen muss genau geprüft werden:

- Wurde das Geschäft erfolgreich abgeschlossen?
- Welche Mittel waren dafür notwendig?
- Welche Mehrkosten sind ggf. entstanden und warum?
- Was lief gut?
- Was lief weniger gut und warum?

Damit die Mitarbeiter/-innen, die für die Planung der Dienstreisen zuständig sind, eine solche Auswertung vornehmen können, ist ein detaillierter Reisebericht des bzw. der Reisenden erforderlich. Ferner sind alle Ausgaben, die zusätzlich anfielen, mit Belegen oder Rechnungen genau nachzuweisen. Ohne Belege sind Kosten nur schwer nachvollziehbar und eine Erstattung unter Umständen nicht möglich.

Kostenerstattung

Welche Kosten erstattet werden, muss im Vorfeld (also bereits vor der Dienstreise!) mit dem eigenen Unternehmen geklärt werden. Gesetzlich gesehen können folgende Kosten erstattet werden, die im direkten Zusammenhang mit einer Dienstreise entstehen:

Fahrtkosten

- Öffentliche Verkehrsmittel (natürlich mit Beleg),
- Pkw-Fahrten (nach km, Abrechnung erfolgt nach einer Kilometerpauschale),
- Zusatzkosten (Parkgebühren, Mautgebühren usw., ebenfalls mit Belegen nachzuweisen).

Verpflegungsmehraufwand

Je nach Dauer der Abwesenheit von zu Hause kann ein Verpflegungsmehraufwand abgerechnet werden. Dieser variiert je nach Reiseland und ist abhängig von der Dauer der Reise.

Übernachtungskosten

Diese werden per Beleg abgerechnet. Es ist meistens ein Maximalbetrag vorgeschrieben, der nicht überschritten werden darf. Ist der Belegbetrag höher, muss der Reisende die Mehrkosten selbst zahlen.

Nebenkosten

Weitere Kosten wie Telefongebühren, Taxikosten, Safe-Gebühren in der Unterkunft, Eintrittskarten u. Ä. können ggf. erstattet werden.

Alle angefallenen Kosten werden meist in einem Reisekostenformular eingetragen und dann gesammelt abgerechnet. Da sich die Gesetze in diesem Bereich in der letzten Zeit häufiger geändert haben, ist von der Reisekostenabteilung immer eine genaue Prüfung der Gesetze in Verbindung mit den entstandenen Kosten notwendig. Bestehen Dienstvereinbarungen zu den Reisekosten, sind diese natürlich vorrangig anzuwenden (da Dienstvereinbarungen für die Mitarbeiter immer günstiger als gesetzliche Regelungen sind).

Erstellen eines Reisekostenformulars

Ein Reisekostenformular muss der DIN 5008 entsprechen. Außerdem muss es Platz für alle wichtigen Angaben enthalten, die benötigt werden. Da jedes Unternehmen verschiedene Formulare besitzt, sind auf jeden Fall im Briefkopf die Kommunikationsangaben des Unternehmens zu vermerken. Ferner muss darauf geachtet werden, dass das ganze Blatt ausgefüllt ist.

Da mittlerweile fast alle Mitarbeiterinnen und Mitarbeiter mit dem PC arbeiten, bietet sich neben einem normalen Vordruck auch ein Onlineformular für die Reisekostenabrechnung an.

Wichtige Angaben im Reisekostenformular sind z. B.:

- Name der bzw. des Reisenden
- Anschrift
- Bankverbindung
- Abteilung, in der die bzw. der Reisende tätig ist
- Angabe, ob es eine genehmigte Dienstreise war oder nicht
- Grund der Dienstreise
- Reiseziel
- Reisedauer
- Reisedatum
- Entstandene Aufwendungen (diese müssen untergliedert sein in Verpflegungskosten, Fahrtkosten, Übernachtungskosten und Nebenkosten)
- Datum der Abrechnung
- Unterschrift

15 Zusammenspiel der menschlichen Person und der Bewerbung

15.1 Auftreten und äußeres Erscheinungsbild

Einstiegssituation

Eine Kollegin der Marketing-Abteilung ist erkrankt. Frau Pfeifer bittet Sie, Ihre Kollegin während der Messe zu vertreten. Ihre Aufgabe besteht darin, offene Kundenfragen zu den neu angebotenen Artikeln zu beantworten und Ihr Unternehmen auf der Messe zu repräsentieren!

Wie muss ich auftreten, damit ich bei unseren Kunden einen guten Eindruck hinterlasse?

Gruppenarbeit (3er- bis 4er-Gruppen)

Gruppe 1: Kleidung – Worauf muss ich bei meiner Kleidung achten?
Gruppe 2: Hygiene – Ist es wichtig, wie mein Körpergeruch ist, worauf sollte man achten?
Gruppe 3: Sprache – Gibt es eine bestimmte Ausdrucksweise, auf die man achten sollte?
Gruppe 4: Körpersprache – Was sagt meine Körpersprache über mich aus?
Gruppe 5: „Knigge"/Benimm-Regeln – Gibt es Regeln, an die ich mich halten muss?

Vorgehensweise in der Gruppe:

- *Suchen Sie sich eine Gruppe sowie ein Thema aus.*
- *Überlegen Sie gemeinsam, was bei Ihrem Thema wichtig bzw. zu berücksichtigen ist.*
- *Halten Sie alle Dinge, die Sie wichtig finden, schriftlich fest.*
- *Erstellen Sie ein anschauliches Plakat zu Ihrem Thema (Stifte, Plakatpapier usw. befinden sich auf den hinteren Tischen im Klassenraum).*
- *Verwenden Sie ggf. Bilder zur Veranschaulichung.*
- *Achten Sie bei der Plakatgestaltung auf die typografischen Regeln.*

Plenum

Präsentieren Sie Ihre Plakate und prüfen Sie die Plakate auf Vollständigkeit und Richtigkeit.

15.2 Bewerbungsunterlagen erstellen

Einstiegssituation

Schon vor dem Abschluss Ihrer Berufsausbildung müssen Sie sich überlegen, wie es für Sie weitergehen soll. Ihnen bieten sich nun verschiedene Möglichkeiten: eine Arbeitsstelle in einem Unternehmen, vielleicht eine weitere Ausbildung, ein „Freiwilliges Soziales Jahr" (Bundesfreiwilligendienst) oder ein anschließendes Studium. Wie sieht es aber mit Ihren Bewerbungsunterlagen aus?

Wie erstelle ich eine wirkungsvolle Bewerbung?

Einzelarbeit

1. **Lesen Sie die Informationsblätter „Die Bewerbung", „Der Lebenslauf" und „Das Deckblatt".**
2. **Markieren Sie wichtige Kriterien.**
3. **Analysieren Sie die abgedruckten Bewerbungsschreiben und notieren Sie sich Stichpunkte, wie die Bewerbungsschreiben aufgebaut sind. Prüfen Sie, ob die Regeln der DIN 5008 eingehalten wurden.**

Partnerarbeit

4. **Vergleichen Sie Ihr Ergebnis mit Ihrer Nachbarin bzw. Ihrem Nachbarn und ergänzen Sie ggf. fehlende Punkte.**
5. **Formulieren Sie aus Ihren Ergebnissen einen Leitfaden für Schüler/-innen mit dem Titel „Das muss ins Anschreiben rein". Dieser Leitfaden soll selbsterklärend sein und eine ansprechende Sprache und ein ebensolches Layout enthalten.**
6. **Arbeiten Sie mit der Funktion „WordArt" und heben Sie wichtige Dinge im Text optisch hervor.**

Einzelarbeit

7. **Suchen Sie sich aus den Stellenanzeigen, die vorne auf dem Tisch ausliegen, eine Anzeige aus. Erstellen Sie mithilfe Ihres Leitfadens ein geeignetes Bewerbungsschreiben.**
8. **Erstellen Sie Ihren Lebenslauf.**
9. **Erstellen Sie ein passendes Deckblatt.**

Plenum

10. **Stellen Sie Ihre Ergebnisse vor. Erläutern Sie Ihre Vorgehensweise und begründen Sie die Gestaltung.**
11. **Bilden Sie ein Fazit.**

Sabine Mustermann
Beispielstr. 17
11111 Musterheim
Tel. 02222 999999

9. März 20..

EINSCHREIBEN
Firma Beispiel GmbH
Personalabteilung
Herrn Michael Maus
Muster-Beispiel-Straße 3
11111 Beispielstadt

Bewerbung um eine Ausbildungsstelle als ...
Ihre Anzeige ...

Sehr geehrter Herr Maus,

Ihre Stellenanzeige hat bei mir großes Interesse geweckt. Im nächsten Jahr werde ich die Berufsfachschule Wirtschaft in Ulm verlassen und suche daher eine Ausbildungsstelle, die meinen Fähigkeiten und Interessen entspricht.

Zurzeit erwerbe ich in der Berufsfachschule kaufmännische Grundkenntnisse. Ich lerne dort den Umgang mit dem Computer, wie z. B. Anfragen oder Angebote in Word zu erstellen sowie Kalkulationen in Excel, außerdem erlerne ich das 10-Finger-Tastschreiben. Zu meiner Schulausbildung gehören auch Grundkenntnisse in der Betriebswirtschaftslehre und im Rechnungswesen.

In Ihrer Anzeige suchen Sie eine Auszubildende, die in der Lage ist, sich schnell in neue Aufgaben einzuarbeiten. Das trifft auf mich genauso zu wie die geforderte Eigenschaft Teamfähigkeit, denn diese Arbeitsform liegt mir, weil ich in einer solchen Gruppe meine Ideen einbringen kann. Wenn Aufgaben schwierig sind, habe ich den Ehrgeiz, diesen gerecht zu werden. Wenn mir ein Sachverhalt unklar ist, frage ich noch einmal nach, um meine Arbeit korrekt ausführen zu können.

Über eine Einladung zu einem persönlichen Gespräch in Ihrem Hause freue ich mich sehr.

Freundliche Grüße

Sabine Mustermann

Anlagen
Zeugniskopien
Lebenslauf (tabellarisch)
1 Lichtbild
Praktikumsbescheinigung

x Johannes Kölling
x Schneewittchenweg 1
x 89073 Ulm
x Telefon: 0731 94540
x E-Mail-Adresse: j.koelling@gmx.de
x
x
x
x EINSCHREIBEN
x Bürofashion Zeimet GmbH
x Frau Marita Weidert
x Frauenstr. 123
x 89073 Ulm
x
x
x
x 14.10.20..
x
x
x **Bewerbung um einen Ausbildungsplatz als Kaufmann für Bürokommunikation**
x **Stellenanzeige auf Ihrer Homepage**
x
x
x Sehr geehrte Frau Weidert,
x
x Ihre Stellenanzeige hat bei mir großes Interesse geweckt. Im nächsten Jahr werde ich die Berufsfachschule
x Wirtschaft in Ulm verlassen und suche daher eine Ausbildungsstelle, die meinen Fähigkeiten und Inter-
x essen entspricht.
x
x Zurzeit erwerbe ich in der Berufsfachschule kaufmännische Grundkenntnisse und lerne dort den Umgang
x mit dem Computer. Beispielsweise kann ich Anfragen oder Angebote sowie Kalkulationen in Word oder
x Excel erstellen. Ferner beherrsche ich das 10-Finger-Tastschreiben. Zu meiner Schulausbildung gehören
x auch Grundkenntnisse in der Betriebswirtschaftslehre und im Rechnungswesen.
x
x In Ihrer Anzeige suchen Sie einen Auszubildenden, der in der Lage ist, sich schnell in neue Aufgaben
x einzuarbeiten. Das trifft auf mich genauso zu wie die geforderte Eigenschaft „Teamfähigkeit“. Diese Ar-
x beitsform liegt mir, weil ich in einer solchen Gruppe meine Ideen einbringen kann. Wenn Aufgaben
x schwierig sind, habe ich den Ehrgeiz, diesen gerecht zu werden. Außerdem habe ich keine Angst nachzu-
x fragen, falls mir ein Sachverhalt unklar ist.
x
x Über eine Einladung zu einem persönlichen Gespräch in Ihrem Hause freue ich mich sehr.
x
x Freundliche Grüße **Anlagen**
x 1 Lichtbild
x 1 Lebenslauf
x 4 Zeugniskopien
x Johannes Kölling 1 Praktikumsbescheinigung

15.2.1 Tipps zum Erstellen der Bewerbung

Bei dem Erstellen Ihrer Bewerbung sollten Sie viel Mühe und vor allem Sorgfalt walten lassen, denn: Unterschätzen Sie niemals die Bedeutung dieser Unterlagen! Oft verspielen Bewerber bereits im Vorfeld ihre Chancen, weil die Bewerbungsunterlagen unordentlich wirken oder unvollständig sind.

Beachten Sie daher folgende Tipps:

Merksatz
Wählen Sie für Ihre Unterlagen eine optisch ansprechende, hochwertige, aber dezent und seriös wirkende Mappe.

- ***Wählen Sie hochwertiges Papier, auch wenn dies ein wenig teurer sein sollte. Dabei sollten alle Seiten nur einseitig bedruckt werden (bitte auch Umweltpapier vermeiden).***
- ***Bei allen Dokumenten, die Sie selbst erstellen (Anschreiben, Lebenslauf usw.), sollten Sie auf ein klares und einheitliches Schriftbild achten. Verzichten Sie auf grafische Spielereien, da diese einen Text unleserlich erscheinen lassen können.***
- ***Achten Sie unbedingt darauf, dass Ihre Dokumente keine Rechtschreib- und Zeichensetzungsfehler enthalten.***
- ***Unterschreiben Sie immer eigenhändig (also keine eingescannte Unterschrift verwenden).***
- ***Achten Sie darauf, dass Ihre Dokumente keine „Eselsohren“ haben.***
- ***Verzichten Sie darauf, bereits benutzte Dokumente nochmals zu versenden (meist sieht man dies den Dokumenten an).***

15.2.2 Aufbau der Bewerbungsmappe

Bewerbungsunterlagen bestehen aus einem Deckblatt, einem Anschreiben, einem Lebenslauf, Zeugnissen und weiteren Unterlagen. Ordnen Sie die Unterlagen bitte wie folgt in Ihre Bewerbungsmappe ein:

- Deckblatt,
- Lebenslauf,
- Zeugnisse (das Neueste nach oben – chronologische Ordnung),
- zum Schluss die weiteren Unterlagen, wie Teilnahmebescheinigungen von absolvierten Kursen, Praktikumsbescheinigungen, Sprachkurse, Referenzen (z. B. Leitung einer Jugendgruppe, SV-Mitglied, Trainer/-in in einem Sportverein o. Ä.). Diese Unterlagen werden ebenfalls chronologisch in der Mappe abgeheftet (das Neueste nach oben).

Merksatz
Legen Sie das Anschreiben immer lose auf die Mappe, damit die Adresse im Sichtfenster des A4-Umschlages zu lesen ist!

15.2.3 Wie wichtig ist eine ansprechende Bewerbung?

Um in der heutigen Zeit eine Ausbildungsstelle bzw. eine Arbeitsstelle zu bekommen, wird es immer wichtiger, die Bewerbung ansprechend zu gestalten. Hierbei sollten Sie folgende Regeln beachten:

- Deckblatt, Lebenslauf und Bewerbungsschreiben müssen ein einheitliches Bild ergeben (z. B. sollte der Briefkopf bei allen drei Schreiben gleich gestaltet sein, also gleiche Schrift, gleiche Aufteilung usw.).
- Wählen Sie sinnvolle Gliederungen.
- Möglichst nur eine Seite für das Anschreiben verwenden.
- Nur wahre Angaben machen (z. B. *„Ich lese viel Fachliteratur"* – dies sollte dann auch zutreffen, sonst wird es in einem Vorstellungsgespräch peinlich!).
- Aufmerksamkeit und Interesse beim Leser erzeugen.
- Keine Füllwörter verwenden (z. B. *„ich bitte Sie höflich"*).
- Sinnvolle Formulierungen wählen (z. B. *„ich bewerbe mich"*, NICHT: *„ich möchte mich hiermit bewerben"*).
- Verwenden von Verben (z. B. *„auf die ausgeschriebene Stelle … bewerbe ich mich"*; NICHT: *„möchte ich mich bewerben"* oder *„erhalten Sie meine Bewerbung"*).

Haben Sie während Ihrer Schulzeit beispielsweise Praktika oder Ferienjobs abgeleistet, ist es sinnvoll, sich hierüber eine Bescheinigung ausstellen zu lassen und diese ebenfalls den Bewerbungsunterlagen beizufügen. Der zukünftige Arbeitgeber kann hieraus wichtige Informationen entnehmen.

Ferner sollen im Anschreiben die Anlagen aufgeführt werden, die Sie der Bewerbung hinzufügen. Die Anlagen sollten **beglaubigt** sein, weil es im Zeitalter der EDV leider immer häufiger vorkommt, dass Dokumente gefälscht werden.

Da es sich bei einer Bewerbung um einen **Privatbrief** handelt, sind folgende Angaben beim Formatieren des Briefes zu beachten:

- der Rand oben wird auf 1,69 cm eingerichtet,
- der Rand links wird auf 2,41 cm eingerichtet,
- der rechte und der untere Rand werden auf 2 cm eingerichtet,
- die erste Zeile der Zusatz- und Vermerkzone steht somit auf 5,08 cm, also in der 9. Zeile (davon ausgehend, dass die Anschrift in der 1. Zeile beginnt),
- der Betreff steht in der 20. Zeile.

Merksatz
Die Bewerbung ist der erste Eindruck, den Sie hinterlassen, also Ihr persönliches Aushängeschild!

15.2.4 Aufbau des Lebenslaufes

Zu den Bewerbungsunterlagen gehört immer ein vollständiger tabellarischer Lebenslauf. Für die Anordnung und Gestaltung des Lebenslaufes gibt es keine festen Regeln. Möchten Sie jedoch Erfolg mit Ihrer Bewerbung haben, sollten Sie folgende Empfehlungen berücksichtigen:

- Der Lebenslauf sollte auf eine Seite passen.
- Die Angaben müssen mit Ihren Unterlagen übereinstimmen, sie müssen vollständig und wahr sein.
- Geben Sie zuerst Ihre persönlichen Daten an.
- Geben Sie danach die Zeit/Daten an mit Ihren Schulbesuchen oder Tätigkeiten und der Angabe des entsprechenden Ortes.
- Die Gestaltung muss übersichtlich und klar sein (achten Sie auch auf Leerzeilen, Formatierungen und Seiteneinteilung!).
- Das Lichtbild gehört in die rechte obere Ecke und sollte neueren Datums sowie ansprechend und gerade (am Text ausgerichtet) aufgeklebt sein.

Neben den wichtigsten persönlichen und schulischen Daten können auch Angaben über besondere Kenntnisse (z. B. Sprachen, Maschineschreiben), über Praktika oder Lieblingsfächer gemacht werden. Weiter kann es sinnvoll sein, auf Mitgliedschaften in Vereinen (z. B. Sportverein, Jugendrotkreuz) oder den bestandenen Führerschein, Teilnahme am Schüleraustausch oder ähnliche Aktivitäten unter „Sonstiges“ hinzuweisen.

Der erste Lebenslauf enthält noch die Angaben über die Eltern und Geschwister. Auch Hobbys sind hier wichtig, da diese Angaben Rückschlüsse auf Ihre Person zulassen. Je nach Alter können diese Angaben später wieder entfallen.

Nach dem Eintritt in das Berufsleben werden Angaben zur Berufsausbildung, zur Berufstätigkeit sowie über abgelegte Prüfungen in den Lebenslauf aufgenommen. Von der Schulbildung findet nur noch der Abschluss Erwähnung. Die Angaben über die Eltern oder Geschwister können hier entfallen.

Sollten Sie zeitliche Lücken in Ihrem Lebenslauf haben, so müssen Sie diese im Bewerbungsschreiben begründen. Der Stellenanbieter kontrolliert den zeitlichen Ablauf Ihres Lebenslaufes und den Aufbau der schulischen und anschließenden beruflichen Bildung!

Aufbau eines tabellarischen Lebenslaufs

Mögliche Leitwörter

- Vor- und Zuname
- Geburtsdatum und -ort
- Staatsangehörigkeit
- Name und Beruf des Vaters und der Mutter
- Geschwister
- Familienstand
- Schulausbildung
- Wehr- und Ersatzdienstzeiten
- besondere Kenntnisse (Sprachen, Kurse, etc.)
- Praktika
- Hobbys
- Interessen
- Führerschein
- Datum und Unterschrift

Mögliche Zwischenüberschriften bei kurzem Lebenslauf

- Persönliche Daten (Name, Geburtsdatum und -ort, Familienstand)
- Schulbildung
- Beruflicher Werdegang
- Berufliche/außerberufliche Weiterbildung (Sprachurlaub, Lehrgänge, Seminare, Schulungen)
- Kenntnisse (EDV-Kenntnisse, Fremdsprachen)
- Interessen (Ehrenamt, Hobbys)

15.2.5 Gestaltung des Deckblatts

Das Deckblatt sollte stets **in der gleichen Schriftart** wie der Lebenslauf und das Anschreiben verfasst werden, damit die gesamte Bewerbungsmappe ein einheitliches Bild ergibt.

Hat man seine Privatadresse nicht im Lebenslauf angegeben, so sollte diese mit der **Telefonnummer**, unter der man am besten zu erreichen ist (kann auch eine Handy-Nummer sein), auf dem Deckblatt stehen. Die Angabe der Telefonnummer ist wichtig für das Unternehmen, bei dem man sich bewirbt, damit die Personalsachbearbeiter/-innen evtl. offene Fragen schnell mit einem einfachen Anruf klären können.

Das Passbild können Sie auch auf das Deckblatt anstatt auf die Bewerbung kleben. Aber Achtung: Bitte sauber und **gerade**!

Merksatz
Wichtig ist, dass die Beschriftung des Deckblatts gut auf der Seite aufgeteilt wird.

Beispiele für Deckblätter
Herr Ziegler schlägt vor, einen Betriebsausflug im Mai d. J. durchzuführen.

15.3 Das Vorstellungsgespräch

Einstiegssituation

Nachdem Sie erfolgreich die Bewerbungen versendet haben, befindet sich heute eine Einladung zu einem Vorstellungsgespräch eines Unternehmens, welches Sie angeschrieben haben, in Ihrem Briefkasten.

Was muss ich bei einem Vorstellungsgespräch beachten und wie bereite ich mich darauf vor?

Einzelarbeit

1. **Entscheiden** *Sie, ob Sie für die Übung des Vorstellungsgesprächs die Rolle einer bzw. eines angehenden Auszubildenden oder die Rolle einer Personalreferentin/eines Personalreferenten einnehmen möchten.*

Gruppenarbeit

2. **Bilden** *Sie 4er-Gruppen und achten Sie darauf, dass die Gruppen entweder nur aus „Auszubildenden" oder nur aus „Personalreferenten" bestehen.*
3. *Die „Auszubildenden-Gruppen"* **überlegen** *und notieren einerseits Fragen, die sie während des Vorstellungsgesprächs stellen möchten, andererseits Fragen, die eine bzw. ein Personalreferent/-in an die Auszubildenden richten könnte.* **Verwenden** *Sie für die Aufstellung die Tabellenfunktion in Word.*
4. *Die „Personalreferenten-Gruppen"* **überlegen** *und notieren einerseits Fragen, die sie den angehenden Auszubildenden stellen möchten, andererseits Fragen, die die „Auszubildenden" während des Vorstellungsgesprächs haben könnten. Verwenden Sie für die Aufstellung die Tabellenfunktion in Word.*
5. **Formulieren** *Sie Ihre Fragen aus und* **beachten** *Sie die DIN-Regeln zum Erstellen von Tabellen.*
6. **Speichern** *Sie das Dokument unter dem Dateinamen „Vorstellungsgespräch".*

Plenum

7. *Führen Sie eine szenische Darstellung mithilfe Ihrer vorbereiteten Fragen auf. Die Darstellung soll möglichst „echt" wirken. Die anderen Schülerinnen und Schüler achten bitte besonders auf folgende Dinge:*
   - *Aussprache (laut, deutlich, Sprache, usw.),*
   - *Gestik und Mimik,*
   - *Körperhaltung,*
   - *Augenkontakt sowie*
   - *Inhalt des Gespräches.*

8. *Beurteilen Sie die szenischen Darstellungen unter Berücksichtigung Ihrer in Punkt 7 aufgeführten Beobachtungen und geben Sie Ihren Mitschülern ein Feedback.*

Partnerarbeit

9. *Suchen Sie sich einen Partner aus Ihrer „Gegengruppe“ (Personalreferent/in mit Auszubildender/m.)*

10. *Fügen Sie unter Ihrer erarbeiteten Tabelle eine neue Tabelle ein und ergänzen Sie jeweils die Ihnen fehlenden Fragen (Die Personalreferenten die Auszubildendenfragen und die Auszubildenden die Personalreferentenfragen!).*

11. *Berücksichtigen Sie ebenfalls die DIN und fügen Sie eine passende Überschrift über Ihre zweite Tabelle ein.*

12. *Drucken Sie Ihre Ergebnisse aus und heften Sie diese in Ihrem Ordner ab.*

II Programmhandbuch

1 Word

Bei dem Programm Word handelt es sich um ein **Textverarbeitungsprogramm**, mit welchem schnell und einfach Dokumente, wie z. B. Briefe, Protokolle oder Flyer, erstellt und bearbeitet werden können. Durch die Vielzahl der **Formatierungsmöglichkeiten**, die Word bietet, kann der Nutzer leicht mit wenigen Schritten ein professionell gestaltetes Dokument erstellen.

Hauptsächlich wird Word für den Bereich **Schriftverkehr** eingesetzt. Es ist zwar auch möglich, in Word mit Tabellen zu arbeiten, diese bieten aber nicht genügend Funktionsmöglichkeiten, um beispielsweise schwierige Berechnungen mithilfe von Tabellen durchzuführen.

Anwendungsbeispiele für Word sind: Erstellen von Dokumentvorlagen, Schreiben von Geschäfts- und Privatbriefen, Erstellen von Vordrucken, z. B. Telefonnotizblock, usw.

1.1 Registerkartenerklärung

Der **Aufbau von Word 2010** hat eine etwas andere Gestaltung als Word 2003. Einige Elemente des Programms Word 2003 finden sich jedoch auch in Word 2010 wieder (z. B. Fenster, die geöffnet werden).

Der **Bildschirmaufbau in Word 2010** sieht wie folgt aus:

Registerkarte	Inhalte	Erklärung
Datei	Drucken Öffnen Optionen Schließen Speichern Speichern unter	Unter dem Befehl „Optionen" können Einstellungen wie Menüband anpassen, Druckoptionen usw. vorgenommen werden.

Registerkarte	Inhalte	Erklärung
Start	Automatische Nummerierung und Aufzählung Einblenden der Steuerzeichen Einfügen Einzüge ändern Fett, Kursiv, Unterstrichen Format übertragen (Pinsel) Formatvorlagen Linksbündig, Zentriert, Rechtsbündig Rahmen und Schattierungen Schriftfarbe Schriftgröße und Schriftart Sortierungen (aufsteigend, absteigend) Suchen, Ersetzen Zeilen- und Absatzabstand	In der Registerkarte „Start" verstecken sich alle Symbole, die zur Formatierung eines Textes gehören.
Einfügen	ClipArt Datum und Uhrzeit Diagramm Formen Grafik Hyperlink Kopf- und Fußzeile Screenshot Seitenumbruch Tabelle Textmarke WordArt	In der Registerkarte „Einfügen" befinden sich alle Symbole, die sich auf das Einfügen von verschiedenen Elementen in ein Dokument beziehen.
Seitenlayout	Abstand (vom oberen zum unteren Rand) Ausrichtung (Hoch- oder Querformat) Einzüge (Texteinzug vom linken bzw. rechten Rand) Seitenränder Silbentrennung Spalten Umbrüche (Spaltenumbruch, Seitenumbruch, usw.) Wasserzeichen	In der Registerkarte „Seitenlayout" verstecken sich alle Symbole, die das Layout (Aussehen) eines Dokuments betreffen.
Verweise	Beschriftung einfügen Endnote einfügen Fußnote einfügen (z. B. um Quellenangaben zu ergänzen) Literaturverzeichnis Quellen verwalten Text hinzufügen Zitat festlegen	In der Registerkarte „Verweise" finden Sie alle Symbole, die mit dem Thema „Verweis" zusammenhängen. Diese werden häufig beim Verfassen von Texten benötigt (z. B. bei Referaten).

Registerkarte	Inhalte	Erklärung
Sendungen	Beschriftungen Seriendruck Umschläge	In der Registerkarte „Sendungen" sind alle Befehle hinterlegt, die mit dem Versand von Dokumenten zusammenhängen.
Überprüfen	Änderungen nachverfolgen Bearbeitung einschränken Kommentar Makros Rechtschreibung und Grammatik Sprache Übersetzen	In der Registerkarte „Überprüfen" sind alle Symbole hinterlegt, die für die Überprüfung von Daten im Dokument benötigt werden.
Ansicht	100%-Ansicht der Seite Eine Seite (wird eingeblendet) Entwurf Gitternetzlinien Gliederung Lineal Seitenlayout Vollbild-Lesemodus Weblayout Zoom Zwei Seiten (werden nebeneinander angezeigt)	In der Registerkarte „Ansicht" befinden sich alle Befehle, die für die Ansicht eines Dokuments wichtig sind.
Entwickler-tools	Bearbeitung einschränken (auch für das Onlineformular u. Ä.) Makros Symbole für das Erstellen eines Onlineformulars Visual Basic	Die Registerkarte „Entwicklertools" kann eingefügt werden über: **Datei – Optionen – Menüband anpassen** Die Entwicklertools werden z. B. benötigt, um ein Onlineformular zu erstellen.

Registerkarte „Start"

Registerkarte „Einfügen"

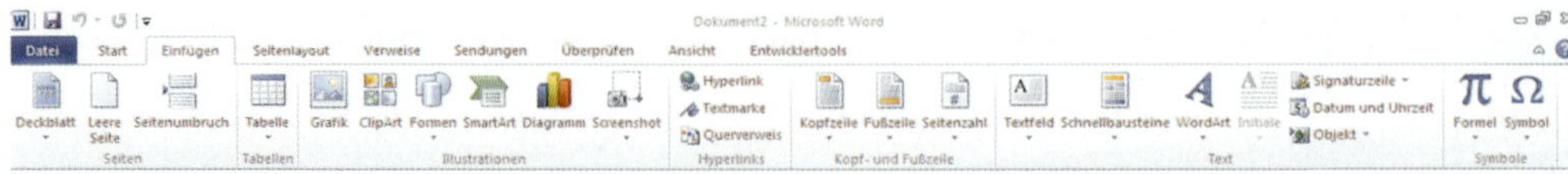

Registerkarte „Seitenlayout"

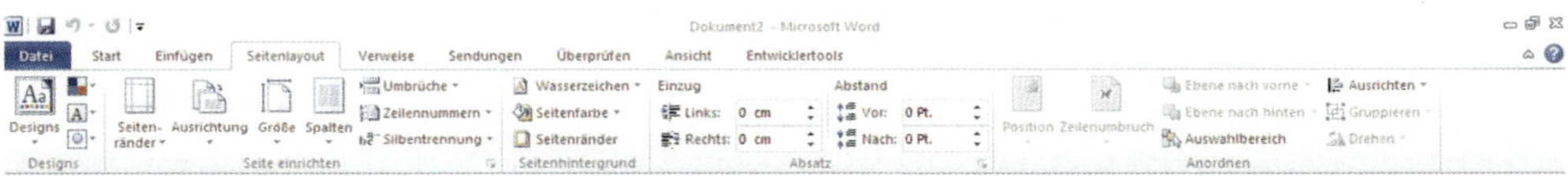

Registerkarte „Verweise"

Registerkarte „Sendungen"

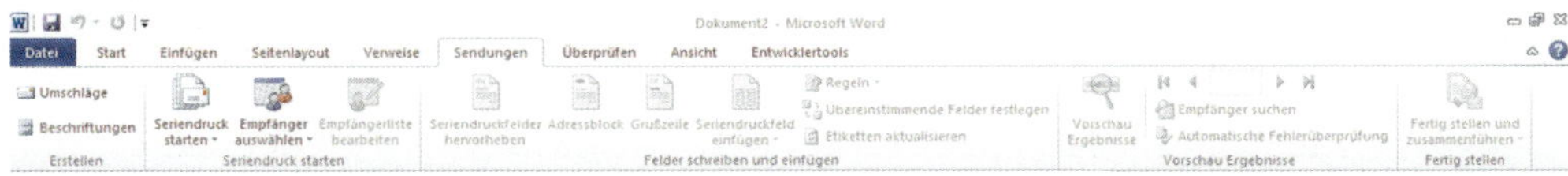

Registerkarte „Überprüfen"

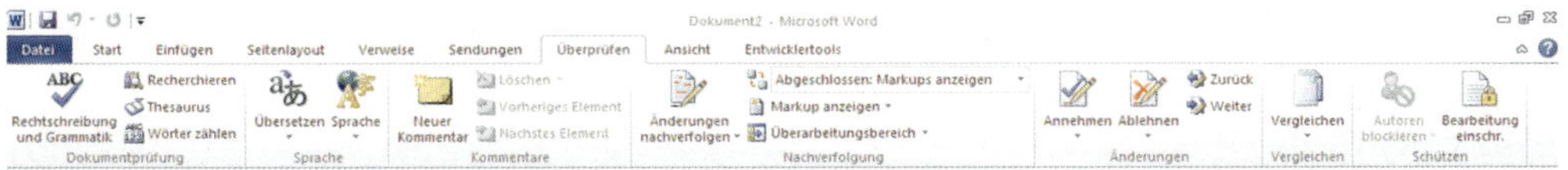

Registerkarte „Ansicht"

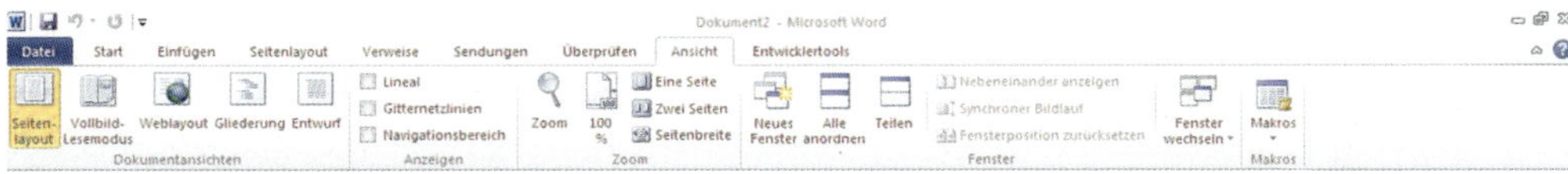

Registerkarte „Entwicklertools"

1.2 Aufzählungen

Werden mehrere Punkte in einem Dokument untereinander aufgelistet, können diese als Nummerierungen oder als Aufzählungen formatiert werden.
Wichtig ist, dass die **DIN-Regel** für die Nummerierungen und Aufzählungszeichen eingehalten wird. Der Einzug muss entweder **bei 0 cm** oder **bei 2,54 cm** angegeben werden.

Schritt 1

Text **markieren** – rechte Maustaste – **Aufzählungszeichen oder Nummerierung** auswählen – gewünschtes Aufzählungszeichen oder Nummerierung aussuchen – **Anklicken**.

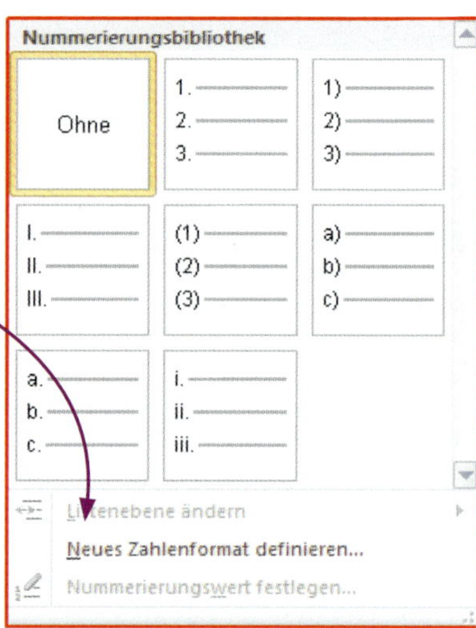

Schritt 2

Soll ein selbst definiertes Aufzählungszeichen oder ein neues Zahlenformat verwendet werden, geht man folgendermaßen vor:

Rechte Maustaste – **Nummerierung oder Aufzählungszeichen – Neues Zahlenformat definieren** oder **Neues Aufzählungszeichen definieren – Aufzählungszeichen aus Symbol oder Bild wählen** bzw. **Zahlenformat aussuchen** – bestätigen mit **OK.**

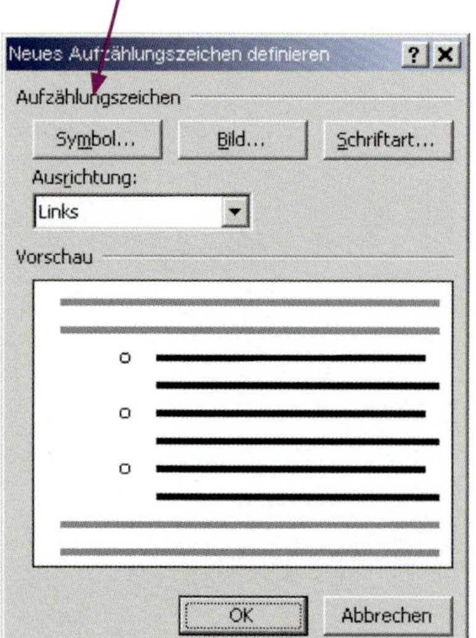

1.3 Autoformen

Um Dokumente zu veranschaulichen, kann es sinnvoll sein, Autoformen einzufügen. Autoformen können Pfeile, Vierecke, Dreiecke o. Ä. sein.

Schritt 1
Registerkarte „Einfügen" – **Formen** – Autoform **auswählen**

Ein Kreuz erscheint. Durch

Ziehen des Kreuzes

wird die Größe der Autoform festgelegt und diese wird eingefügt.

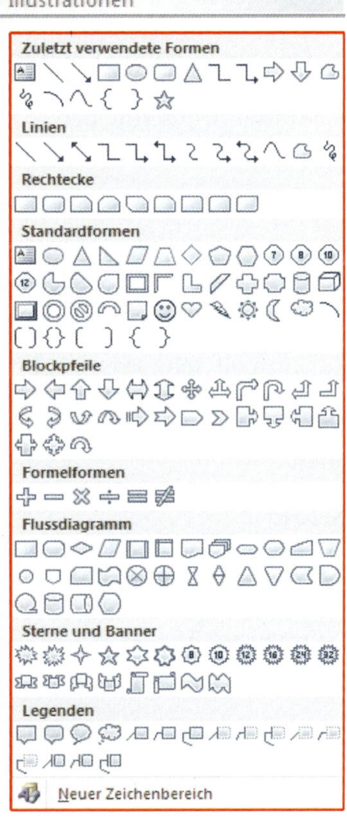

Schritt 2
Soll eine Form formatiert bzw. ein Text eingefügt werden, geht man folgendermaßen vor:

Rechte Maustaste – **Text hinzufügen** bzw. **Form formatieren**

Nun kann man die gewünschten Änderungen wie „Füllfarbe" usw. vornehmen.

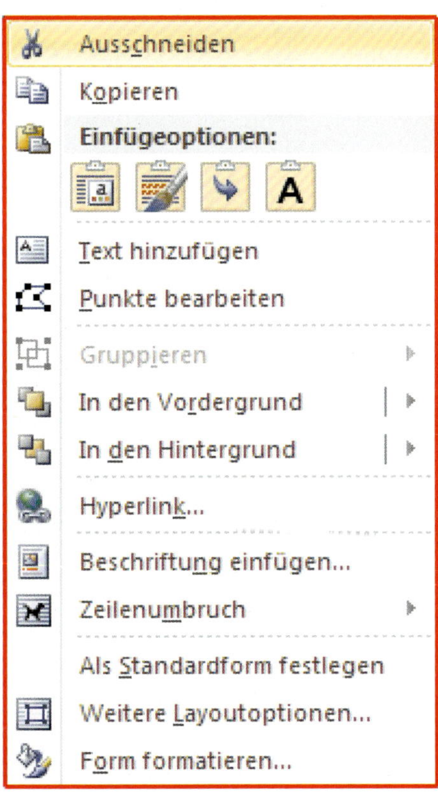

Schritt 3

Weiterhin wird durch

Anklicken der Autoform

die Registerkarte „Zeichentools“ eingeblendet (orangefarben hinterlegt).

Inhalt der Registerkarte „Zeichentools“

- Weitere Autoformen einfügen
- Fülleffekte, Formkontur und Linien der Autoform verändern
- Position der Autoform ändern
- Autoform zuschneiden

1.4 Datum und Uhrzeit

In manchen Dokumenten, wie z. B. in Vordrucken, kann es sinnvoll sein, das Datum als „Feldfunktion“ einzufügen. Es ist sogar möglich, dass das eingefügte Datum automatisch beim Öffnen des Dokuments aktualisiert wird.

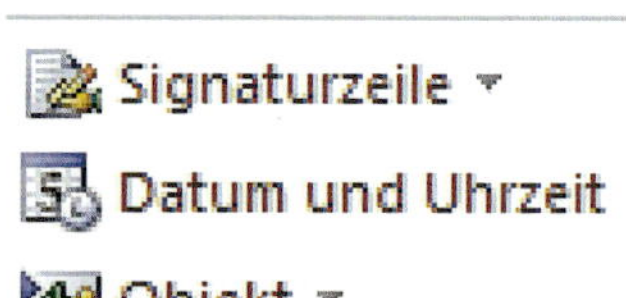

Schritt 1

Registerkarte „Einfügen“ – **Datum und Uhrzeit**

Schritt 2

Nun müssen Sie das

Datum **auswählen**

(DIN beachten!), bei automatischer Aktualisierung müssen Sie in dem entsprechenden Feld „Automatisch aktualisieren“ einen

Haken einfügen – OK.

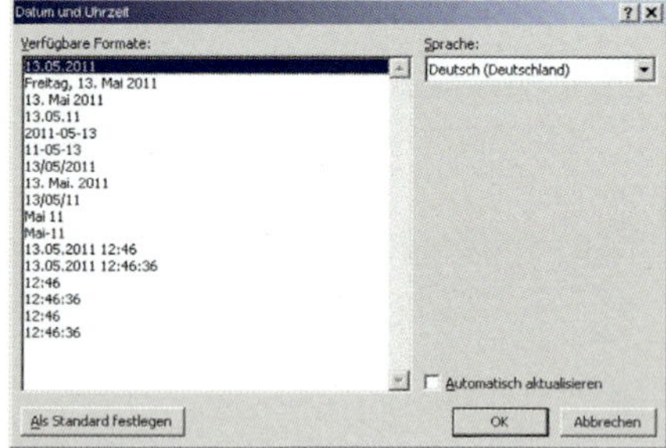

Auszug aus der DIN 5008

Kalenderdatenschreibweisen

2012-12-04
2012-08-04

04.12.2012
04.08.2012

4. Dezember 2012
12. Dezember 2012

Uhrzeiten

06:30 Uhr
22:00 Uhr
00:01 Uhr
00:10 Uhr

10:04:48 Uhr
05:10:05 Uhr

8 Uhr

1.5 Diagramme erstellen

Mit Diagrammen können Daten anschaulich und übersichtlich dargestellt werden.

Schritt 1
Registerkarte „Einfügen" – **Diagramm** – beliebiges Diagramm **auswählen** – mit **OK** bestätigen.

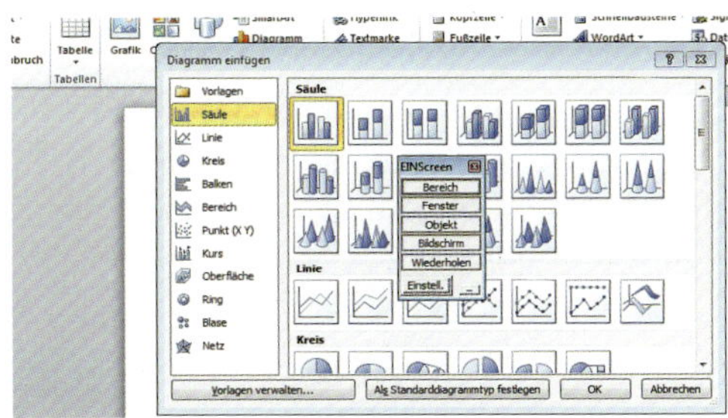

Schritt 2
Das Diagramm wird eingefügt, gleichzeitig öffnet sich eine Excel-Tabelle. In diese Tabelle können nun die Diagrammdaten eingetragen werden.

Sofort nach dem

Eintragen von Daten in den Spalten „Datenreihe" und den Zeilen „Kategorie"

werden die Daten im Diagramm sichtbar.

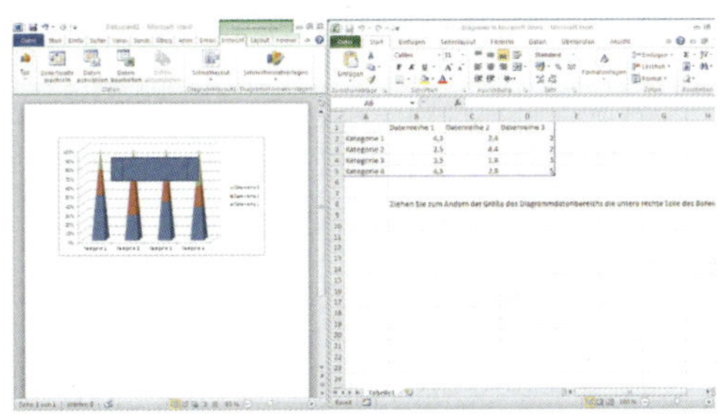

Schritt 3
Klickt man mit der Maus **in das Diagramm**, erscheinen oben die *Diagrammtools*
(grün hinterlegt) als zusätzliche Registerkarte.
Über diese Tools kann das Diagramm formatiert werden.

Inhalt der Registerkarte „Entwurf"

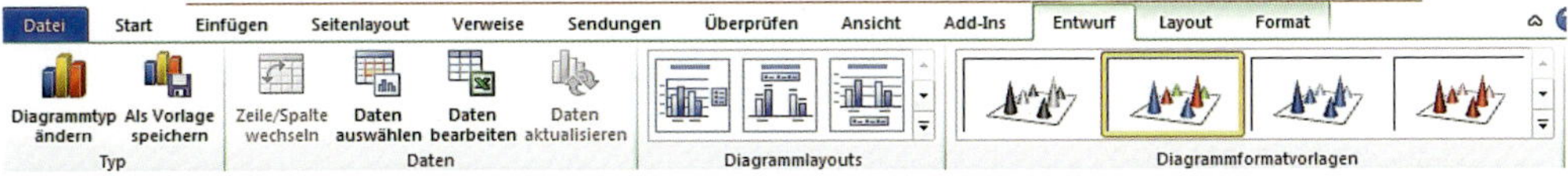

Unter „Entwurf" können der Diagrammtyp, die Diagrammdaten, das Diagrammlayout und die Diagrammvorlage geändert werden.

Inhalt der Registerkarte „Layout"

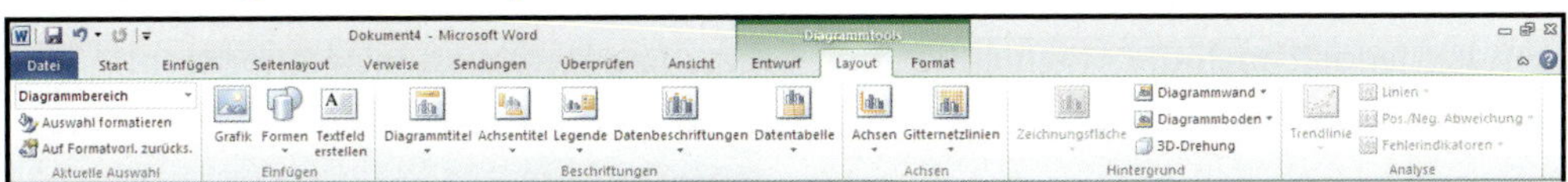

Unter „Layout" sind alle Befehle angeordnet, die sich auf das Layout des Diagramms beziehen. Innerhalb des Diagramms können z. B. Grafiken, Texte oder Bilder eingefügt sowie Beschriftungen verändert werden.

Inhalt der Registerkarte „Format“

Unter „Format“ sind alle Befehle angeordnet, die zu den Formatierungen des Diagramms gehören, wie Fülleffekte, Formkonturen, Formeffekte, usw.
Mit dem **Symbol „Anordnen“** kann das Diagramm **beliebig platziert** werden (z. B. vor bzw. hinter oder neben den Text).

1.6 Rechtschreibung und Grammatik prüfen

In der heutigen Zeit ist es unumgänglich, eine Vielzahl von Briefen, Berichten, Protokollen usw. zu schreiben. Dabei sollten alle Dokumente grundsätzlich fehlerfrei sein.

Word bietet zur Überprüfung von Dokumenten die „Rechtschreib- und Grammatikprüfung“ an.

Schritt 1
Registerkarte „Überprüfen“ – **Rechtschreibung und Grammatik**
Automatisch wird der markierte Text überprüft und eventuelle Fehler werden angezeigt. Ist kein Fehler vorhanden, erscheint die Meldung:
Rechtschreibprüfung abgeschlossen.

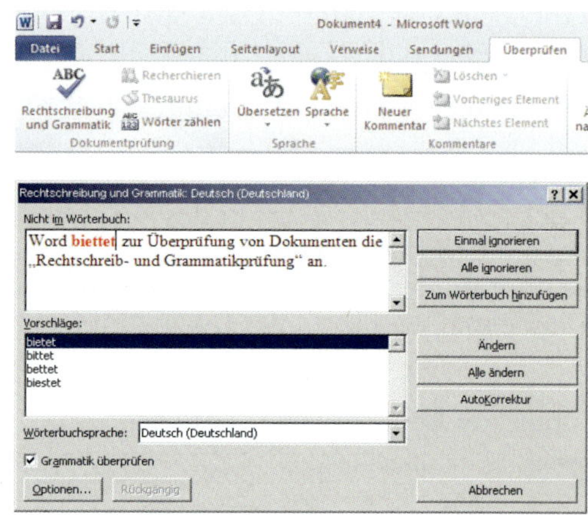

Schritt 2
Ist ein Fehler im Dokument vorhanden, öffnet sich folgendes Fenster:

Hier können Sie auswählen, welches Wort „gemeint“ ist, dann ersetzt Word das falsche Wort durch das neu ausgewählte:

Vorschlag anklicken – **Ändern** anklicken

Man hat jedoch auch die Möglichkeit, die vorgeschlagenen Wörter zu ignorieren:

Einmal ignorieren anklicken

Ist die Rechtschreibprüfung am Ende des Textes angelangt, erscheint das Fenster:
Die Rechtschreib- und Grammatikprüfung ist abgeschlossen.

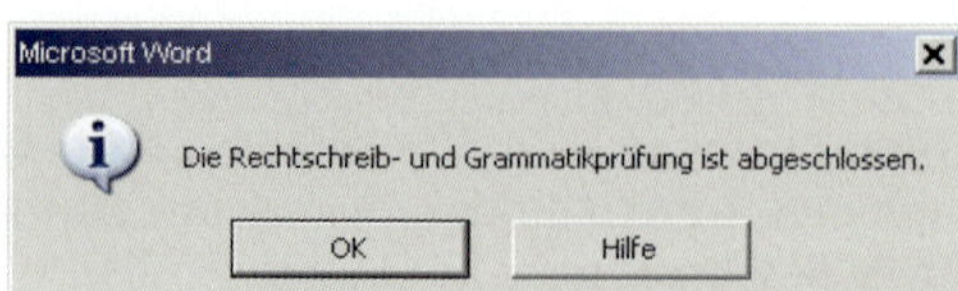

1.7 Hyperlinks einfügen (mit Textmarke)

Schritt 1
Text erfassen, der später verlinkt werden soll, Text formatieren und speichern.

Schritt 2
Hyperlinktext erfassen. Textmarken definieren über:

Einfügen – **Textmarke** – Text **markieren**, der als Textmarke gesetzt werden soll – **Name** vergeben – **hinzufügen**

Das Fenster schließt sich automatisch.

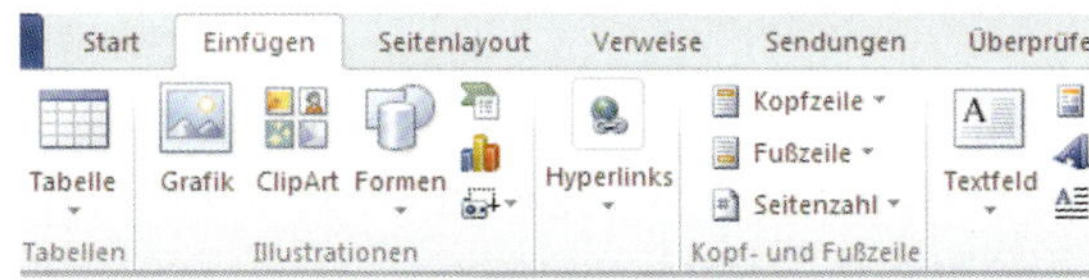

Schritt 3
Verlinkung erstellen! Über:

Einfügen – **Hyperlink** – **Datei oder Webseite** anklicken – **Textmarke** anklicken

Hier erscheinen die Wörter, die im „Dokument 2" als Textmarkennamen vergeben wurden.

Auswählen – **OK**

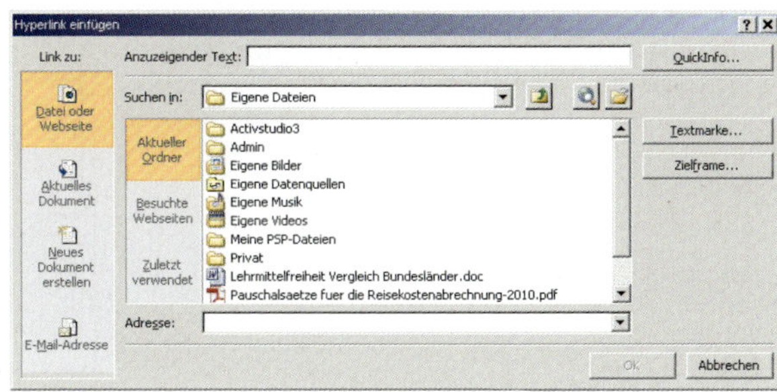

Merksatz
Achtung: Dokumente speichern und das zu verlinkende Dokument vor dem Verlinken schließen!

1.8 Kopfzeile und Fußzeile

Hat ein Dokument mehrere Seiten, bietet sich das Einfügen einer Kopf- oder Fußzeile an. In der Kopf- oder Fußzeile kann z. B. der Firmenkopf in eine Vorlage integriert werden, es können Dateinamen, Seitenangaben, der eigene Name o. Ä. eingefügt werden.

Die Kopfzeile steht immer am Dokumentanfang, die Fußzeile bildet immer den Abschluss eines Dokuments.

Schritt 1
Registerkarte „Einfügen" **Kopfzeile** (oder **Fußzeile**)

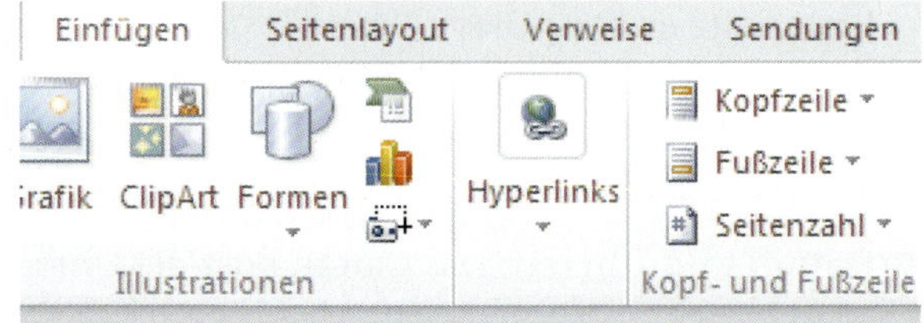

Schritt 2
Nun kann entschieden werden, welche Kopfzeile (oder Fußzeile) eingefügt werden soll:

Leer anklicken (als Beispiel)

Die Kopfzeile wird, mit einem blauen Strich gekennzeichnet, eingefügt.
Die entsprechenden Angaben können nun eingetragen werden.

Schritt 3
Automatisch werden die **Kopf- und Fußzeilentools** als zusätzliche Registerkarte eingeblendet (grün hinterlegt), mit dieser kann dann die Kopf- bzw. Fußzeile **bearbeitet** werden.

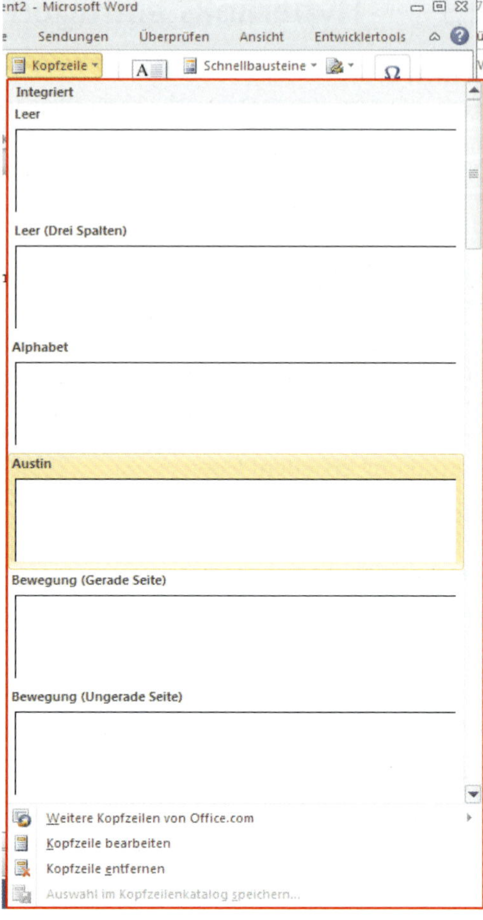

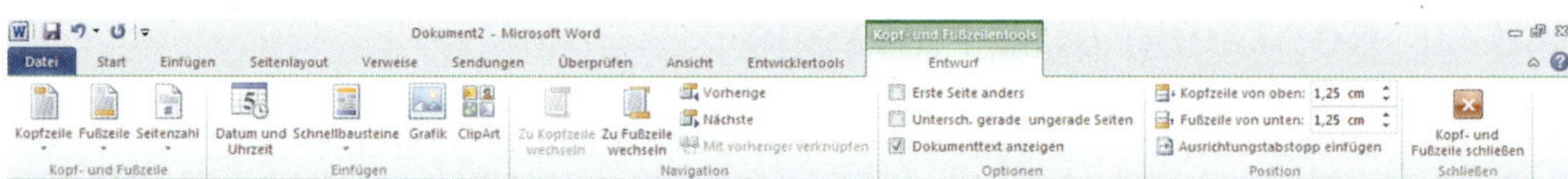

Inhalt der Registerkarte „Kopf- und Fußzeile“

- **Grafik/ClipArt**: Beim Anklicken dieser Symbole werden Grafiken bzw. ClipArts eingefügt.
- **Erste Seite anders**: Dieser Befehl bedeutet, dass auf der ersten Seite des Dokuments die Kopf- oder Fußzeile anders gestaltet ist als auf der zweiten Seite des Dokuments.
- **Vorherige/Nächste**: Mit diesem Befehl springt man zwischen verschiedenen Fußzeilen hin und her.
- **Datum und Uhrzeit**: Das Datum oder die Uhrzeit wird in die Kopf- bzw. Fußzeile eingefügt.

Schritt 4: Formatieren der Seitenzahlen nach DIN

Seitenzahl – gewünschte Platzierung der Seitenzahl **auswählen** – die Seitenzahl wird eingefügt

Zahl **markieren** – **Seitenzahl** – **Seitenzahl formatieren** – DIN-Format **auswählen** – **OK**

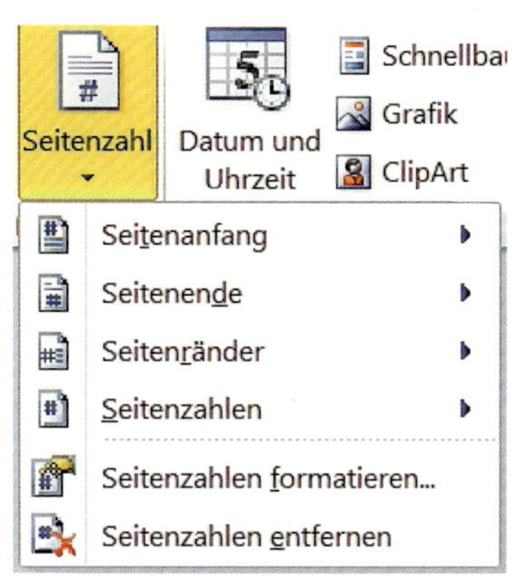

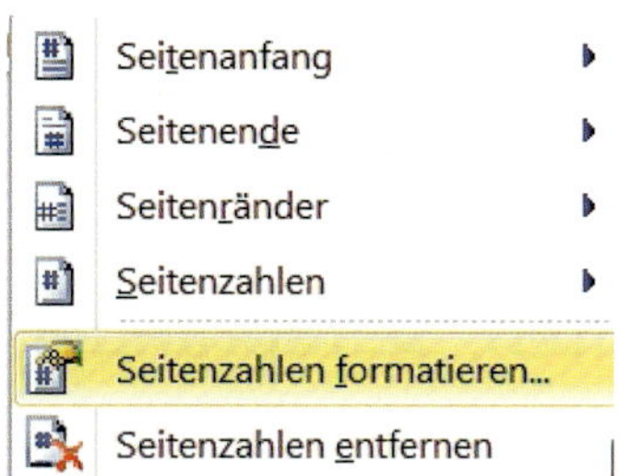

1.9 Rahmen und Schattierungen

Um Textstellen oder Überschriften hervorzuheben, bieten sich Rahmen oder Schattierungen an. Auch, um ein Blatt optisch zu verkleinern, sind Rahmen sehr sinnvoll.

Schritt 1
Registerkarte „Start“ – **Symbol für Rahmen** anklicken

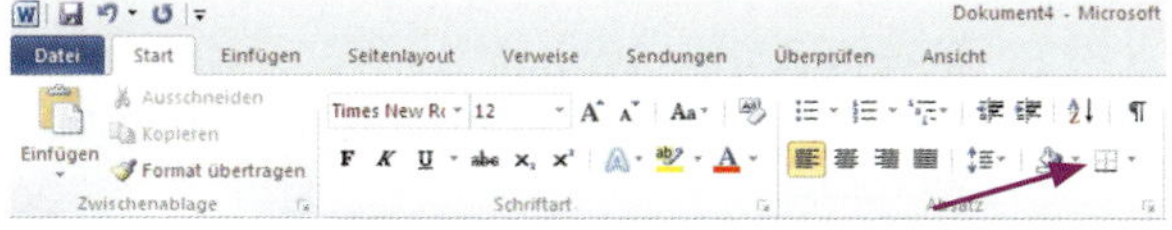

Schritt 2
Gewünschten **Rahmen aussuchen** *oder:*

Schritt 3
Rahmen und Schattierung anklicken

Das unten stehende Fenster mit drei Registerkarten öffnet sich. Sie können nun die gewünschten Einstellungen für Rahmen, Seitenrand und Schattierungen vornehmen. Mit – **OK** – wird das Ganze bestätigt und die Rahmen sind eingefügt.

Rahmenlinie unten
Rahmenlinie oben
Rahmenlinie links
Rahmenlinie rechts
Kein Rahmen
Alle Rahmenlinien
Rahmenlinien außen
Rahmenlinien innen
Innere horizontale Rahmenlinie
Innere vertikale Rahmenlinie
Rahmenlinien diagonal nach unten
Rahmenlinien diagonal nach oben
Horizontale Linie
Tabelle zeichnen
Rasterlinien anzeigen
Rahmen und Schattierung...

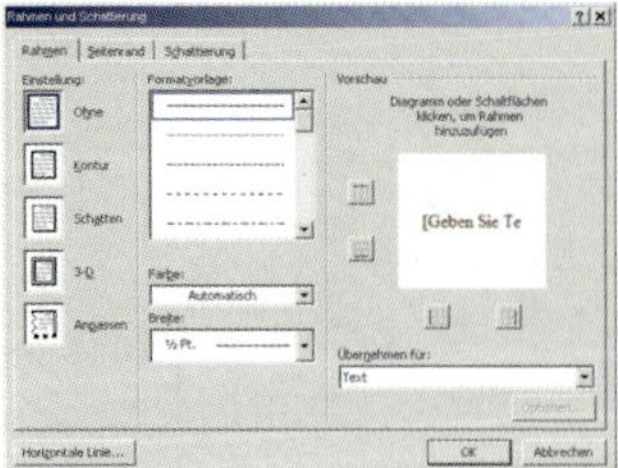

Registerkarte „Rahmen“

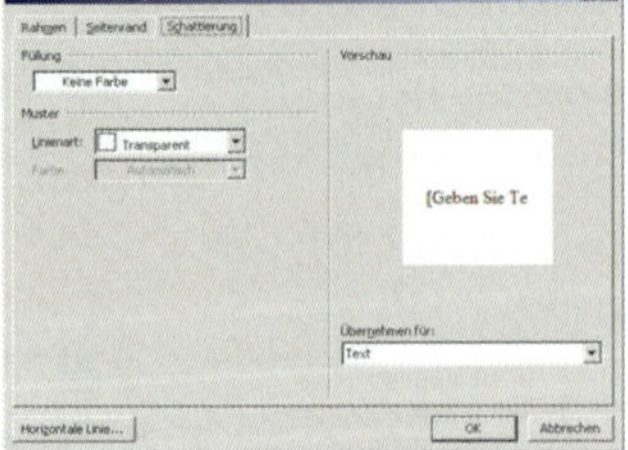

Registerkarte „Seitenrand“

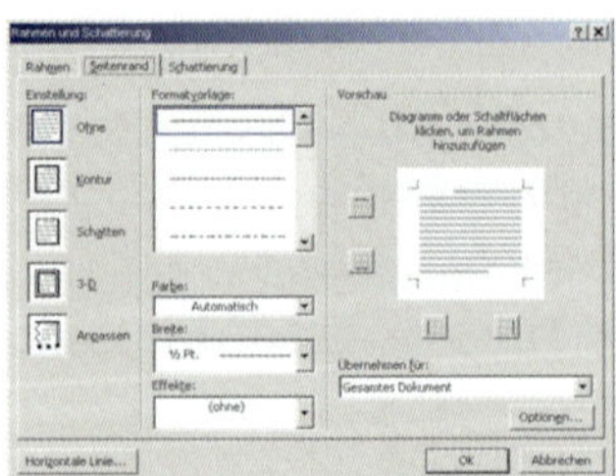

Registerkarte „Schattierung“

1.10 Dokumentformat (Seite einrichten, Seitenränder, Papierformate)

In manchen Fällen ist es sinnvoll, das Format eines Dokuments zu verändern. Zum Format einer Seite gehören die Seitenränder, die Ausrichtung (Hoch- oder Querformat) und die Seitengröße (z. B. A4 oder A5).

Schritt 1: Seite einrichten (Möglichkeit 1)
Registerkarte „Seitenlayout“ – Dialogfeld **Seite einrichten**
Hier können die vorgesehenen Änderungen vorgenommen werden.

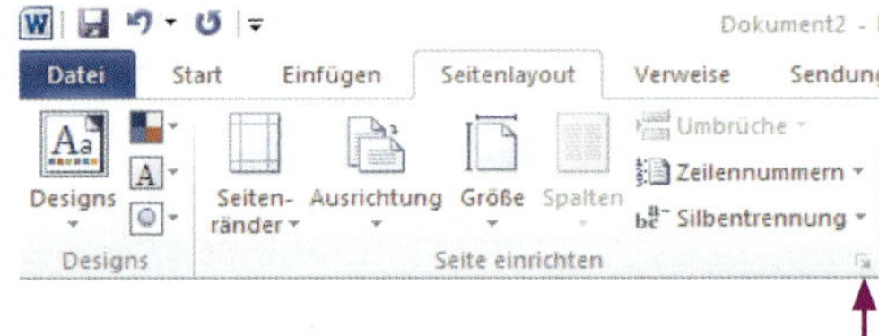

Inhalt des Fensters „Seite einrichten“

Registerkarte „**Seitenränder**“:
Hier können die Ränder sowie das Hoch- oder Querformat eingestellt werden.

Registerkarte „**Layout**“:
Hier können Einstellungen der Kopf- und Fußzeile vorgenommen werden.

Registerkarte „**Papier**“:
Hier kann u. a. das Papierformat eingestellt werden.

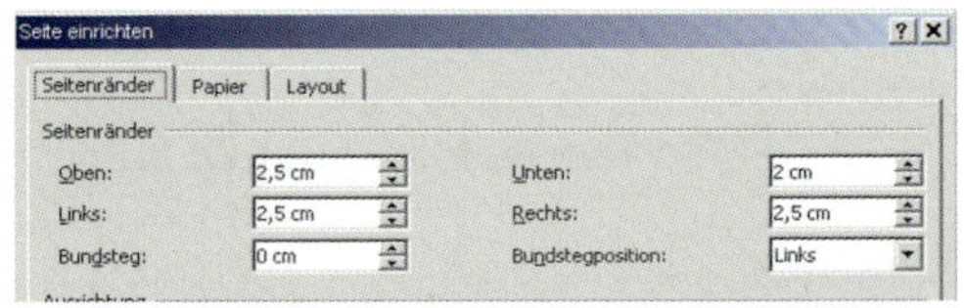

Schritt 2: Formatierung über die Symbolleiste (Möglichkeit 2)
Registerkarte „Seitenlayout“ – **Ausrichtung – Querformat** bzw. **Hochformat**

Registerkarte „Seitenlayout“ – **Seitenränder – benutzerdefinierte Seitenränder** – Einstellungen vornehmen – **OK**

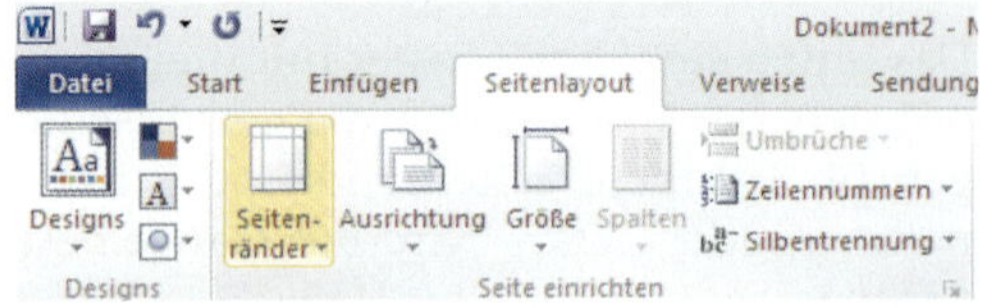

1.11 Seriendruck erstellen

Um an mehrere Empfänger einen einheitlichen Brief zu versenden, bietet Word die Funktion Seriendruck an. Im Vorfeld muss sowohl **der Brief**, der versendet werden soll, als auch **die Datenquelle mit den Adressen** erstellt werden. Hierbei ist wichtig, dass die Datenquelle in der Tabelle **ohne Leerzeichen hinter den einzelnen Eingaben** erstellt wird.

Schritt 1

Registerkarte „Sendungen" – **Seriendruck starten – Briefe**

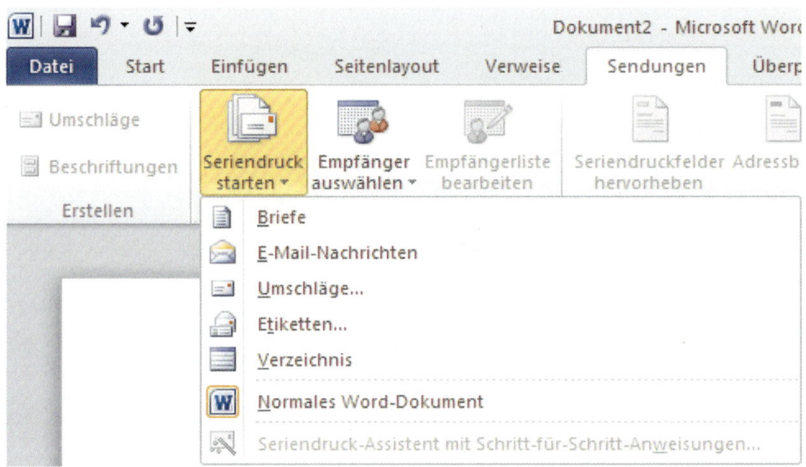

Schritt 2

Nach Anklicken des Befehls „Briefe" erscheint automatisch das Feld „Empfänger auswählen".

Empfänger auswählen – Vorhandene Liste verwenden

(da die Datenquelle bereits im Vorfeld erstellt und gespeichert wurde)

Datei suchen – **Einfügen**

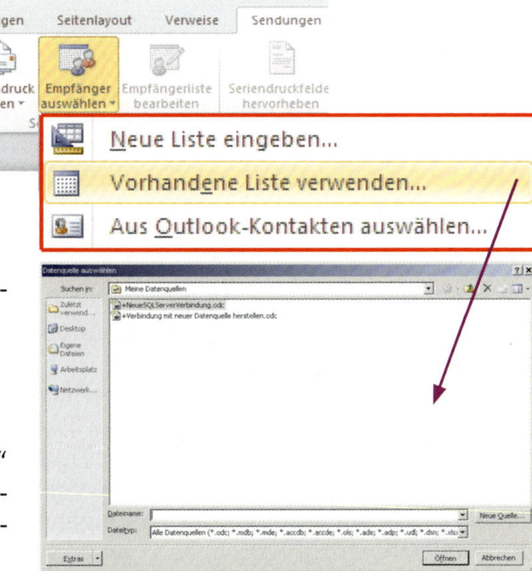

Schritt 3

Nachdem die Empfänger „eingebettet" wurden, wird automatisch die **Symbolleiste „Sendungen"** aktiviert und die benötigten Felder können eingefügt werden.

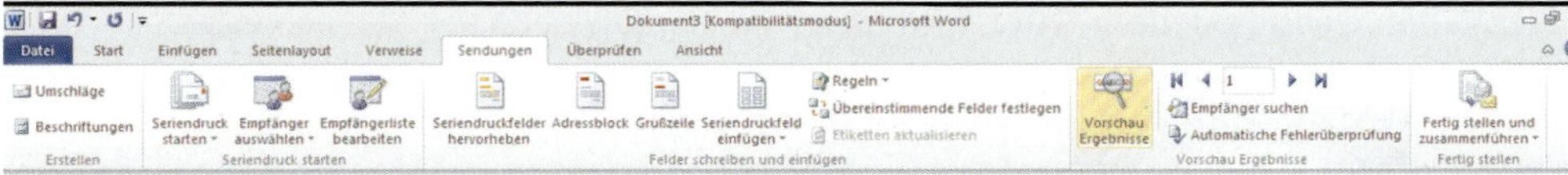

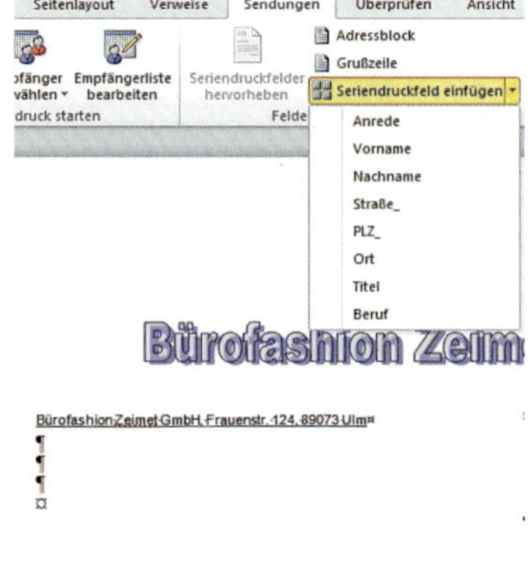

Adressblock einfügen: **Adressblock – an die Position im Adressblock stellen**, an der das Feld eingefügt werden soll – **Seriendruckfeld einfügen**

Automatisch erscheinen die Überschriften der eingebetteten Tabelle.

Gewünschte Felder **anklicken** – diese werden eingefügt.

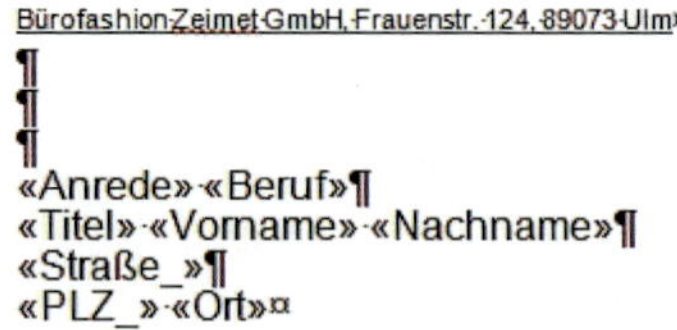

Schritt 4: Anrede
Wenn die Anrede „Frau“ lautet, dann soll „Sehr geehrte Frau“ im Serienbrief stehen, sonst soll „Sehr geehrter Herr“ im Serienbrief erscheinen.

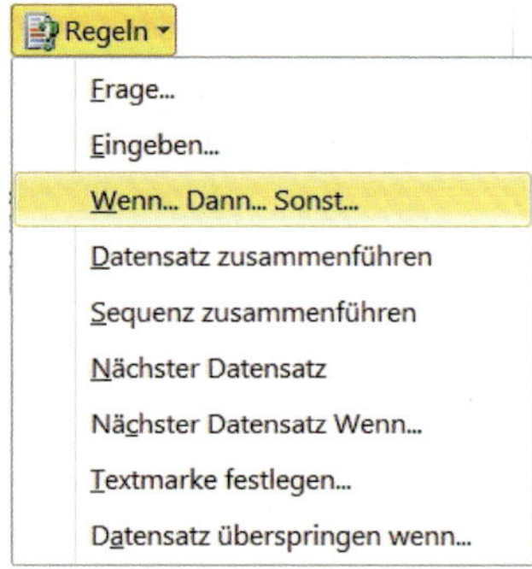

An die Position stellen, an der die „Anredeoption“ eingefügt werden soll – **Bedingungsfeld einfügen – Wenn... Dann... Sonst...**

Eingabe im **Bedingungsfeld einfügen: WENN**
Feldname: **Anrede**
Vergleich: **Gleich**
Vergleichen mit: **Frau**

Dann diesen Text einfügen: **Sehr geehrte Frau**

Sonst diesen Text einfügen: **Sehr geehrter Herr – OK**

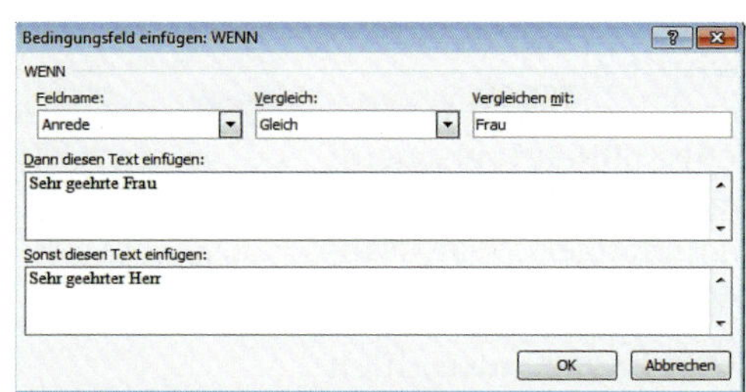

Schritt 5: Leerzeichen beim Einfügen von Titeln entfernen
Wenn Titel in einen Serienbrief eingefügt werden, verfügt nicht jeder Empfänger über einen Titel. Daher tauchen später im fertigen Serienbrief bei nicht vorhandenen Titeln überflüssige Leerzeichen vor den Namen dieser Empfänger auf. Um dies zu umgehen, ist ein **Bedingungsfeld** einzufügen.

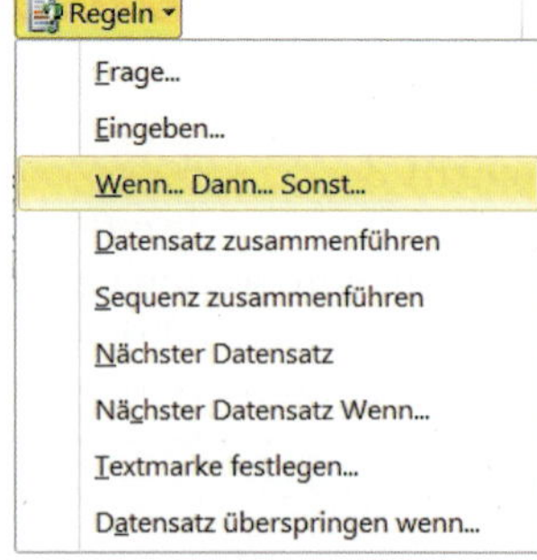

Leerzeichen zwischen dem Titel und dem Vornamen markieren (bzw. Leerzeichen, welches ein- bzw. ausgeblendet werden soll) – **Bedingungsfeld einfügen – Wenn... Dann... Sonst...**

Eingabe im **Bedingungsfeld einfügen: WENN**
Feldname: **Titel**
Vergleich: **Ist leer**
Vergleichen mit:

Dann diesen Text einfügen:

Sonst diesen Text einfügen: **Leerzeichen eingeben**

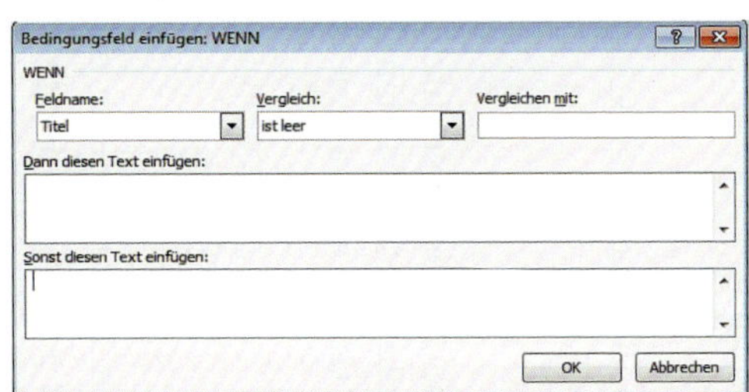

Schritt 6
Bevor die Briefe ausgedruckt werden, sollten sie (im Zuge der Wirtschaftlichkeit) nochmals gründlich auf Fehlerfreiheit geprüft werden!

Registerkarte „Sendungen" – **Vorschau Ergebnisse** – Ergebnisse anschauen und prüfen (mit den Pfeiltasten können die Briefe vor- und zurückgeblättert werden) – Sind alle Dokumente richtig? – **Fertig stellen und zusammenführen** aktivieren – nun entsprechenden Befehl **auswählen** (z. B. **Drucken**) – der Befehl wird ausgeführt.

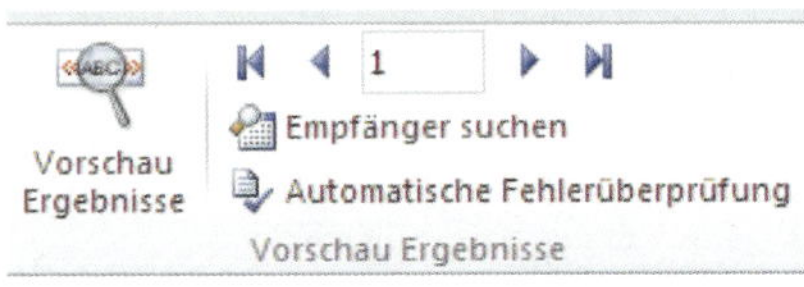

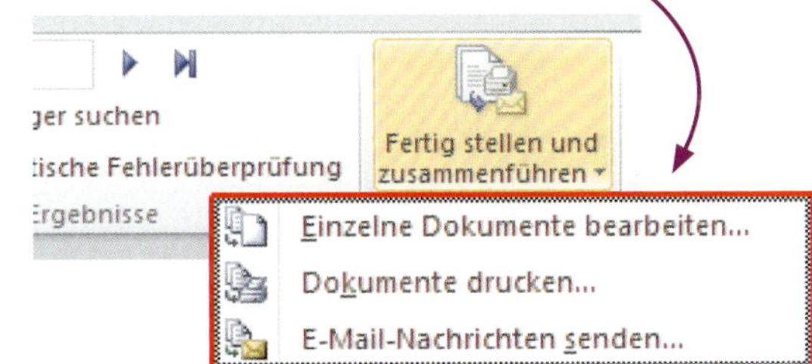

1.12 Silbentrennung

Bei langen Texten bietet es sich häufig an, eine Silbentrennung durchzuführen. Dies hat den Vorteil, dass lange Wörter, die oft nicht in eine Zeile passen, getrennt werden und die Seite dadurch optimal ausgenutzt wird.

Schritt 1
Text markieren – Registerkarte „Seitenlayout" – **Silbentrennung**

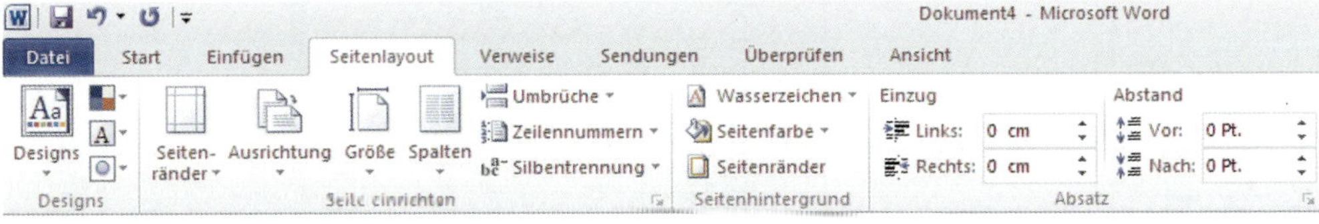

Beliebige Silbentrennung durchführen, wie **Automatisch** oder **Manuell**
Manuell bedeutet, dass jedes trennbare Wort vom Anwender einzeln auf die Trennung geprüft und bestätigt werden muss.

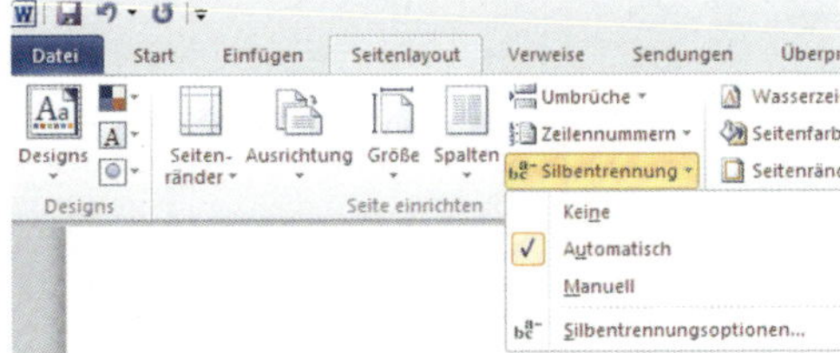

1.13 Infoblatt: Dreispaltiges Faltblatt

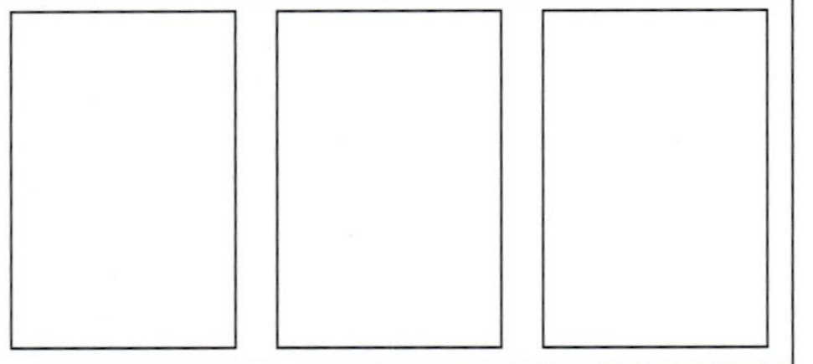

Ein dreispaltiges Faltblatt kann gut als Flyer, Einladung usw. verwendet werden.

Um dieses Blatt zu erstellen, müssen folgende Schritte durchgeführt werden:

Schritt 1
Papierformat im Querformat einrichten:
Seitenlayout – **Ausrichtung** – **Querformat**

Schritt 2
Seitenränder einstellen, alle auf 1 cm:
Seitenlayout – **Seitenränder** – **benutzerdefiniert** – Einstellungen vornehmen

Schritt 3
- Registerkarte „Seitenlayout" – **Spalten** – **weitere Spalten**
- Spaltenanzahl **auswählen**

Einstellungen

Schritt 4
Abstand zwischen den Spalten einstellen (doppelt so hoch wie die Seitenränder – hier im Beispiel 2 cm).

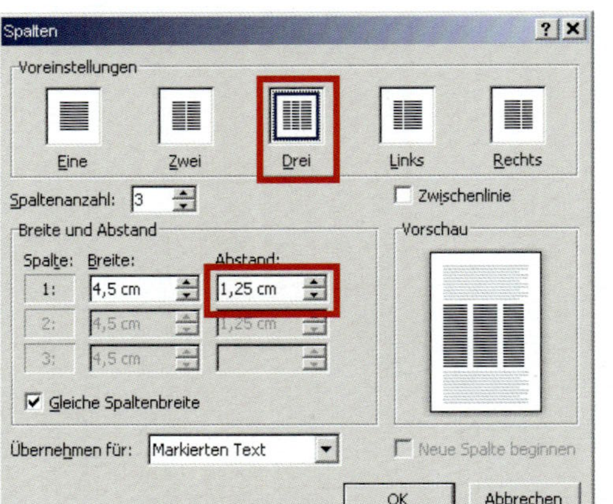

Schritt 5
Einfügen des Spaltenumbruchs, damit bequem in allen drei Spalten gearbeitet werden kann:
- Seitenlayout – **Umbrüche** – **Spalte** (jeweils für jede Spalte extra)
- Tastenkombination **Strg + Shift + Enter**

Einstellungen und Hinweise

Schritt 6
Nun kann der Text in die Spalten eingegeben werden.

Schritt 7
Einfügen von Grafiken, um den Flyer aufzulockern oder Inhalte bildlich darzustellen:
Einfügen – **Grafik** – Grafik **auswählen** – **einfügen**

Schritt 8
Grafik formatieren:
Grafik **anklicken** – im oberen Bereich erscheinen die Bildtools – diese **anklicken** – **Zeilenumbruch** – entsprechendes Layout **anklicken**

Hinweise:
- Alle Spalten sollten einheitlich gestaltet sein.
- Bei allen drei Spalten sollten Texte oder Grafiken am oberen bzw. unteren Rand gleich abschließen.
- Überschriften 1/3 größer als den restlichen Text gestalten.

1.14 Infoblatt: Vierspaltiges Faltblatt

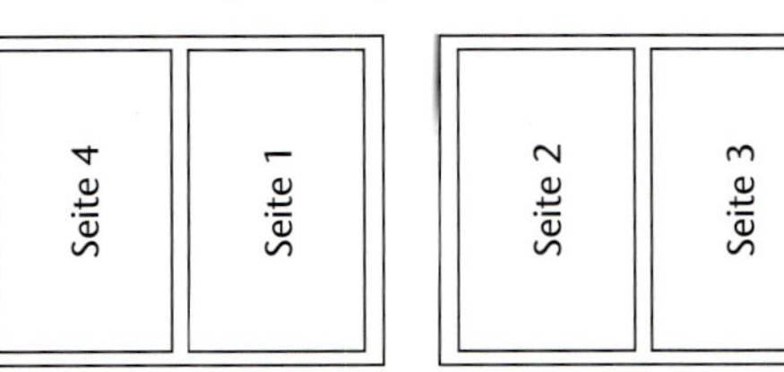

Um ein vierspaltiges Faltblatt zu erstellen, muss das A4-Format im Querformat eingerichtet werden, sodass jede Seite A5-Format hat. Die Teilung erfolgt über die zweispaltige Spaltenbearbeitung.

Um solche Faltblätter zu erstellen, müssen folgende Schritte durchgeführt werden:

Schritt 1

Papierformat im Querformat einrichten:
Seitenlayout – **Ausrichtung** – **Querformat**

Schritt 2

Seitenränder einstellen, alle auf 2 cm:
Seitenlayout – **Seitenränder** – **benutzerdefiniert** – Einstellungen vornehmen

Schritt 3

- Registerkarte „Seitenlayout" – Spalten – weitere Spalten
- Spaltenanzahl **auswählen**

Einstellungen

Schritt 4

Abstand zwischen den Spalten einstellen (doppelt so hoch wie die Seitenränder – hier im Beispiel 4 cm).

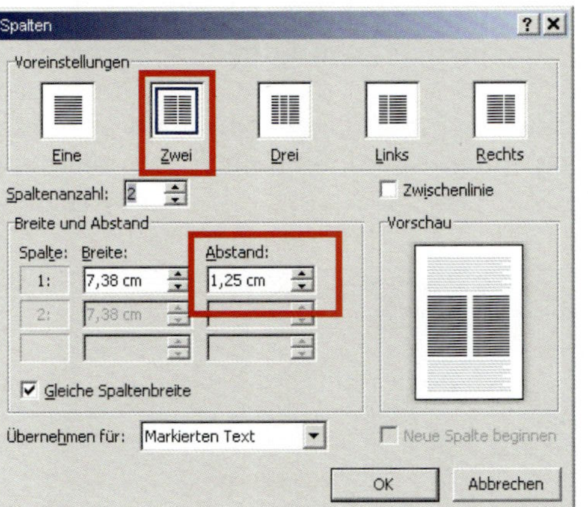

Schritt 5

Einfügen des Spaltenumbruchs, damit bequem in allen zwei Spalten gearbeitet werden kann:

- Seitenlayout – **Umbrüche** – **Spalte** (jeweils für jede Spalte extra)
- Tastenkombination **Strg + Shift + Enter**

Einstellungen und Hinweise

Schritt 6

Nun kann der Text in die Spalten eingegeben werden (auf die genaue Textposition achten!).

Schritt 7

Einfügen von Grafiken, um den Flyer aufzulockern oder Inhalte bildlich darzustellen:
Einfügen – **Grafik** – Grafik **auswählen** – **einfügen**

Schritt 8

Grafik formatieren:
Grafik **anklicken** – im oberen Bereich erscheinen die Bildtools – diese **anklicken** – **Zeilenumbruch** – entsprechendes Layout **anklicken**

Hinweise:

- Alle Spalten sollten einheitlich gestaltet sein.
- Bei allen drei Spalten sollten Texte oder Grafiken am oberen bzw. unteren Rand gleich abschließen.
- Überschriften 1/3 größer als den restlichen Text gestalten.

1.15 Infoblatt: Doppelseitiges Faltblatt (Vorderseite und Rückseite mit jeweils 3 Spalten)

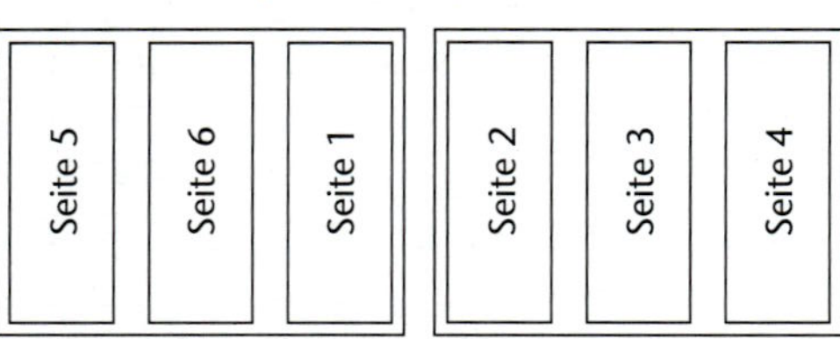

Um ein sechsspaltiges Faltblatt zu erstellen, muss zunächst das A4-Format im Querformat eingerichtet werden, dann müssen drei Spalten eingefügt werden.

Um solche Faltblätter zu erstellen, sind folgende Schritte durchzuführen:

Schritt 1
Papierformat im Querformat einrichten:
Seitenlayout – **Ausrichtung** – **Querformat**

Schritt 2
Seitenränder einstellen, alle auf 1 cm:
Seitenlayout – **Seitenränder** – **benutzerdefiniert** – Einstellungen vornehmen

Schritt 3
- Registerkarte „Seitenlayout" – **Spalten** – **weitere Spalten**
- Spaltenanzahl **auswählen**

Einstellungen

Schritt 4
Abstand zwischen den Spalten einstellen (doppelt so hoch wie die Seitenränder – hier im Beispiel 2 cm).

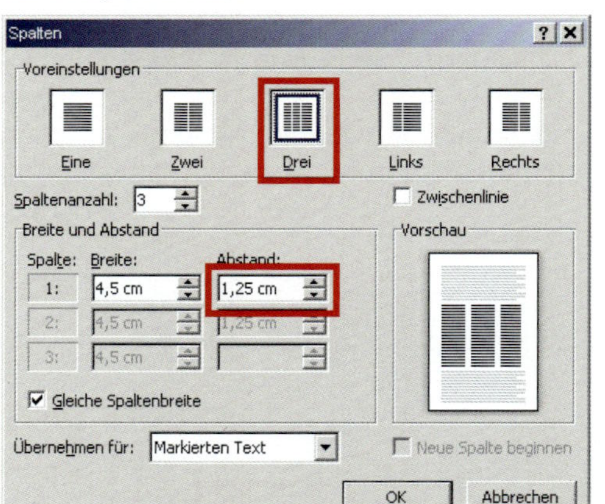

Schritt 5
Einfügen des Spaltenumbruchs, damit bequem in allen drei Spalten gearbeitet werden kann:
- Seitenlayout – **Umbrüche** – **Spalte** (jeweils für jede Spalte extra)
- Tastenkombination **Strg + Shift + Enter**

Einstellungen und Hinweise

Schritt 6
Nun kann der Text in die Spalten eingegeben werden.

Schritt 7
Einfügen von Grafiken, um den Flyer aufzulockern oder Inhalte bildlich darzustellen:
Einfügen – **Grafik** – Grafik **auswählen** – **einfügen**

Schritt 8
Grafik formatieren:
Grafik **anklicken** – im oberen Bereich erscheinen die Bildtools – diese **anklicken** – **Zeilenumbruch** – entsprechendes Layout **anklicken**

Hinweise:
- Alle Spalten sollten einheitlich gestaltet sein.
- Bei allen drei Spalten sollten Texte oder Grafiken am oberen bzw. unteren Rand gleich abschließen.
- Überschriften 1/3 größer als den restlichen Text gestalten.

1.16 Tabellen

Um Daten übersichtlich darzustellen, bieten sich Tabellen in Word an.

Schritt 1
Unter der
Menüleiste „Einfügen" – **Tabelle**
öffnet sich das nebenstehende Fenster.

Nun kann man *entweder* die **Tabelleneinheiten markieren** und die Tabelle wird eingefügt, *oder*

man kann den Befehl **Tabelle einfügen...** anklicken und das unten stehende Fenster öffnet sich.

Tabelle einfügen
Tabelle einfügen...
Tabelle zeichnen
Text in Tabelle umwandeln...
Excel-Kalkulationstabelle
Schnelltabellen

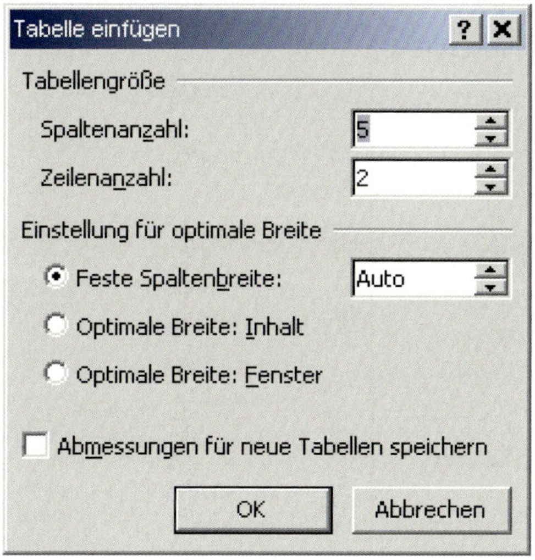

Tabelle einfügen
Tabellengröße
Spaltenanzahl: 5
Zeilenanzahl: 2
Einstellung für optimale Breite
Feste Spaltenbreite: Auto
Optimale Breite: Inhalt
Optimale Breite: Fenster
Abmessungen für neue Tabellen speichern
OK Abbrechen

Hier können ebenfalls **die Tabellengröße** sowie die **Einstellungen für die optimale Breite** festgelegt werden.

Möchte man eine **Tabelle zeichnen**, kann dies ebenfalls einfach durchgeführt werden. Hierzu muss im obigen Fenster anstelle des Befehls „Tabelle einfügen..." der Befehl **Tabelle zeichnen** aktiviert werden.
Automatisch erscheint nun ein Stift, mit dem die Tabelle gezeichnet werden kann.

Schritt 2: Tabelle formatieren
Wurde eine Tabelle in ein Dokument eingefügt, erscheint die **Registerkarte „Tabellentools"** (gelb hinterlegt).

Inhalt der Registerkarte „Tabellentools – Entwurf"

Unter den Tabellentools „Entwurf“ sind viele Symbole angeordnet, mit denen die Tabelle **formatiert und verändert** werden kann. Weiterhin können Tabellenvorlagen verwendet werden oder einzelne Linien, die in einer Tabelle nicht benötigt werden, mithilfe des „Radiergummis“ ausradiert werden.

Inhalt der Registerkarte „Tabellentools – Layout“

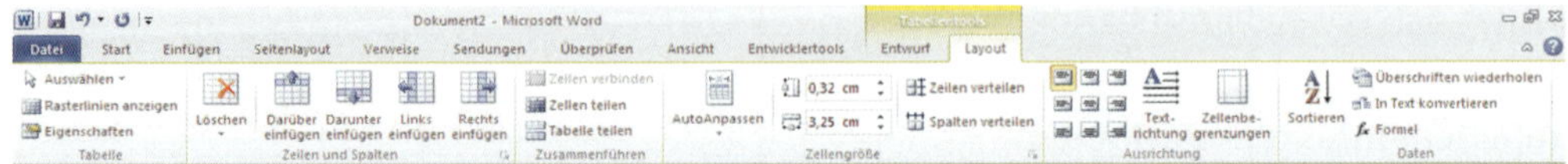

Unter den Tabellentools „Layout“ lassen sich die verschiedenen **Tabelleneigenschaften** einstellen, wie z. B. die Ausrichtung, Zellen teilen, einfügen, usw.

Schritt 3
Sollen eine Tabelle, einzelne Zellen, Zeilen oder Spalten **gelöscht** werden, geht man folgendermaßen vor:

Tabelle **markieren** – rechte Maustaste – **Tabelle löschen** – *oder:*

diejenige Spalte bzw. Zeile **markieren**, *vor* welcher eine Zeile oder Spalte eingefügt wird – rechte Maustaste – **Zellen einfügen**

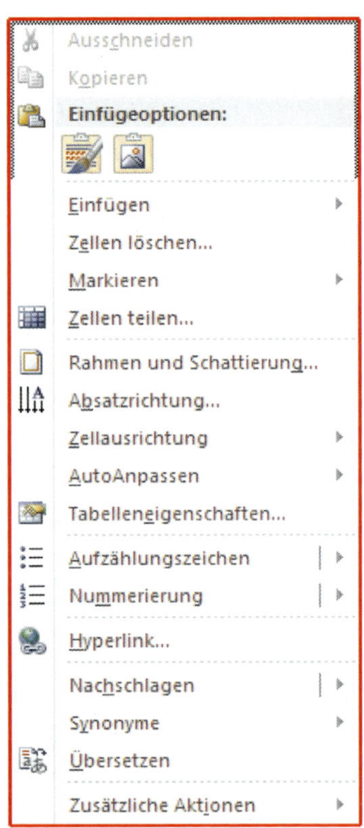

Schritt 4
Wenn mit Tabellen gearbeitet wird, ist die DIN für Tabellen einzuhalten. Diese schreibt Folgendes vor:

Auszug aus der DIN 5008

Positionierung
Tabellen sollten einschließlich ihres Rahmens innerhalb der Seitenränder stehen. Tabellen sollten zentriert zwischen den Seitenrändern ausgerichtet werden. Tabellen sind mit einem angemessenen Abstand – mindestens eine Leerzeile – vom vorangehenden und zum nachfolgenden Text anzuordnen. Eine Tabelle soll vollständig auf einer Seite stehen. Ist dies nicht möglich, muss der Tabellenkopf auf der Folgeseite wiederholt werden.

Überschrift
Jede Tabelle hat eine Überschrift. Sie darf auch in den Tabellenkopf integriert sein. Auf die Überschrift darf verzichtet werden, wenn der Inhalt der Tabelle aus dem vorangehenden Text hervorgeht.

Tabellenkopf und Vorspalte
Der Tabellenkopf enthält alle Spaltenbezeichnungen und bei Bedarf eine Kopfbezeichnung. Die Vorspalte einer Tabelle enthält die Vorspaltenbezeichnung und alle Zeilenbe-

zeichnungen. Tabellenköpfe sind durch waagerechte oder senkrechte Trennungslinien übersichtlich zu gliedern. Die Spaltenbeschriftungen im Tabellenkopf sollten zentriert werden. Die Vorspalte sollte linksbündig beschriftet werden. (...)

Felder
(...) Texte in Feldern sollten linksbündig, Zahlen in Feldern rechtsbündig ausgerichtet werden.

Vorgehensweise in Word
Unter den **Tabelleneigenschaften** finden sich alle wichtigen Einstellungen, die für die Einhaltung der DIN benötigt werden.

Rechte Maustaste – **Tabelleneigenschaften** – Registerkarte **Tabelle** – Einstellung der Tabelle als: **Zentriert** – Registerkarte **Zelle** – Einrichtung des Textes in der Zelle: **Zentriert**

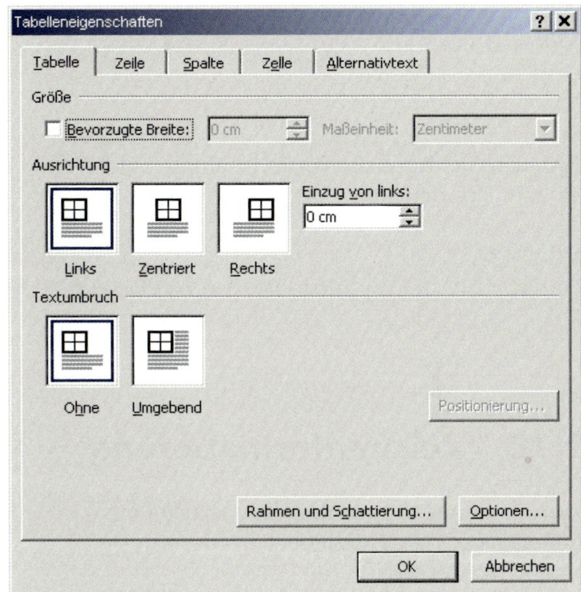

1.17 Visitenkarten

Schritt 1
Öffnen Sie ein neues **Word-Dokument**

Schritt 2
Registerkarte „Sendungen" – **Beschriftungen – Etiketten – Optionen**

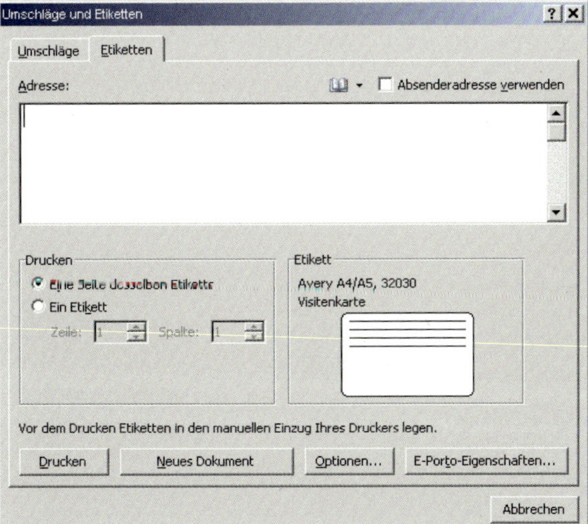

Schritt 3
Etiketten einrichten:
Eingabefach **ändern** in: **Automatische Quellenauswahl**
Etikettenhersteller **ändern** in: **Avery A4/A5**
Etikettennummer **ändern** in: **32030**
bestätigen mit **OK**

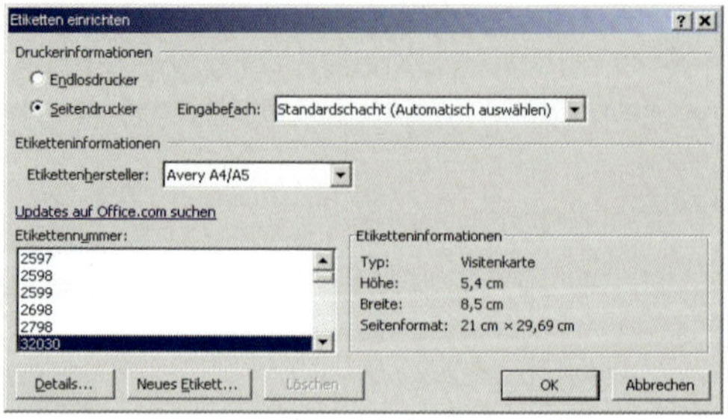

Schritt 4
Neues Dokument – ein leeres Raster wird eingefügt

Schritt 5
Erstellen Sie die Visitenkarte in einem Feld. Wird eine Grafik eingefügt, muss diese beim Layout „vor den Text" formatiert werden.

Schritt 6
Fertige Visitenkarte **markieren** – „Sendungen" – **Beschriftungen** – **Neues Dokument** – **OK**

1.18 Zeichenformatierung

Um Dokumente anschaulich darzustellen, bietet Word verschiedene Formatierungsmöglichkeiten an.

Schritt 1
Zu formatierenden Text **markieren** – rechte Maustaste – gewünschte **Formatierung auswählen** (*hier:* **Schriftart**)

Nun öffnet sich ein Fenster mit zwei Registerkarten.

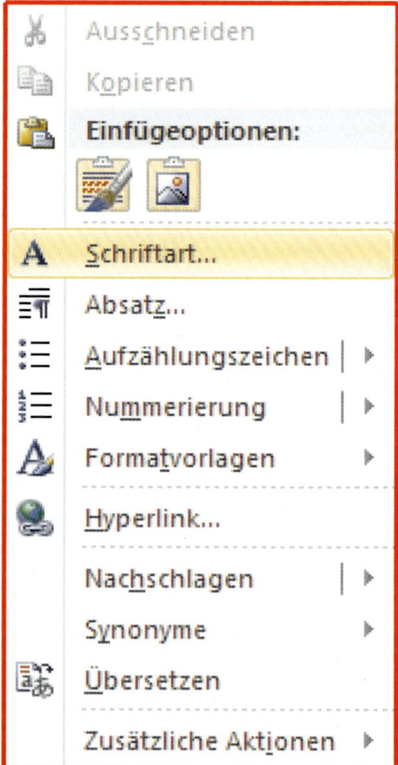

Schritt 2

In der **Registerkarte „Schriftart"** können die Schriftart sowie die Größe und die Zeichenformatierung geändert werden.

In der **Registerkarte „Erweitert"** können der Zeichenabstand, eine Skalierung usw. eingestellt werden.

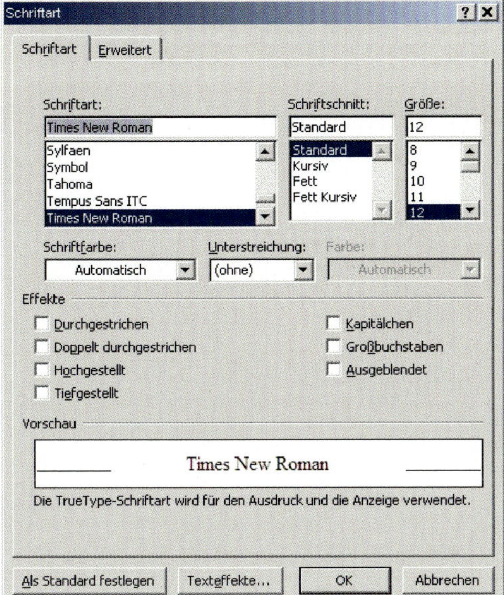

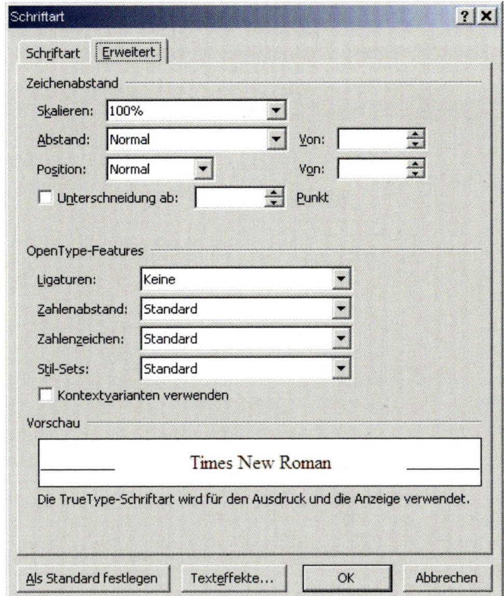

1.19 Zeilenabstand

Bei langen und komplizierten Texten ist es meist sinnvoll, den Zeilenabstand zu verändern. Dadurch verbessert sich der Lesefluss und die Augen sind entspannter.

Schritt 1

Text **markieren** – rechte Maustaste – **Absatz**

Nun öffnet sich ein Fenster mit zwei Registerkarten.

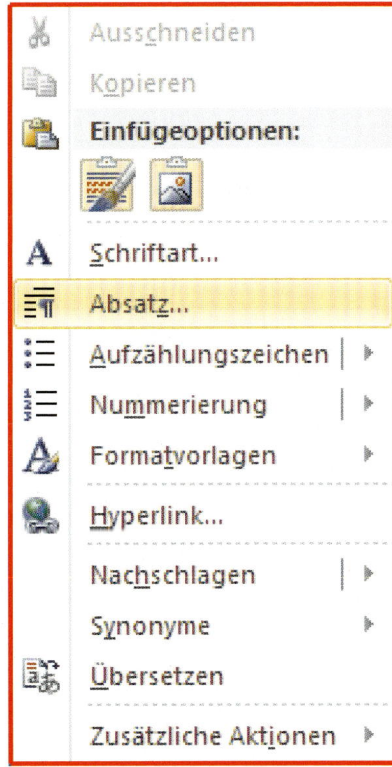

Schritt 2

In der **Registerkarte „Einzüge und Abstände“** können die Einzüge des Textes verändert werden. Weiterhin hat man die Möglichkeit, den Abstand vor bzw. nach dem Text zu vergrößern. Auch der Zeilenabstand kann verändert werden.

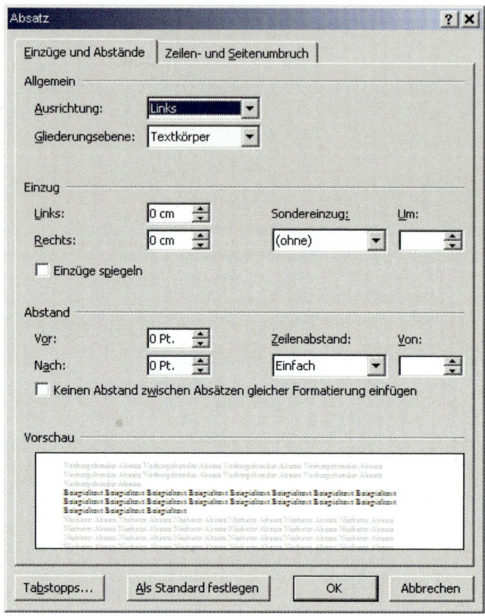

In der **Registerkarte „Zeilen- und Seitenumbruch“** können die Umbrüche verändert werden. Auch Tabstopps können hier festgelegt werden.

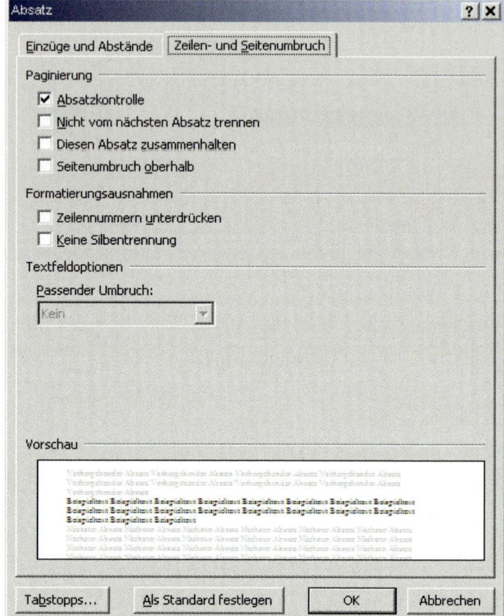

2 Excel

Bei dem Programm Excel handelt es sich um ein **Tabellenkalkulationsprogramm**, welches es ermöglicht, schnell und einfach Tabellen zu erstellen und diese auszuwerten, Informationen grafisch darzustellen, usw. Durch die **Eingabe von Formeln** können in Excel (wie mit einem Taschenrechner) **Berechnungen durchgeführt** werden und verschiedene Kriterien bei der Lösungsfindung berücksichtigt werden (z. B. Wenn-Dann-Funktion).

Weniger geeignet ist Excel für den Bereich Schriftverkehr. Es ist zwar möglich, Text in Zellen zu erfassen und zu formatieren, das Einhalten von verschiedenen DIN-Regeln (z. B. DIN 5008) kann in Excel jedoch nicht gewährleistet werden. Vielmehr wird dieses Programm in Bereichen wie **Statistik und Buchhaltung** eingesetzt.

Anwendungsbeispiele für Excel sind: Führen der Urlaubsstatistik von Mitarbeiterinnen und Mitarbeitern, Führen des Kassenbuches, Verwalten von Ein- und Ausgaben.

2.1 Registerkartenerklärung

Der **Aufbau von Excel 2010** hat eine etwas andere Gestaltung als Excel 2003. Einige Elemente des Programms Excel 2003 finden sich jedoch auch in Excel 2010 wieder (z. B. Fenster, die geöffnet werden).

Der **Bildschirmaufbau in Excel 2010** sieht wie folgt aus:

Registerkarte	Inhalte	Erklärung
Datei	Drucken Öffnen Optionen Schließen Speichern Speichern unter	Unter dem Befehl „Optionen" können Einstellungen wie Menüband anpassen, Druckoptionen usw. vorgenommen werden.

Registerkarte	Inhalte	Erklärung
Start	Aus- und Einblenden der Nullstellen Ausrichtung am oberen bzw. unteren Blattrand oder zentriert, Schriftgröße und Schriftart sowie Schriftfarbe Einblenden der Steuerzeichen Einzüge ändern Fett, Kursiv, Unterstrichen Format übertragen (Pinsel), Formate (Währung, Prozent, usw.) Linksbündig, Zentriert, Rechtsbündig (zwischen dem linken bzw. rechten Blattrand) Rahmen und Schattierungen Sortieren und Filtern Tabellenvorlagen Zellen verbinden und zentrieren Zellenformatvorlagen	In der Registerkarte „Start" verstecken sich alle Symbole, die zur Formatierung einer Arbeitsmappe gehören.
Einfügen	ClipArt Datenschnitt einfügen (zum interaktiven Filtern von Daten) Diagramme mit verschiedenen Auswahlmöglichkeiten Formen Grafik Hyperlink Kopf- und Fußzeile Screenshot Seitenumbruch Tabelle WordArt	In der Registerkarte „Einfügen" befinden sich alle Symbole, die für das Einfügen von verschiedenen Elementen in ein Dokument benötigt werden.
Seitenlayout	Ausrichtung (Hoch- oder Querformat) Druckbereich Gitternetzlinien Größe Hintergrund Höhe/Breite der Zellen Seitenränder Überschriften	In der Registerkarte „Seitenlayout" befinden sich alle Symbole, die das Layout (Aussehen) eines Dokumentes betreffen.

Registerkarte	Inhalte	Erklärung
Formeln	AutoSumme Berechnungsoptionen Datum und Uhrzeit Formeln einblenden fx = Formelassistent Namen definieren mit Manager für Namen Spur zum Nachfolger Spur zum Vorgänger Text Überwachungsfenster Zuletzt verwendete Befehle	In der Registerkarte „Formeln" sind alle Symbole hinterlegt, die für Berechnungen oder automatisches Einfügen von Befehlen notwendig sind (auch Einblenden der Formeln, Anzeigen von Datum und Uhrzeit als Feldfunktion, usw.).
Daten	Alle aktualisieren Duplikate entfernen Externe Daten abrufen Filtern Gruppieren Sortieren Text in Spalten Verbindungen	In der Registerkarte „Daten" sind alle Befehle hinterlegt, die zur Bearbeitung von Daten gehören. Beispielsweise können auch externe Daten nach Excel importiert werden.
Überprüfen	Änderungen nachverfolgen Arbeitsmappe freigeben Arbeitsmappe schützen Blatt schützen Blattschutz aufheben Kommentare (einfügen, bearbeiten, …) Recherchieren Rechtschreibung Thesaurus Übersetzen	In der Registerkarte „Überprüfen" sind alle Symbole hinterlegt, die für die Überprüfung von Daten im Dokument benötigt werden.
Ansicht	100%-Ansicht der Seite, Zoom Anzeigen Aufgabenbereich speichern Benutzerdefinierte Ansichten Fenster anordnen Fenster einfrieren Ganzer Bildschirm Makros Neues Fenster Normal Seitenlayout Umbruchvorschau	In der Registerkarte „Ansicht" befinden sich alle Befehle, die für die Ansicht eines Dokuments wichtig sind.

Registerkarte	Inhalte	Erklärung
Entwickler-tools	Code anzeigen Dialogfeld ausführen Eigenschaften Importieren Makros Quelle (XML-Verknüpfung erstellen und zuordnen) Symbole für das Erstellen eines Online-formulars Verwendete Add-Ins verwalten (anzeigen)	Die Registerkarte „Entwicklertools" kann eingefügt werden über: **Datei – Optionen – Menüband anpassen** Entwicklertools werden z. B. benötigt, um Formularfelder oder Makros zu erstellen.
Add-Ins	Bluetooth	In der Registerkarte „Add-Ins" versteckt sich der Befehl, der es ermöglicht, via Bluetooth eine Kopie des Dokuments zu versenden. Der Empfänger muss jedoch seine Bluetoothverbindung auf „sichtbar" einstellen, damit die Daten übertragen werden können.

Registerkarte „Start"

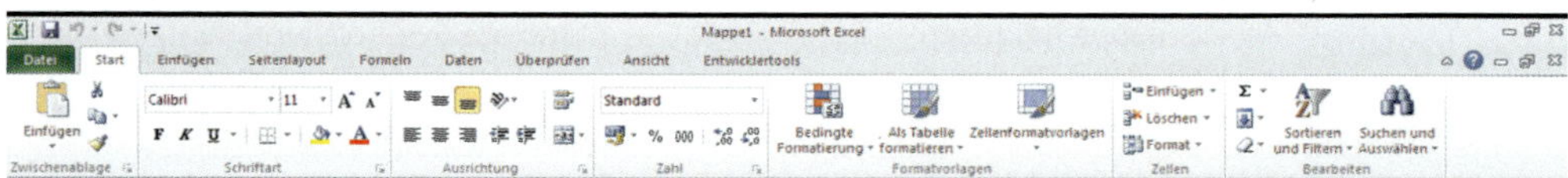

Registerkarte „Einfügen"

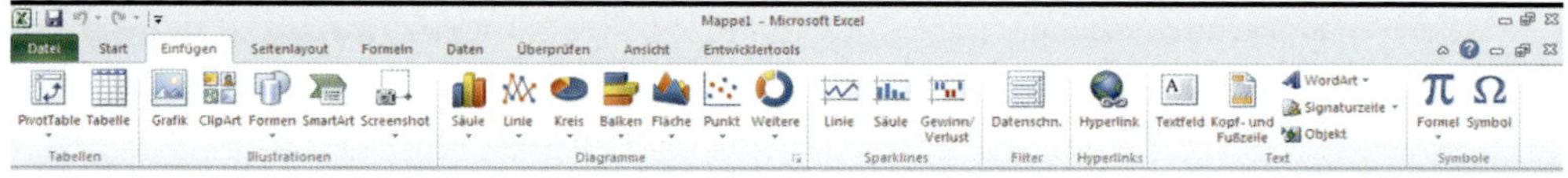

Registerkarte „Seitenlayout"

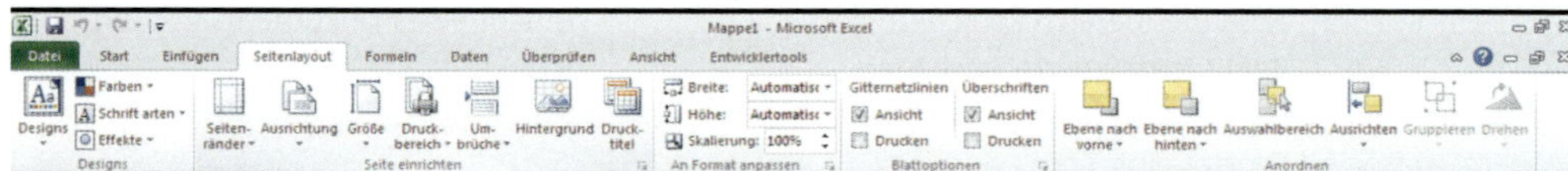

Registerkarte „Formeln"

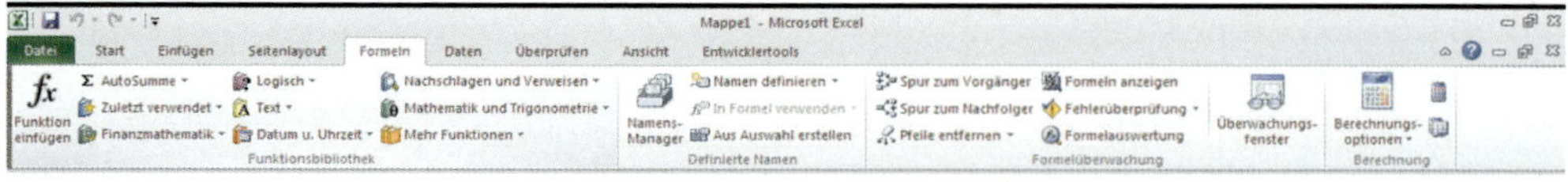

Registerkarte „Daten"

Registerkarte „Überprüfen“

Registerkarte „Ansicht“

Registerkarte „Entwicklertools“

Registerkarte „Add-Ins“

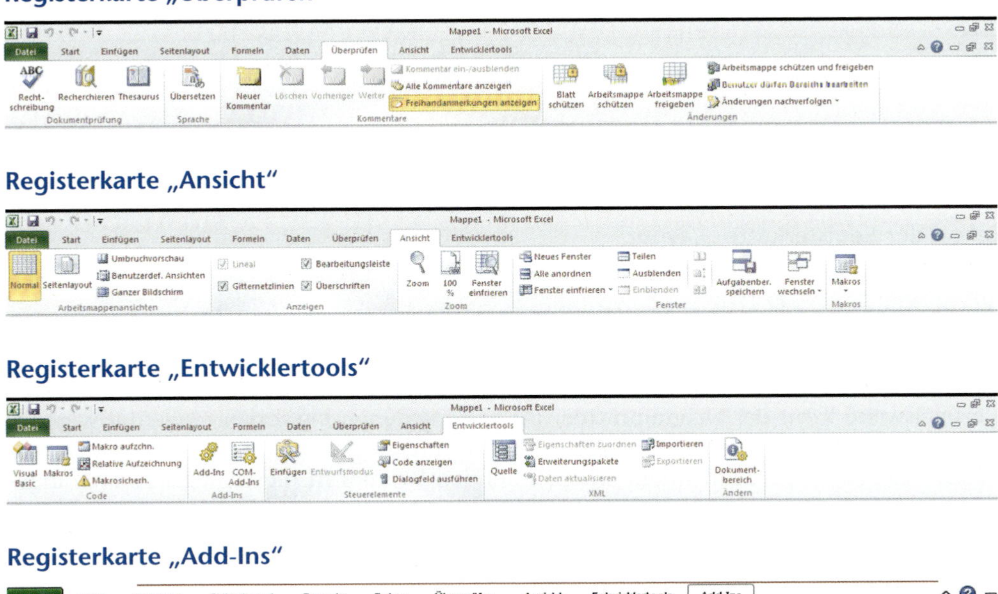

2.2 Diagramme

Mit Diagrammen können Daten anschaulich und übersichtlich dargestellt werden. Wichtig ist, dass man sich im Vorfeld überlegt, **welche Daten** dargestellt werden sollen. Nur so ist gewährleistet, dass die Diagrammerstellung in Excel richtig funktioniert.

Schritt 1

Daten markieren, aus denen das Diagramm erstellt werden soll – Registerkarte „Einfügen“ – beliebiges **Diagramm auswählen** – Diagramm wird eingefügt.

Schritt 2

Das Diagramm wird eingefügt. Sie können nun die Formatierung vornehmen,

entweder:

Rechte Maustaste – entsprechende Beschreibung, die geändert werden soll, **anklicken – Formatierungen vornehmen**

oder:

in den **Diagrammtools** das Diagramm entsprechend formatieren

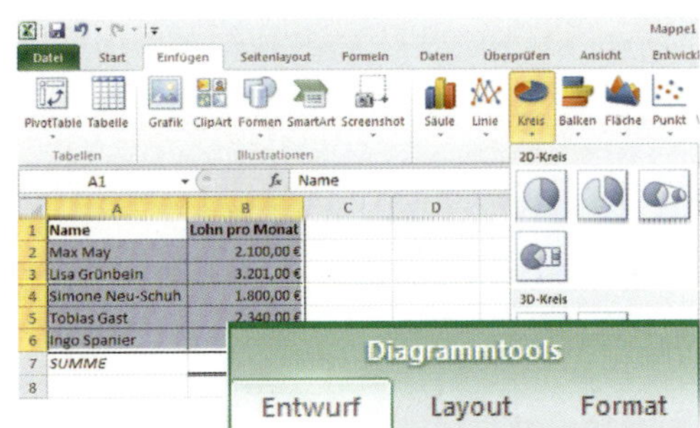

Die Diagrammtools erscheinen als zusätzliche Registerkarte, wenn das Diagramm angeklickt wird.

Inhalt der Registerkarte „Entwurf“

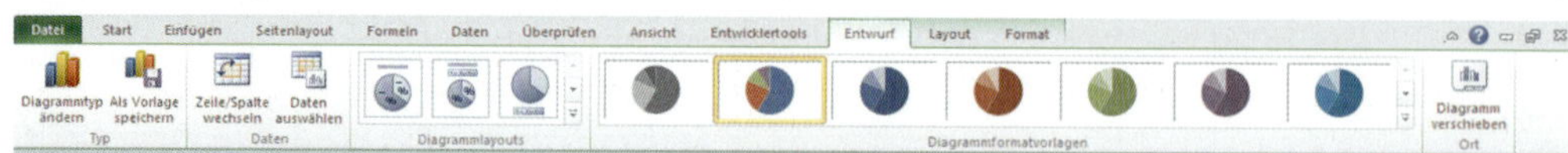

Unter „Entwurf“ können der Diagrammtyp, die Diagrammdaten, das Diagrammlayout und die Diagrammvorlage geändert werden.

Inhalt der Registerkarte „Layout“

Unter „Layout“ sind alle Befehle angeordnet, die zum Layout des Diagramms gehören. Beispielsweise kann der Diagrammtitel mit verschiedenen Optionen eingefügt werden, die Legende formatiert bzw. angezeigt oder ausgeblendet werden, usw. Auch die Datenbeschriftungen können mit dem entsprechenden Symbol in dieser Registerkarte angepasst oder verändert werden.

Inhalt der Registerkarte „Format“

Unter „Format“ sind alle Befehle angeordnet, die sich auf die Formatierungen des Diagramms beziehen, wie Fülleffekte, Formkonturen, Formeffekte, usw. Auch kann das Diagramm hier in seine Ursprungsversion zurückgesetzt werden.

Datenbeschriftungen eines Diagramms ändern

Soll ein spezielles und aussagekräftiges Diagramm in ein Dokument eingefügt und beschriftet werden, geht man folgendermaßen vor:

Schritt 1: Diagramm einfügen:
DATEN, die als Diagramm dargestellt werden sollen, markieren – Registerkarte EINFÜGEN – Diagramm – entsprechendes Diagramm aussuchen – Diagramm wird eingefügt

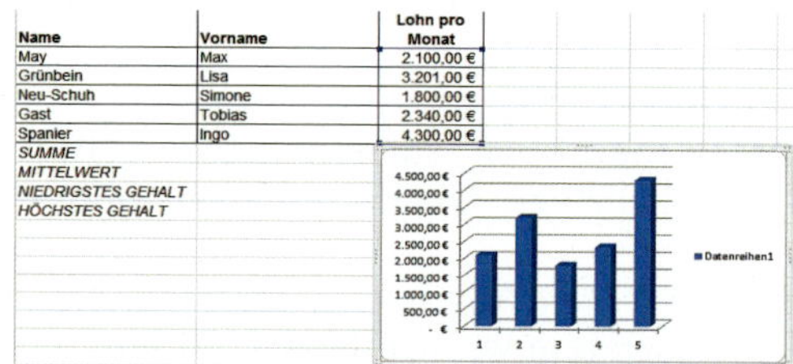

Name	Vorname	Lohn pro Monat
May	Max	2.100,00 €
Grünbein	Lisa	3.201,00 €
Neu-Schuh	Simone	1.800,00 €
Gast	Tobias	2.340,00 €
Spanier	Ingo	4.300,00 €
SUMME		
MITTELWERT		
NIEDRIGSTES GEHALT		
HÖCHSTES GEHALT		

Schritt 2: Datenbereiche formatieren bzw. Daten hinzufügen
Mit der Maus in das Diagramm stellen – rechte Maustaste – Daten auswählen

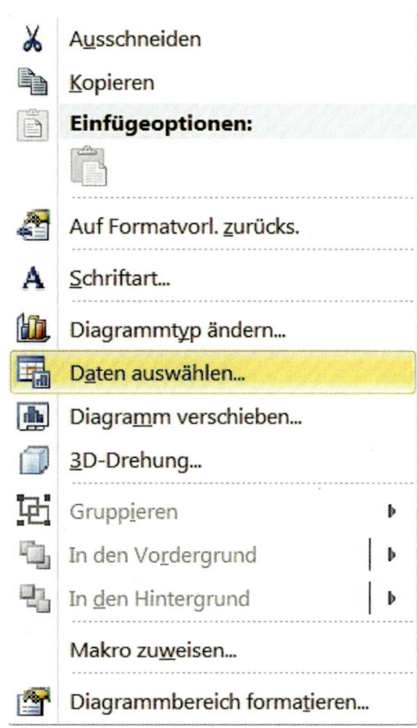

Schritt 3: Legendeneinträge/Reihen anpassen
Im nun folgenden Fenster können die gewünschten Daten in das Diagramm eingefügt werden. Die Vorgehensweise ist wie folgt:

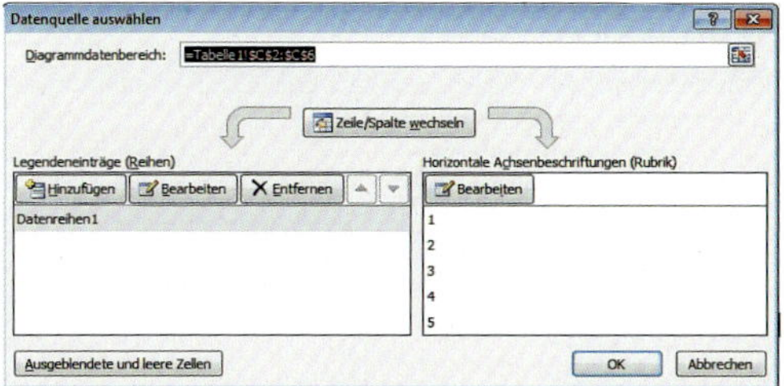

Datenreihe, die geändert werden soll, anklicken (hier im Beispiel „Datenreihen 1“) – Bearbeiten – ein neues Fenster öffnet sich.

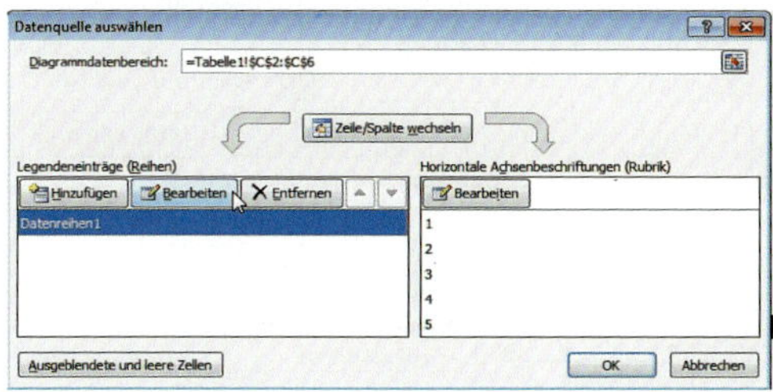

In diesem Fenster können der Reihenname sowie die Reihenwerte angegeben werden. Durch die Markierung der Daten vor dem Einfügen des Diagramms sind die Reihenwerte (hier im Beispiel die Lohnsummen) bereits bei den Reihenwerten eingefügt.

Der Reihenname kann von Hand, oder durch Anklicken einer Zelle, in der die passende Überschrift steht, eingegeben werden – mit OK kommt man wieder in das vorherige Fenster.

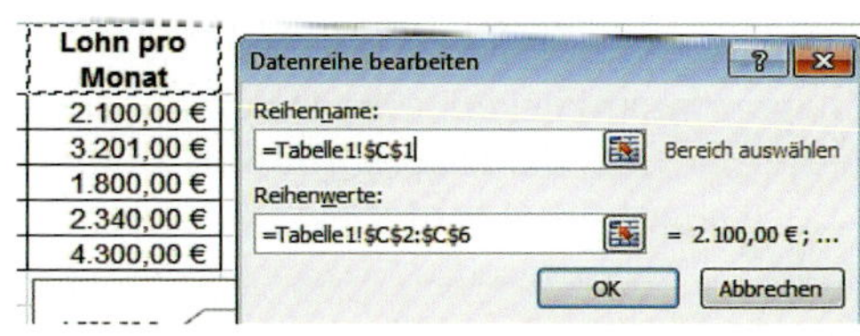

Der eingegebene Reihenname erscheint nun.

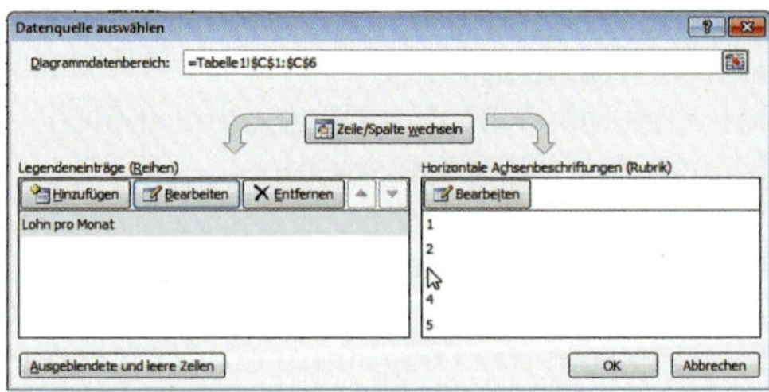

Hat man mehrere Datenreihen, die mit einer Überschrift zu versehen sind, geht man entsprechend vor (nur das dann die Datenreihen 2 zu bearbeiten sind...)

Schritt 4: Horizontale Achsenbeschriftungen anpassen:

Wie im Schritt 3 können auch die horizontalen Achsenbeschriftungen angepasst werden (hier im Beispiel müssen die Mitarbeiterinnen und Mitarbeiter im Diagramm aufgeführt werden).

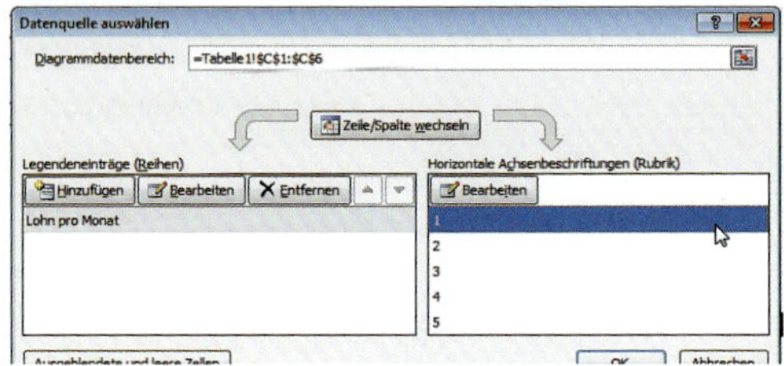

Die Vorgehensweise ist entsprechend Schritt 3:

Bearbeiten anklicken –

ein neues Fenster öffnet sich, in dem die Achsenbeschriftungen angegeben werden können.

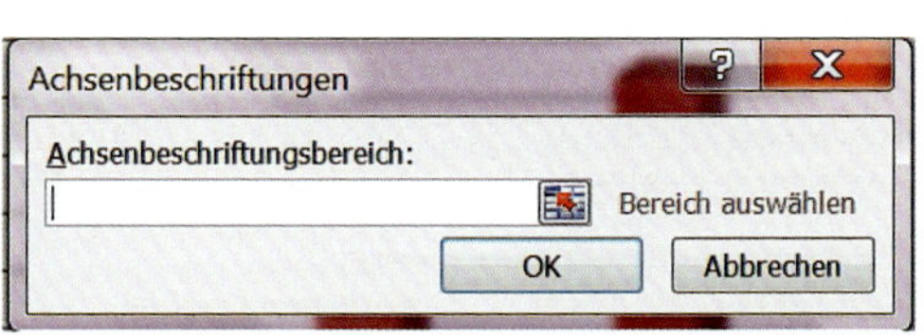

Bereich markieren, der als Achsenbeschriftungen verwendet werden soll (hier im Beispiel May bis einschließlich Spanier) – dieser wird dann im Achsenbeschriftungsbereich angezeigt.

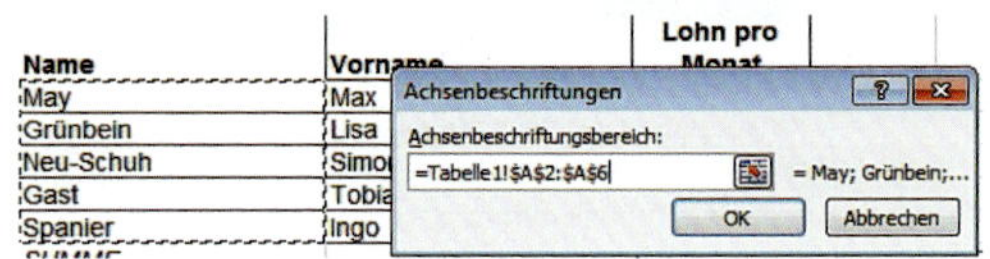

Mit OK gelangt man zurück in das zuletzt angezeigte Fenster und im Bereich „Horizontale Achsenbeschriftungen (Rubrik)" werden die ausgewählten Daten angezeigt. Mit OK wird nun die Registerkarte geschlossen.

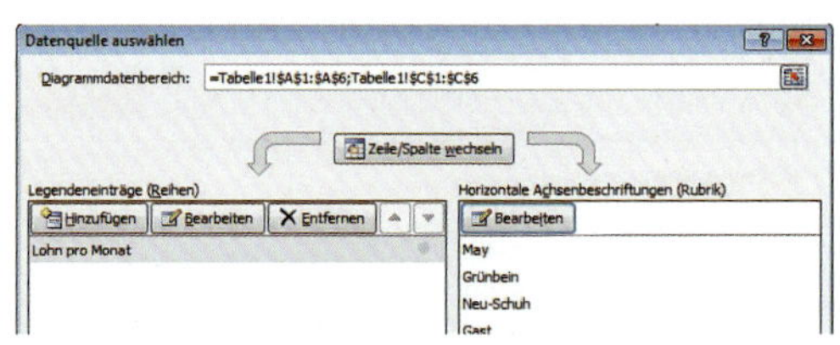

Schritt 5: Diagrammtitel

Damit das Diagramm aussagekräftig ist, sollte es immer einen Diagrammtitel haben. Sollte dieser Titel fehlen, fügt man ihn folgendermaßen ein:

Diagramm anklicken – die Diagrammtools (grün hinterlegt) werden sichtbar – Registerkarte „Layout" der Diagrammtools anklicken. In dieser sind die Symbole für das Einfügen der Diagrammtitel hinterlegt.

Symbol „Diagrammtitel" anklicken – ein Unterfenster öffnet sich – gewünschte Titeloption anklicken (hier im Beispiel „Über Diagramm"– das Diagrammtitelfeld wird über dem Diagramm eingefügt.

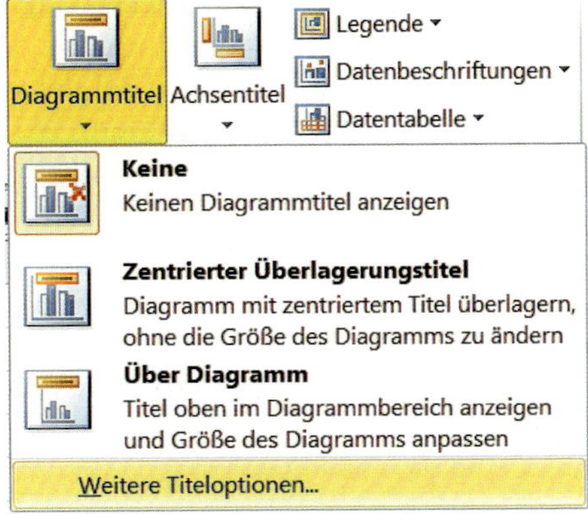

Durch einen Doppelklick in dieses Feld kann der Titel eingegeben werden.

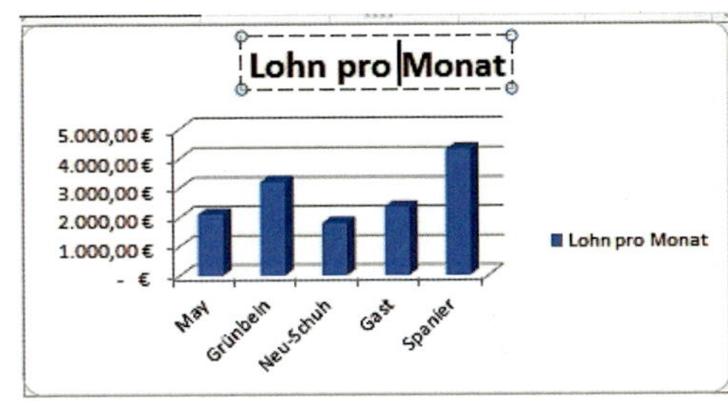

Schritt 6: Achsentitel

Diagramm anklicken – die Diagrammtools (grün hinterlegt) werden sichtbar – Registerkarte „Layout" der Diagrammtools anklicken. In dieser sind die Symbole für das Einfügen der Achsentitel hinterlegt.

Symbol „Achsentitel" anklicken – ein Unterfenster öffnet sich – gewünschte Achse anklicken (hier im Beispiel „Titel der horizontalen Primärachse"– auswählen, wo der Titel stehen soll hier im Beispiel „Titel unter Achse" – ok.

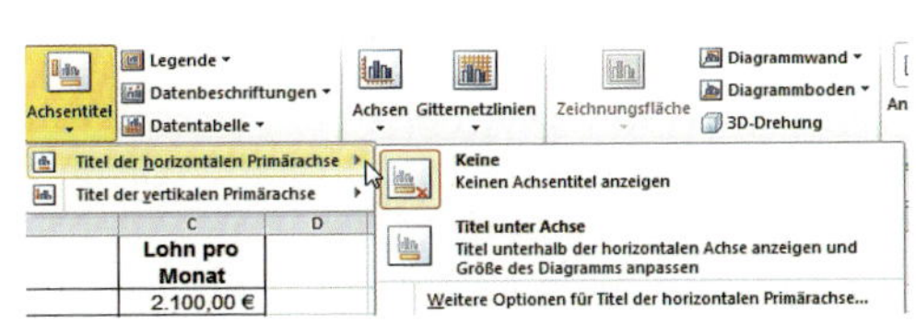

Das Achsentitelfeld wird im Diagramm eingefügt. Durch klicken in das Titelfeld kann der Titel eingegeben werden.

Bei der Vergabe des vertikalen Achsentitels geht man gleichermaßen vor.

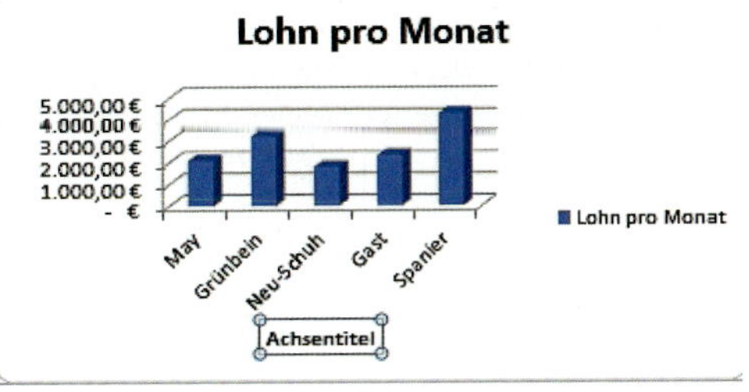

Symbol „Achsentitel" anklicken – ein Unterfenster öffnet sich – gewünschte Achse anklicken (hier im Beispiel „Titel der vertikalen Primärachse"– auswählen, wo der Titel stehen soll hier im Beispiel „gedrehter Titel" – ok.

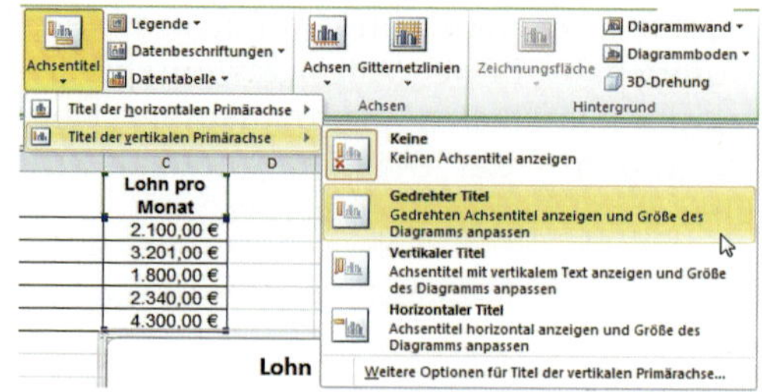

Ihr fertiges Diagramm sieht nun so aus:

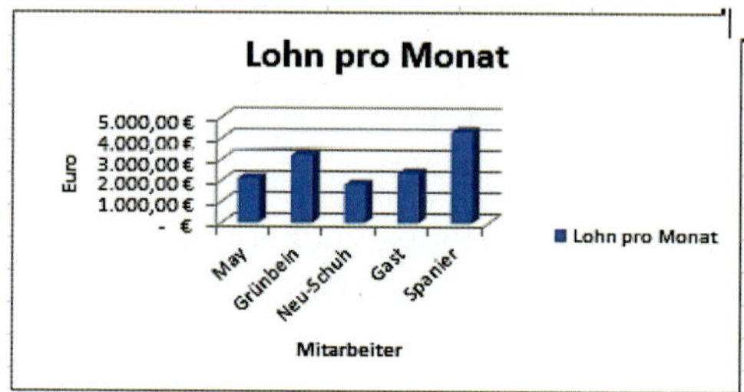

2.3 Mit Formeln rechnen

Excel ist ein Tabellenkalkulationsprogramm, das die Möglichkeit bietet, einerseits einfache **Berechnungen** anzustellen, andererseits **Wahrheitsfunktionen**, die erfüllt sein müssen, auszuweisen.

Jede Formel oder Berechnung wird mit dem Gleichheitszeichen (=) eingeleitet. Dieses signalisiert Excel, dass ein Befehl ausgeführt werden soll. Ohne das Gleichheitszeichen werden keine Berechnungen angestellt. Die Formel, die eingegeben wird, erscheint lediglich als Text.

Damit man sich nicht alle einzelnen Formeln merken muss, bietet Excel den **Formelassistent** an (**fx**). In diesem sind alle Formeln hinterlegt, die das Excel-Programm anbietet. Der Formelassistent führt den Anwender Schritt für Schritt durch die Formeln. Das Ergebnis wird am Ende in der Zelle, die man vor Betätigung des Formelassistenten markiert hat, ausgewiesen.

Rechnen mit Excel

Berechnungswunsch	Formel	Erläuterung
Summe	=summe (B5:B9)	Der Doppelpunkt steht für das Wort „**bis**". B5 und B9 ist hier der Bereich, von dem die Summe errechnet werden soll.
Minimalwert	=min(B5:B9)	Der **kleinste Wert** in dem markierten Bereich wird ausgewiesen.
Maximalwert	=max(B5:B9)	Der **größte Wert** in dem markierten Bereich wird ausgewiesen.

Berechnungswunsch	Formel	Erläuterung
Mittelwert	=mittelwert(B5:B9)	Der **Durchschnittswert** des markierten Bereichs wird ermittelt.
Anzahl	=anzahl(A5:A9)	Berechnet die **Zellenanzahl** von dem Bereich, der markiert wurde. (Hier das Ergebnis von A5:A9 = 5)

Rechnen mit der Symbolleiste

Schritt 1
Markieren der Zelle, in welcher der Wert später ausgewiesen werden soll.

Schritt 2 am Beispiel Summe
Registerkarte „Start" – **Pfeil** neben dem Summenzeichen **öffnen** – entsprechende **Funktion auswählen** – diese wird dann in der markierten Zelle mit Text ausgewiesen, Beispiel =summe() – ein Bereich wird vorgeschlagen, von dem die Summe berechnet werden soll – ist der vorgeschlagene Bereich korrekt, kann dieser durch Bestätigung mit der Taste **Return** übernommen werden – **Markierung** des korrekten Bereichs vornehmen – mit **Return** Formel bestätigen – der Wert wird ausgewiesen.

Beim Berechnen des Mittelwertes, der Anzahl, des höchsten Wertes oder des niedrigsten Wertes geht man entsprechend vor.

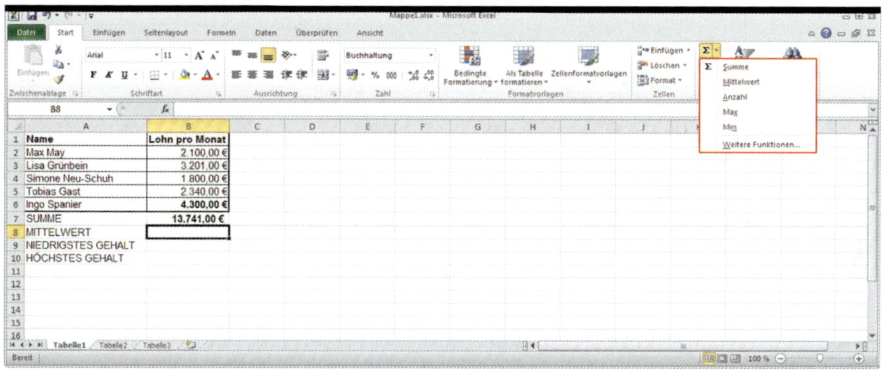

Ergebnisse mit Formeln

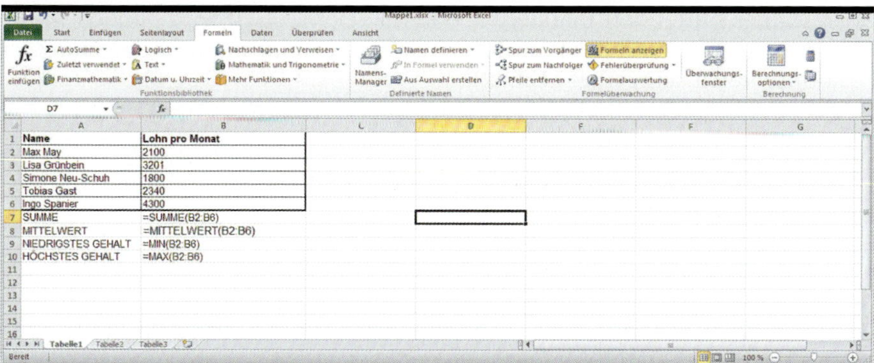

2.4 Sparklines (Diagramme auf kleinem Platz)

Mit der Funktion „SPARKLINES“ können in Excel 2010 Diagramme auf kleinem Platz erstellt werden. Diese Funktion bietet sich immer dann an, wenn man in einer Tabelle mehrere Datenreihen als Diagramm übersichtlich darstellen möchte.

Mit den Sparklines werden ganze Datenreihen in einer einzigen Excelzelle dargestellt.

Sparklines erstellen

Schritt 1:
Zeile markieren, die als Sparkline dargestellt werden soll

Schritt 2:
Einfügen – unter „Sparklines“ gewünschtes Format aussuchen (Linie, Säule, Gewinn/ Verlust)

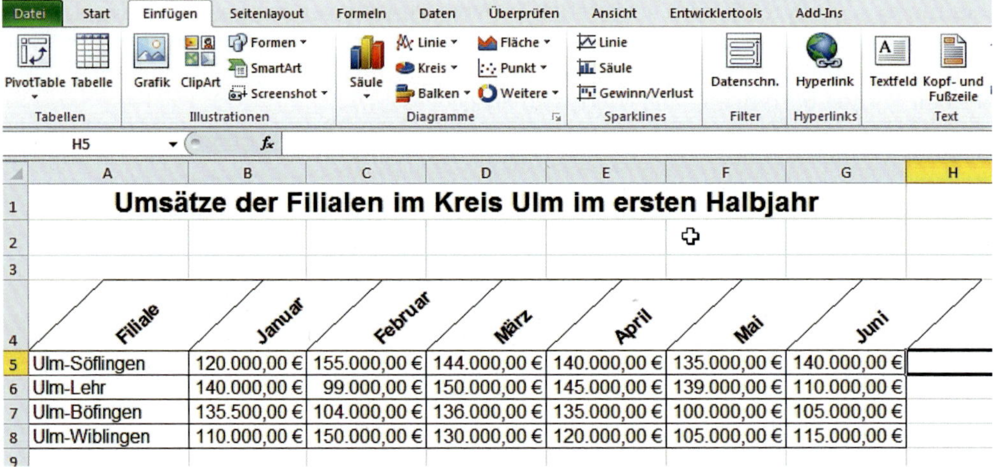

Umsätze der Filialen im Kreis Ulm im ersten Halbjahr

Filiale	Januar	Februar	März	April	Mai	Juni
Ulm-Söflingen	120.000,00 €	155.000,00 €	144.000,00 €	140.000,00 €	135.000,00 €	140.000,00 €
Ulm-Lehr	140.000,00 €	99.000,00 €	150.000,00 €	145.000,00 €	139.000,00 €	110.000,00 €
Ulm-Böfingen	135.500,00 €	104.000,00 €	136.000,00 €	135.000,00 €	100.000,00 €	105.000,00 €
Ulm-Wiblingen	110.000,00 €	150.000,00 €	130.000,00 €	120.000,00 €	105.000,00 €	115.000,00 €

Schritt 3:
Es erscheint das Fenster „Sparklines erstellen“. Bei „Datenbereich“ werden automatisch die vorher markierten Zellen eingefügt (Abb. 1).

Bei Positionsbereich muss eingegeben werden, wo das Diagramm positioniert werden soll (am besten immer hinter den markierten Datenbereich). Dazu wird einfach in die entsprechende Zelle geklickt und der Positionsbereich wird als absoluter Bezug automatisch bei „Positionsbereich“ eingefügt (Abb. 2).

Schritt 4:
OK (das Sparkline wird eingefügt)

Abb. 1:

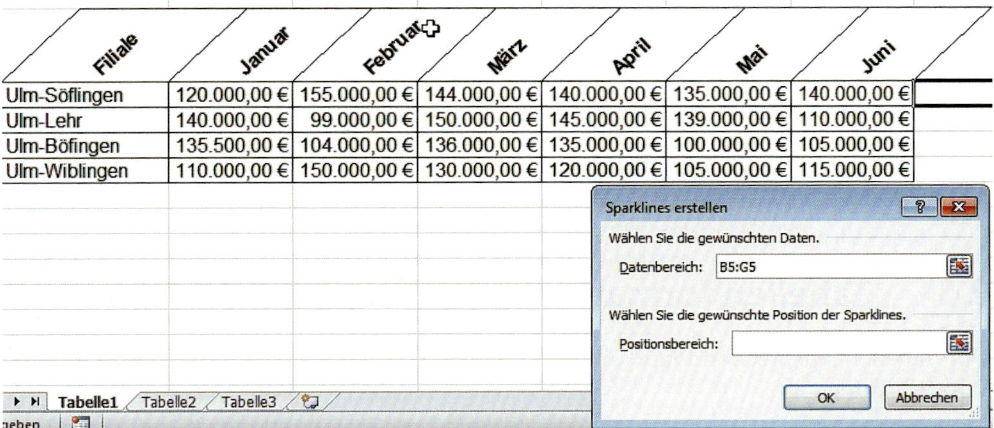

Filiale	Januar	Februar	März	April	Mai	Juni
Ulm-Söflingen	120.000,00 €	155.000,00 €	144.000,00 €	140.000,00 €	135.000,00 €	140.000,00 €
Ulm-Lehr	140.000,00 €	99.000,00 €	150.000,00 €	145.000,00 €	139.000,00 €	110.000,00 €
Ulm-Böfingen	135.500,00 €	104.000,00 €	136.000,00 €	135.000,00 €	100.000,00 €	105.000,00 €
Ulm-Wiblingen	110.000,00 €	150.000,00 €	130.000,00 €	120.000,00 €	105.000,00 €	115.000,00 €

Abb. 2:

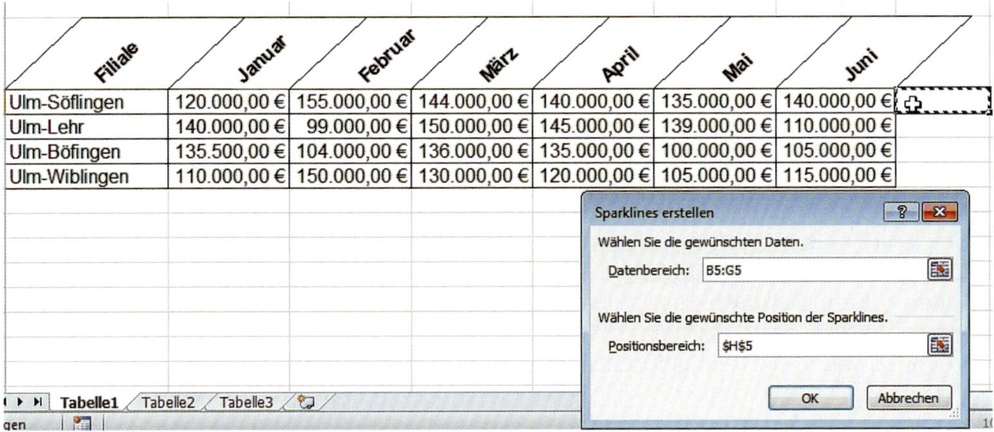

Filiale	Januar	Februar	März	April	Mai	Juni
Ulm-Söflingen	120.000,00 €	155.000,00 €	144.000,00 €	140.000,00 €	135.000,00 €	140.000,00 €
Ulm-Lehr	140.000,00 €	99.000,00 €	150.000,00 €	145.000,00 €	139.000,00 €	110.000,00 €
Ulm-Böfingen	135.500,00 €	104.000,00 €	136.000,00 €	135.000,00 €	100.000,00 €	105.000,00 €
Ulm-Wiblingen	110.000,00 €	150.000,00 €	130.000,00 €	120.000,00 €	105.000,00 €	115.000,00 €

Sparklines formatieren

Klickt man das eingefügte Sparkline an, erscheint die Symbolleiste „Sparklinetools". Mit dieser Symbolleiste kann das Layout, der Datentyp, usw. verändert werden. Weiterhin können beispielsweise „der Höchstpunkt" oder „Tiefpunkt" in einer anderen Farbe dargestellt werden (ANZEIGEN).

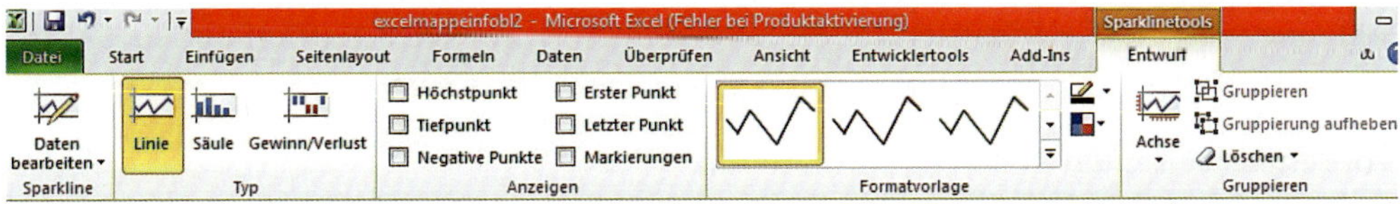

Sollen mehrere Sparklines einheitlich formatiert werden, geht man folgendermaßen vor:

Sparlines markieren – Gruppieren (automatisch werden die Sparklines einheitlich formatiert)

Sparklines löschen

Sparkline markieren, welches gelöscht werden soll – bei GRUPPIERUNG – ausgewählte Sparklines löschen

2.5 Tabellen formatieren

Um Tabellen ansprechend und übersichtlich darzustellen, bieten sich **Rahmen** und **Schattierungen** an.

Vorgehensweise bei Rahmen

Schritt 1: Rahmen einfügen

Tabelle oder Zellbereich, der mit Rahmen versehen werden soll, **markieren** – Symbolleiste „Start" – den **Pfeil**, der rechts neben dem Symbol Rahmen positioniert ist, **anklicken** – **Rahmen auswählen** – der entsprechende Rahmen wird eingefügt.

Schritt 2: Rahmen entfernen

Tabelle oder Zellbereich, dessen Rahmen gelöscht werden soll, **markieren** – Symbolleiste „Start" – den **Pfeil**, der rechts neben dem Symbol Rahmen positioniert ist, **anklicken** – **Kein Rahmen** auswählen – die Rahmen, die in dem markierten Bereich vorhanden waren, werden gelöscht.

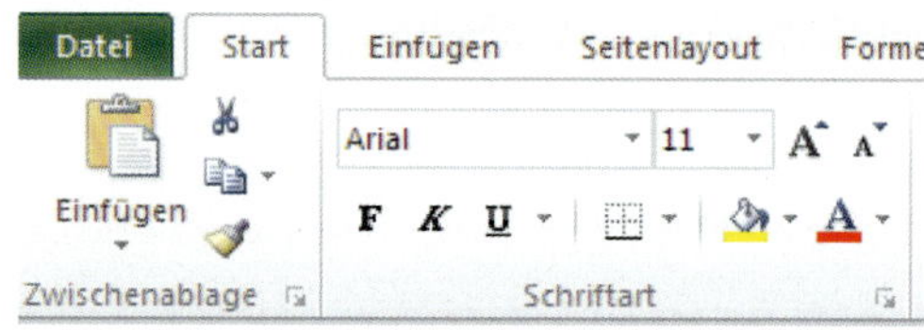

Vorgehensweise bei Schattierungen

Schritt 1: Schattierungen einfügen

Tabelle oder Zellbereich, der schattiert werden soll, **markieren** – Symbolleiste „Start" – den **Pfeil**, der rechts neben dem Symbol „gekippter Eimer" positioniert ist, **anklicken** – entsprechende **Schattierung auswählen** – Schattierung wird eingefügt.

Schritt 2: Schattierungen entfernen

Soll eine vorhandene Schattierung gelöscht werden, kann die Schattierfarbe in „Weiß" geändert werden.

Vorgehensweise, um Zellen zu formatieren

Soll eine Zelle oder ein Zellbereich in seiner Formatierung verändert werden, bietet Excel unter dem Befehl **„Zellen formatieren"** eine Vielzahl von Möglichkeiten an, wie z. B. Verändern der Zahlenformate (Registerkarte „Zahlen"), Verändern der Ausrichtung (Textausrichtung, Zeilenumbruch, Zellen verbinden), Verändern der Schrift, Einfügen oder Ändern von Rahmen sowie das Schützen oder Sperren von Zellen und Formeln.

Die Registerkarten „Schrift“, „Rahmen“ und „Sperren“ sind einfach – durch **Anklicken** – zu öffnen. Nun muss nur noch die **Auswahl der Rahmen oder Schattierungen** erfolgen. Diese wird mit – **OK** – bestätigt und dann für den markierten Bereich übernommen.

Schritt 1: Verändern des Zahlenformates auf Euro
Zelle **markieren** – rechte Maustaste – **Zellen formatieren** – Registerkarte „Zahlen“ – **Währung** anklicken – **OK**

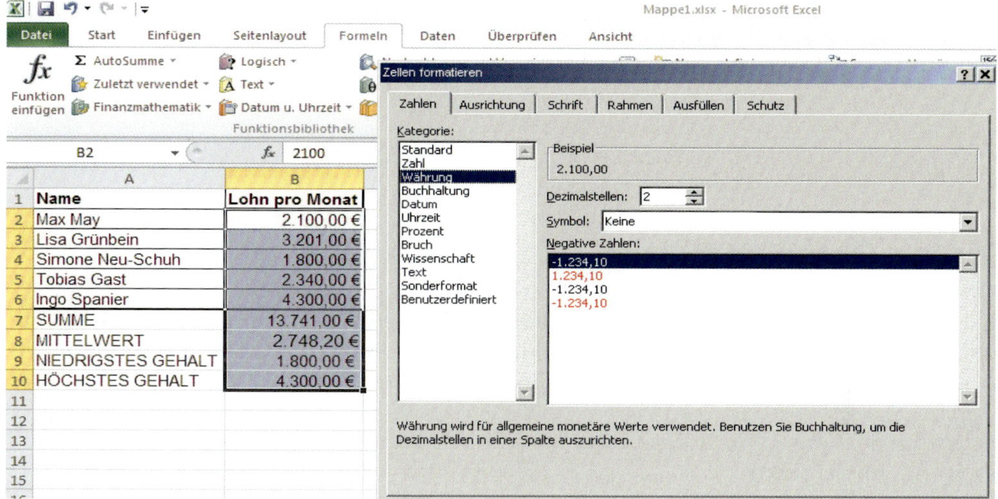

Schritt 2: Verändern der Ausrichtung – Zeilenumbruch
Zeilenumbruch bedeutet, dass der Text in einer Spalte untereinander geschrieben wird.

Vorgehensweise:
Zelle **markieren** – rechte Maustaste – **Zellen formatieren** – Registerkarte „Ausrichtung“ – **vor Zeilenumbruch** einen **Haken setzen** – **OK**

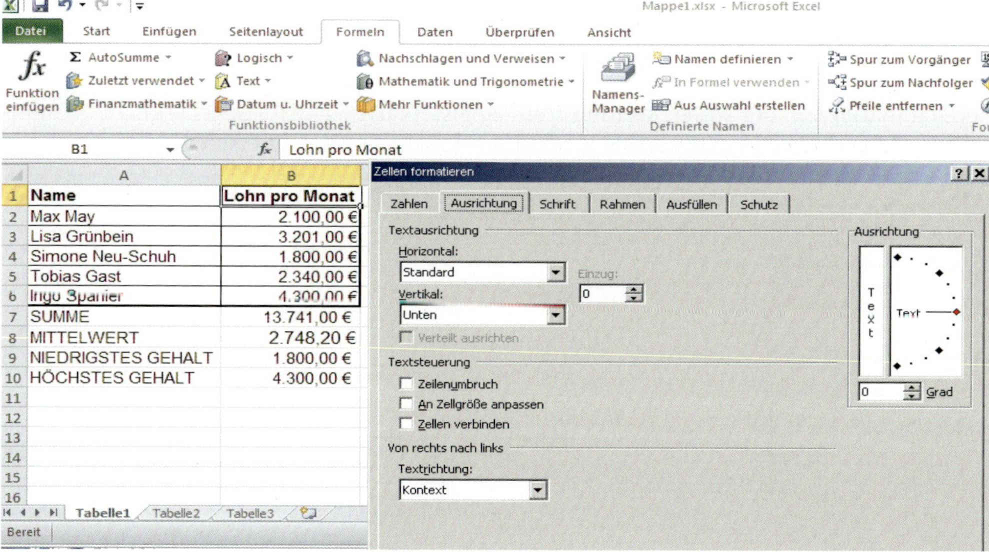

Ergebnis:

	A	B
1	**Name**	**Lohn pro Monat**
2	Max May	2.100,00 €
3	Lisa Grünbein	3.201,00 €
4	Simone Neu-Schuh	1.800,00 €
5	Tobias Gast	2.340,00 €
6	Ingo Spanier	4.300,00 €
7	*SUMME*	13.741,00 €
8	*MITTELWERT*	2.748,20 €
9	*NIEDRIGSTES GEHALT*	1.800,00 €
10	*HÖCHSTES GEHALT*	4.300,00 €
11		

2.6 Daten sortieren

Bei manchen Eingaben wird nicht auf eine Ordnung geachtet, die später jedoch das Suchen von einzelnen Position oder von Namen verleichtert. Um dies im nachhinein vorzunehmen, bietet Excel die Möglichkeit an, Daten zu sortieren.

Schritt 1: Sortieren von A bis Z oder von Z bis A (aufsteigend, absteigend)
Bereich mit Überschriften, der sortiert werden soll, markieren – Registerkarte START – SORTIEREN UND FILTERN – nun kann alphabetisch aufsteigend oder absteigend sortiert werden (gewünschte Sortierung anklicken und die Sortierung wird vorgenommen).

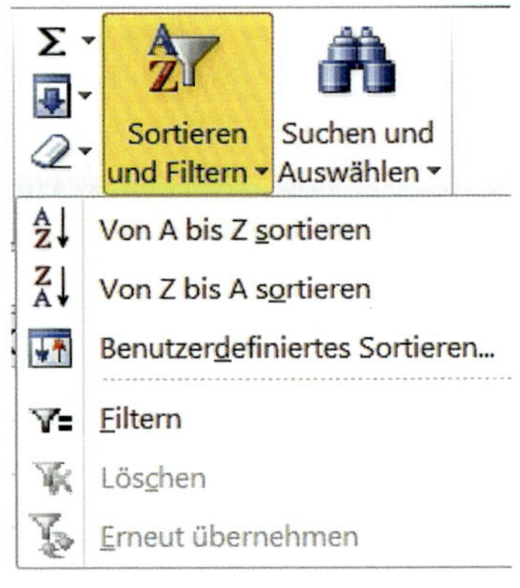

Schritt 2: Benutzerdefiniertes Sortieren nach einem Kriterium
Soll ein Dokument nicht von auf- oder absteigend, sondern benutzerdefiniert sortiert werden, geht man folgendermaßen vor:

Bereich markieren, der soriert werden soll – Registerkarte START – SORTIEREN UND FILTERN – BENUTZERDEFINIERTES SORTIEREN – folgendes Fenster erscheint:

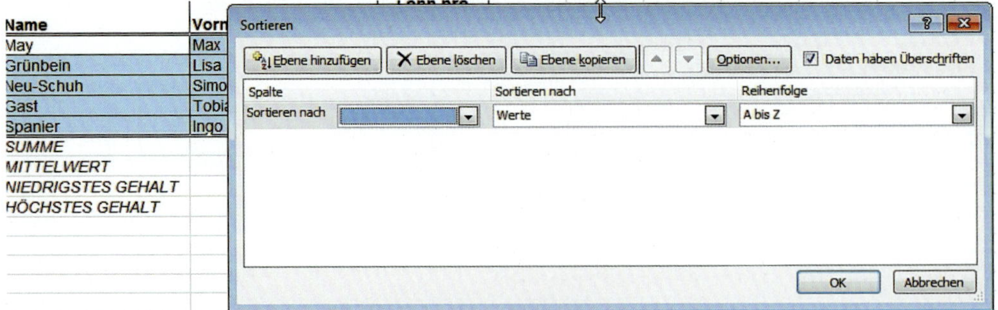

Im Beispiel oben soll nicht nach dem Alphabet, sondern nach dem niedrigsten Lohn pro Monat sortiert werden.

Im Feld SPALTE - „Sortieren nach“ klappt man mit dem Pfeil die hinterlegten Felder auf (die vorher markierten Überschriften werden angezeigt) und wählt dann die entsprechende Sortierung (Lohn pro Monat). Mit OK wird die Eingabe bestätigt und die Sortierung vorgenommen.

Schritt 3: Sortieren nach mehreren Kriterien
Bereich mit Überschriften, der sortiert werden soll, markieren – Registerkarte START – SORTIEREN UND FILTERN – BENUTZERDEFINIERTES SORTIEREN. Das bekannte Fenster erscheint.

Zuerst nimmt man wie oben die erste gewünschte Sortierung vor. Im nächsten Schritt klickt man den Befehl „EBENE HINZUFÜGEN“ an – eine neue Ebene erscheint – hier wie gehabt den Sortierungswunsch eingeben – OK.

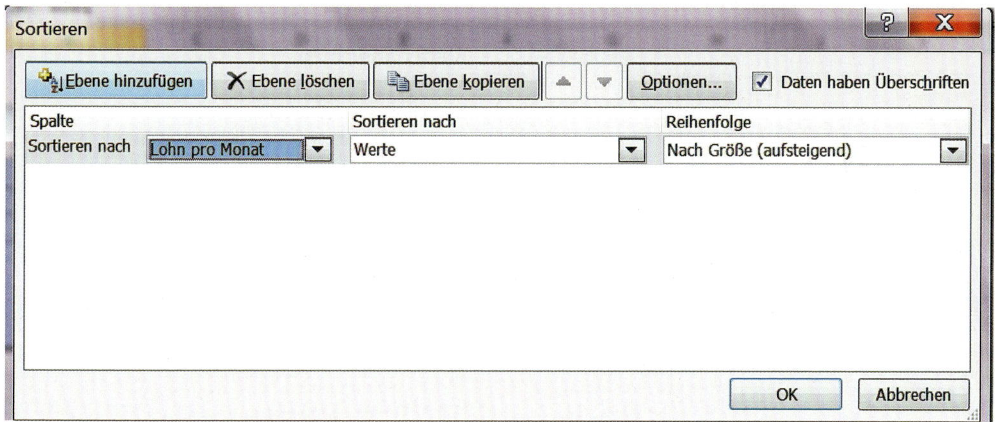

Schritt 4: Löschen oder Kopieren von Ebenen
Ebene, die gelöscht werden soll, anklicken - „EBENE LÖSCHEN“ – OK

Ebene, die kopiert werden soll, anklicken, „Ebene kopieren“ – OK

2.7 Tabellenformate und Blattschutz

Tabellen können nicht nur mit Rahmen und Schattierungen versehen werden, um übersichlich dargestellt zu werden. Vielmehr steht auch die Leserlichkeit der Zellinhalte im Vordergrund. Diese kann durch die Veränderung der Schriftgröße und Schriftart (Registerkarte START) als auch durch das Verändern der Zellenhöhe und Zellenbreite verbessert werden. Spalten oder Zeilen, die evtl. zur Berechnung von Werten in einer Tabelle dienen, deren Inhalte jedoch für den „Leser“ nicht bestimmt sind, können ausgeblendet oder eingeblendet werden. Auch ist es möglich, das Blatt oder die Arbeitsmappe mit einem Schutz zu versehen um so zu gewährleisten, dass der Leser bei einer digitalen Vorlage des Dokuments die einzelnen Spalten oder Zeilen nicht einfach wieder einblenden kann.

Vorgehensweise zum Verändern der Zellenhöhe und Spaltenbreite

Registerkarte START – FORMAT – ZELLENHÖHE – Zellenhöhe entsprechend eingeben – OK

Registerkarte START – FORMAT – SPALTENBREITE – Spaltenbreite entsprechend eingeben - OK

Die Zellenhöhe sowie die Spaltenbreite können auch automatisch angepasst werden: Registerkarte START – FORMAT – Zellenhöhe oder Spaltenbreite automatisch anpassen.

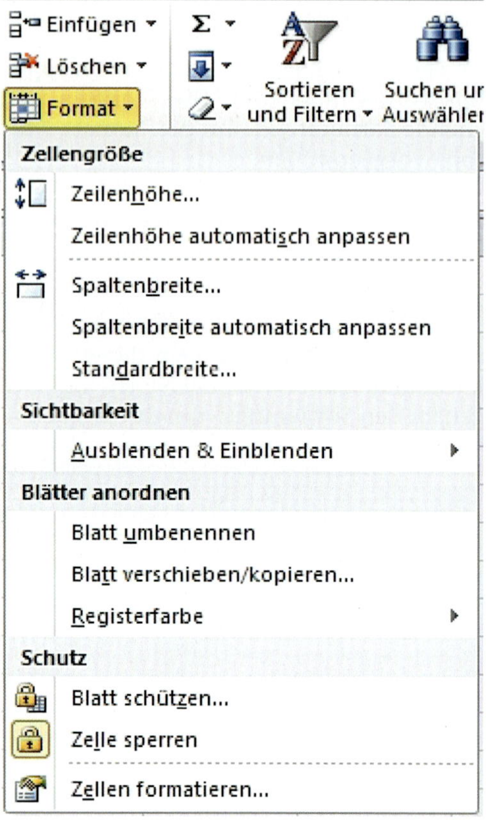

Vorgehensweise beim Ein- und Ausblenden

Schritt 1: Ausblenden von Spalten oder Zeilen

Bereich, der ausgeblendet werden soll, markieren - Registerkarte START – FORMAT – AUSBLENDEN & EINBLENDEN – auswählen, was ausgeblendet werden soll (Spalte oder Zeile) – OK

Automatisch „verschwindet" die ausgeblendete Zeile oder Spalte, die Nummerierung (ABC, 1 2 3) läuft jedoch weiter. Die ausgeblendete Zelle wird weiterhin mit ihrer Nummerierung berücksichtigt, jedoch eben nicht angezeigt.

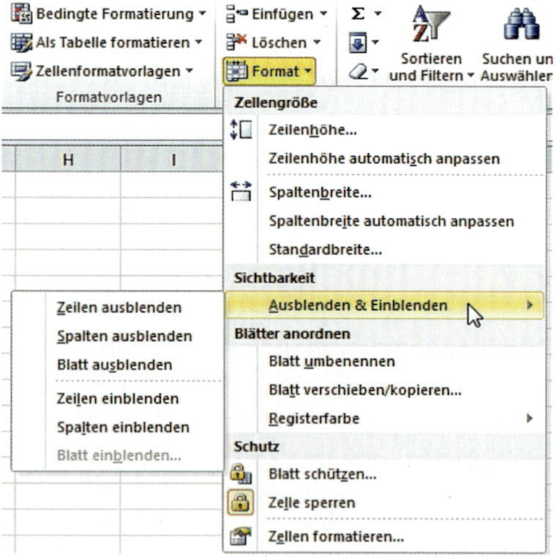

	A	B	D
1	Name	Vorname	Geburtsort
2			

Schritt 2: Einblenden von Spalten oder Zeilen
Registerkarte START – FORMAT – SPALTEN oder ZEILEN (je nach dem, was man einblenden möchte) einblenden. Die Spalten bzw. Zeilen werden wieder eingeblendet.

Vorgehensweise beim Blattschutz

Schritt 1: Blatt schützen
Ebenfalls über das Symbol „FORMAT" bietet Excel die Möglichkeit, das Blatt zumzubenennen oder das Blatt zu schützen.

Registerkarte START – FORMAT – BLATT SCHÜTZEN – das unten stehende Fenster erscheint – STANDARDEINSTELLUNGEN BEIBEHALTEN – KENNWORT eingeben (wenn man möchte, es ist jedoch nicht zwingend erforderlich) – OK - das Kennwort muss in einem neuen Fenster wiederholt werden – OK

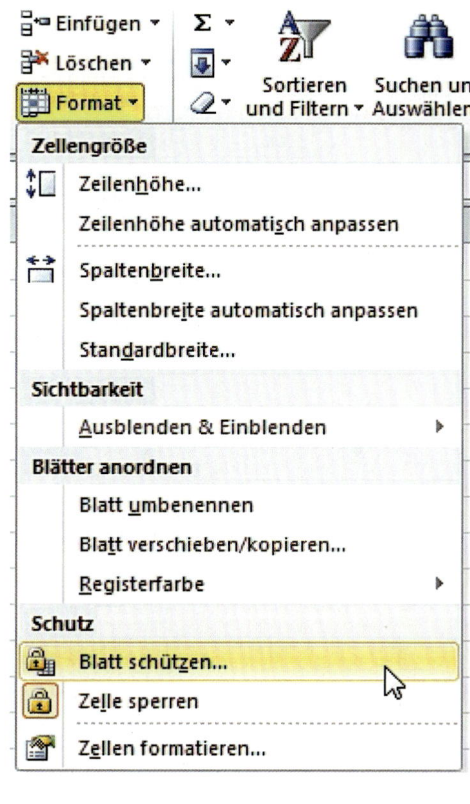

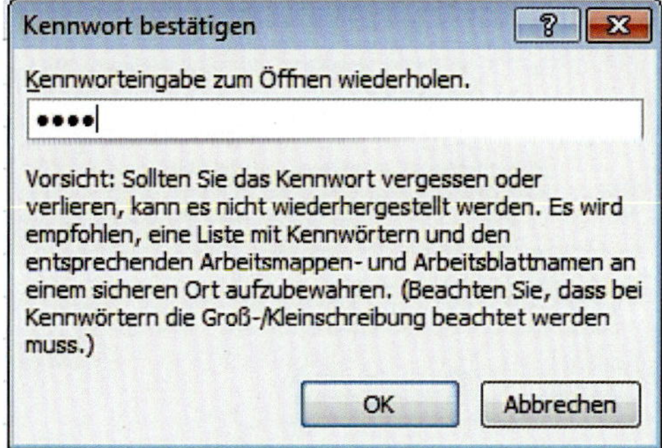

Schritt 2: Blattschutz aufheben
Registerkarte START – FORMAT – BLATTSCHUTZ AUFHEBEN (bei einer vorherigen Kennwortvergabe wird dieses nun abgefragt) – KENNWORT eingeben – OK

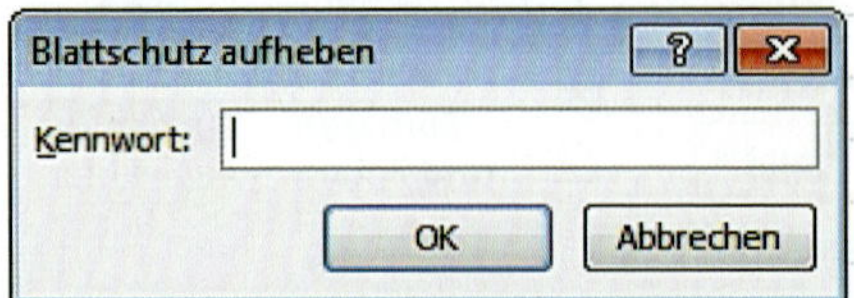

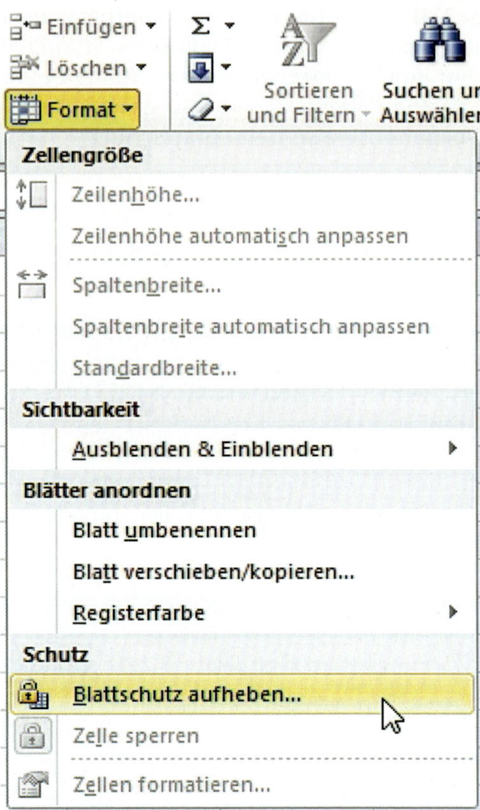

3 PowerPoint

Bei dem Programm PowerPoint handelt es sich um ein **Präsentationsprogramm**, mit welchem schnell und einfach Präsentationen erstellt werden können. Wichtig bei dem Erstellen einer Präsentation ist, dass diese den Vortrag, der gehalten wird, nur unterstützen, jedoch nicht komplett wiedergeben soll. Vielmehr soll eine PowerPoint-Präsentation das Publikum **kurz informieren**, mit Bildern die Aufmerksamkeit des Publikums bei längeren Vorträgen wiederherstellen oder auch die Inhalte, beispielsweise zum besseren Verständnis, **grafisch darstellen**.

Anwendungsbeispiele für PowerPoint-Präsentationen sind: Unterstützung während Vorträgen zu einem bestimmten Thema, Firmenpräsentation mit PowerPoint während einer Messe, usw.

3.1 Registerkartenerklärung

Der **Aufbau von PowerPoint 2010** hat eine etwas andere Gestaltung als PowerPoint 2003. Einige Elemente des Programms PowerPoint 2003 finden sich jedoch auch in PowerPoint 2010 wieder (z. B. Fenster, die geöffnet werden).

Der **Bildschirmaufbau in PowerPoint 2010** sieht wie folgt aus:

Registerkarte	Inhalte	Erklärung
Datei	Drucken Öffnen Optionen Schließen Speichern Speichern unter	Unter dem Befehl „Optionen" können Einstellungen wie Menüband anpassen, Druckoptionen usw. vorgenommen werden.

Registerkarte	Inhalte	Erklärung
Start	Abschnitt Anordnen Einfügen Einzüge ändern Ersetzen Fett, Kursiv, Unterstrichen Formen einfügen Layout Linksbündig, Zentriert, Rechtsbündig Markieren Neue Folie Schriftgröße und Schriftart sowie Schrift-farbe Suchen	In der Registerkarte „Start" verstecken sich alle Symbole, die sich auf die Formatierung einer Präsentation sowie auf das Einfügen von Folien beziehen.
Einfügen	Audio ClipArt Datum und Uhrzeit Diagramm Formen Fotoalbum Grafik Hyperlink Kopf- und Fußzeile Screenshot Symbol Tabelle Video WordArt	In der Registerkarte „Einfügen" befinden sich alle Symbole, die das Einfügen von verschiedenen Elementen in eine Präsentation betreffen.
Entwurf	Effekte Farben Folienausrichtung Hintergrundformate Schriftarten Seite einrichten Verschiedene Designvorlagen	In der Registerkarte „Entwurf" befinden sich alle Symbole, die zum Foliendesign gehören.
Übergänge	Dauer (der Übergänge bzw. bis zum Einblenden der nächsten Folie) Für alle übernehmen Nächste Folie – Bei Mausklick *oder:* – Zeiteinstellung (Nach ...) Sound Verschiedene Folienübergänge	In der Registerkarte „Übergänge" sind alle Symbole hinterlegt, die für die Folienübergänge einer Präsentation benötigt werden.

Registerkarte	Inhalte	Erklärung
Animationen	Dauer Erweiterte Animationen Start (der Animation) Verschiedene Animationen Verzögerung Vorschau auf die Präsentation	In der Registerkarte „Animationen" sind alle Befehle hinterlegt, die mit der Animation einer Präsentation in Zusammenhang stehen.
Bildschirm-präsentation	Ab aktueller Folie (Präsentation) Anzeigedauern verwenden Benutzerdefinierte Bildschirmpräsentation Bildschirme Bildschirmpräsentation aufzeichnen Bildschirmpräsentation einrichten Bildschirmpräsentation übertragen Erzählungen wiedergeben Folie ausblenden Mediensteuerelemente anzeigen Neue Anzeigedauern testen	In der Registerkarte „Bildschirmpräsentation" sind alle Symbole hinterlegt, die für die Bildschirmpräsentation benötigt werden.
Überprüfen	Bearbeitung beenden Neuer Kommentar Recherchieren Rechtschreibung Sprache Übersetzen Vergleichen	In der Registerkarte „Überprüfen" sind alle Befehle hinterlegt, die zur Überprüfung der Präsentationsinhalte benötigt werden.
Ansicht	Farbe Fenster wechseln Folienmaster (für einheitliches Design) Foliensortierung Gitternetzlinien Graustufe Handzettelmaster Leseansicht Lineal Makros Neues Fenster Normal Notizenmaster Notizenseite Zoom	In der Registerkarte „Ansicht" befinden sich alle Befehle, die für die Ansicht eines Dokuments wichtig sind.

Registerkarte „Start"

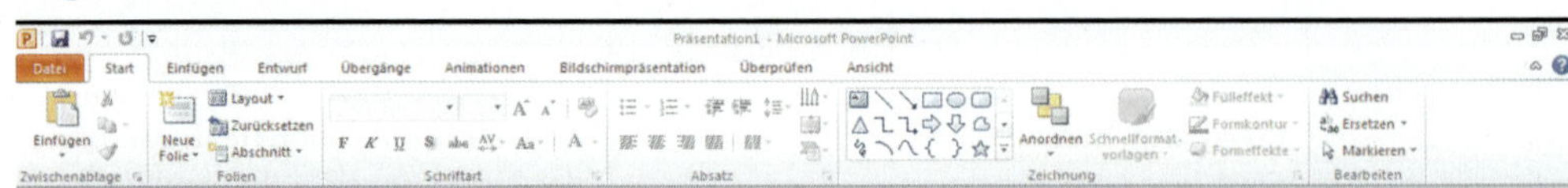

Registerkarte „Einfügen"

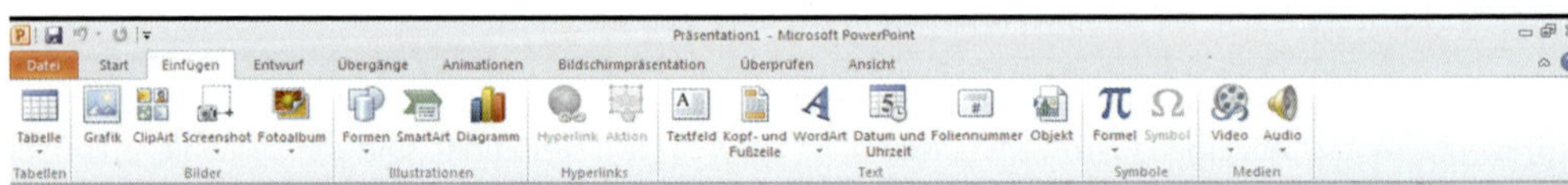

Registerkarte „Entwurf"

Registerkarte „Übergänge"

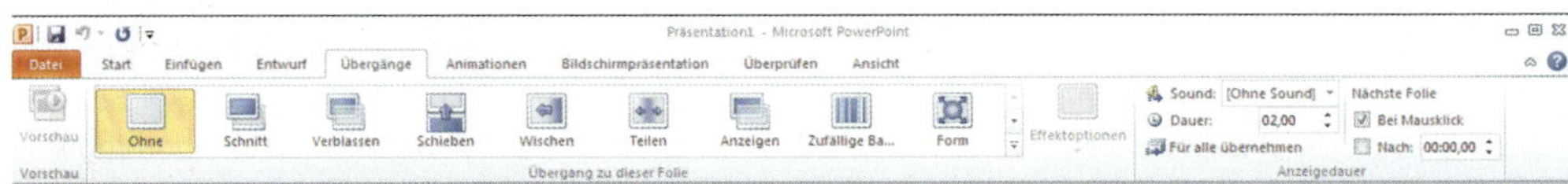

Registerkarte „Animationen"

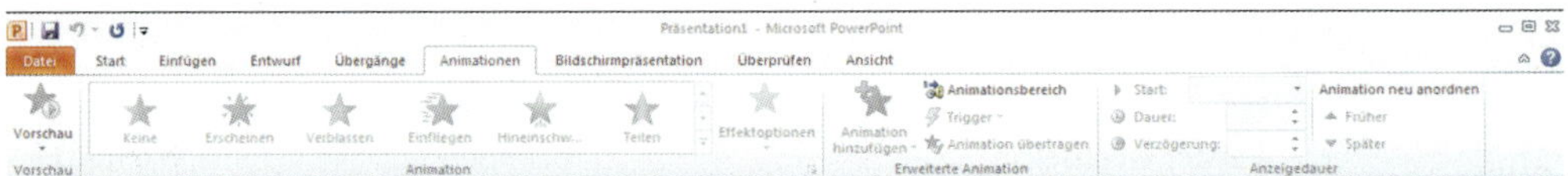

Registerkarte „Bildschirmpräsentation"

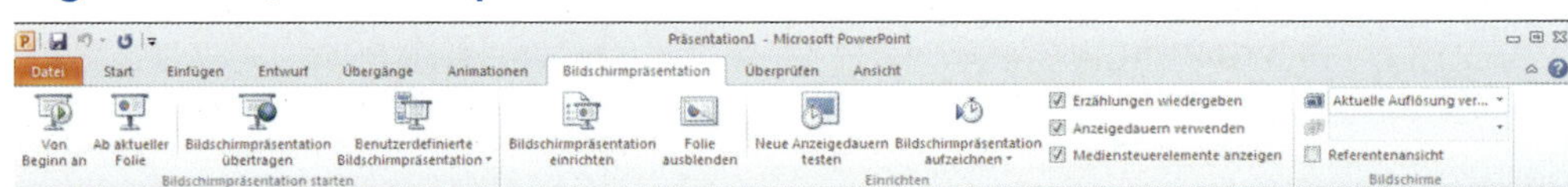

Registerkarte „Überprüfen"

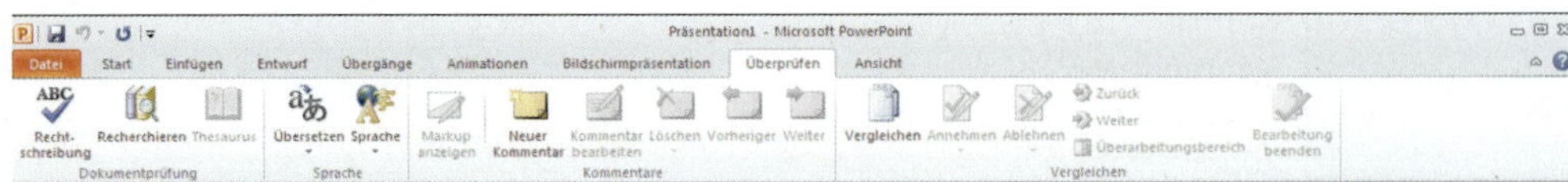

Registerkarte „Ansicht"

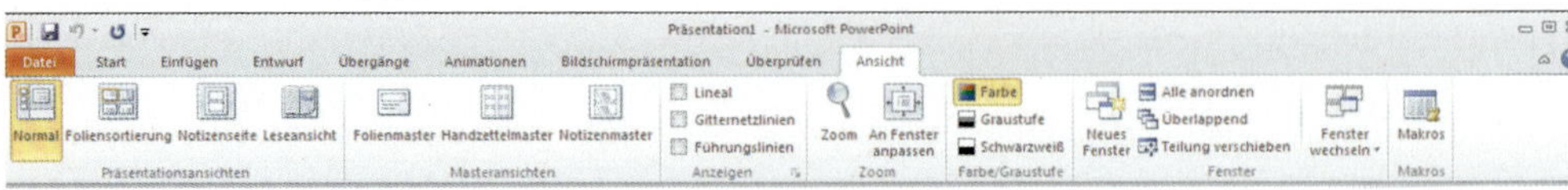

3.2 Folienmaster

Grundlage einer überzeugenden Präsentation ist die **Einheitlichkeit** sowie die **klar erkennbare Struktur der Präsentation**. Außerdem sollte jede Präsentation einen Bezug zu dem Thema, welches präsentiert werden soll, aufweisen.

Um dies in PowerPoint zu erreichen, bietet das Programm die Funktion „Folienmaster“ an. Man erstellt mit dem Master **einmal** ein **Grundlayout**, welches sich auf alle Folien auswirkt. In diesem Grundlayout werden **keine Texte** eingegeben! Der Master selbst (Masterseite) ist später in der Präsentation nicht sichtbar und dient ausschließlich zur Voreinstellung.

Masterarten sind:
- Folienmaster (erstellt ein einheitliches Design für alle Folien)
- Handzettelmaster (erstellt ein einheitliches Design für Handzettel)
- Notizenmaster (erstellt ein einheitliches Design für Notizen)

Folienmaster

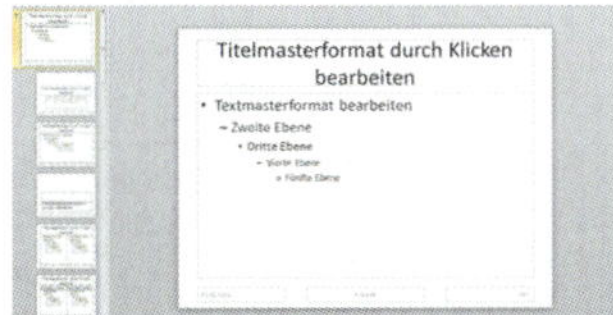

Handzettelmaster

Notizenmaster

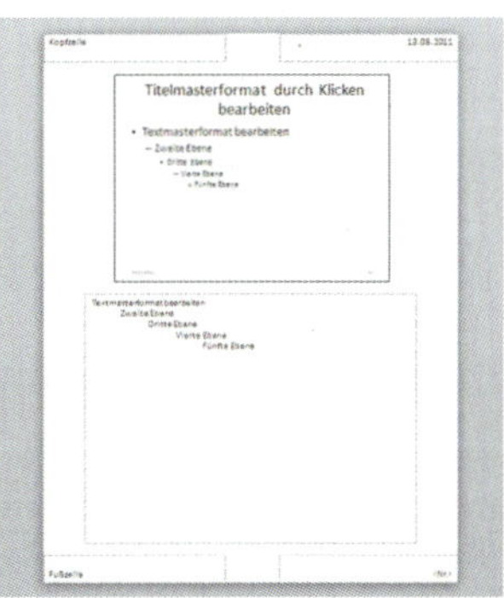

Zu den **Mastereinstellungen** zählen:
- **Layout** (Schritt 1 und 2)
  - Festlegung der Schriftart
  - Festlegung des Schriftgrads
  - Festlegung von Farben, Hintergrund, usw.
  - Fixieren eines Logos (z. B. Firmenlogo oben rechts)
- **Titel formatieren** (Schritt 1 und 2)
- **Aufzählungszeichen festlegen** (Schritt 3)
- **Grafik einfügen** (Schritt 4)
- **Kopf- und Fußzeile** (Schritt 5)
- **Interaktive Schaltflächen** (Schritt 6)

Vorgehensweise

Schritt 1
Registerkarte „Ansicht“ – **Folienmaster**

Schritt 2
Nun gelangt man in die **Masteransicht**. Im linken Bereich des Bildschirms erscheint die **Folienansicht**, im rechten Bereich des Bildschirms erscheint die **Bildansicht**.

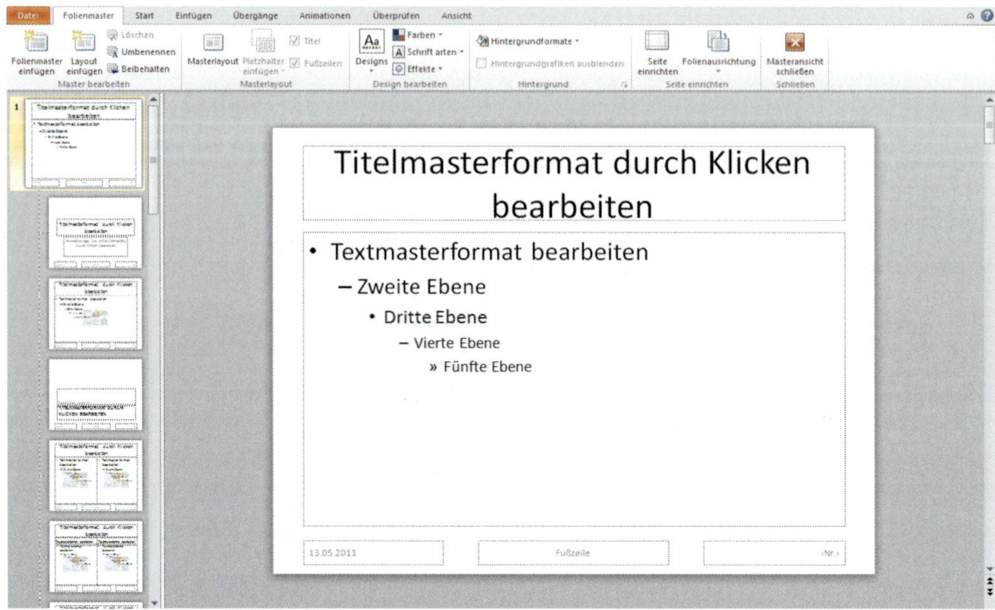

Die Formatierungen nimmt man folgendermaßen vor:

links in der Folienansicht die zu formatierende Folie **anklicken** – diese erscheint rechts in der Bildansicht und kann nun **bearbeitet** werden (Veränderung der Schriftart, Farbe, usw.) – wichtig ist, dass **der Bereich**, der verändert werden soll, **vorher markiert wird**!

Nicht nur das Titelmasterformat, sondern auch das Textmasterformat mit den verschiedenen Ebenen kann auf diese Weise verändert werden.

Schritt 3: Verändern der Aufzählungszeichen in den verschiedenen Ebenen

Ebene **markieren**, die verändert werden soll – rechte Maustaste – **Aufzählungszeichen** – Aufzählungszeichen **aussuchen** – dieses wird eingefügt

Für die verschiedenen Ebenen können jeweils unterschiedliche Nummerierungen bzw. Aufzählungen vorgenommen werden.

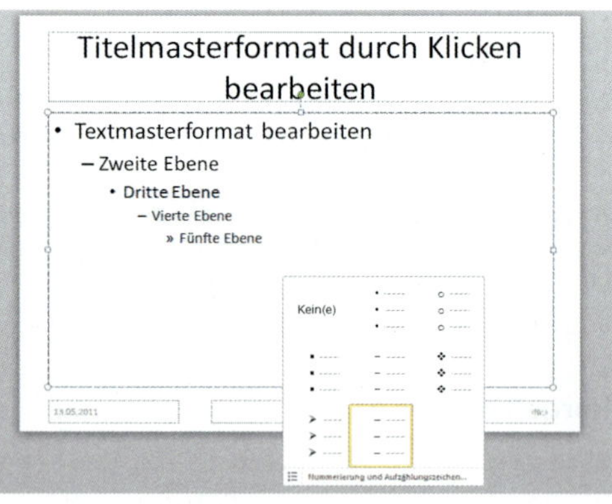

Schritt 4: Einfügen einer Grafik
Eine Grafik sollte möglichst so platziert werden, dass sie für die späteren Eingaben in der Präsentation nicht den Platz einschränkt. Am besten werden Grafiken **in der oberen linken Hälfte** des Masters platziert, alternativ in der oberen rechten Hälfte.

Registerkarte „Einfügen“ – **Grafik** – Grafik **aussuchen** – **OK** – die Grafik wird eingefügt

Anschließend kann die Grafik z. B. oben rechts platziert werden:

Grafik **anklicken** – **Maustaste gedrückt halten** und **Grafik an gewünschte Position ziehen**

Auch Autoformen können über die Registerkarte „Einfügen“ eingefügt und über die Registerkarte „Start“ formatiert werden.

Schritt 5: Kopf- und Fußzeile
Registerkarte „Einfügen“ – **Kopf- und Fußzeile** – entsprechende Angaben **auswählen** (z. B. das aktuelle Datum) – **Für alle übernehmen** – **OK**

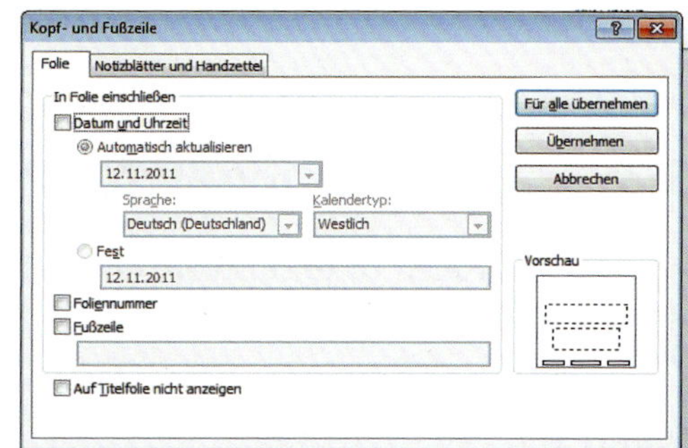

Soll die Formatierung nur für die aktuelle Folie übernommen werden:

Übernehmen – **OK**

Sie können jedoch auch in der Masteransicht im unteren Bereich

zwischen der linksbündigen, zentrierten und rechtsbündigen Kopf- und Fußzeile mit **Mausklick** springen und Angaben **manuell eintragen**

Alle Angaben, die in der Kopf- und Fußzeile stehen sollen, können auch über die Registerkarte „Einfügen“ eingefügt werden (z. B. Seitenzahl).

Schritt 6: Interaktive Schaltflächen
Interaktive Schaltflächen sind Navigationssymbole, mit denen man gezielt zwischen Seiten hin- und herspringen bzw. vor- und zurückblättern kann. Wichtig ist, dass diese Schaltflächen im Master so positioniert werden, dass sie später nicht mit einem eingegebenen Text kollidieren.

„Einfügen“ – **Formen** – **Interaktive Schaltflächen** – die Schaltfläche **anklicken**, die eingefügt werden soll – **in Dokument ziehen**

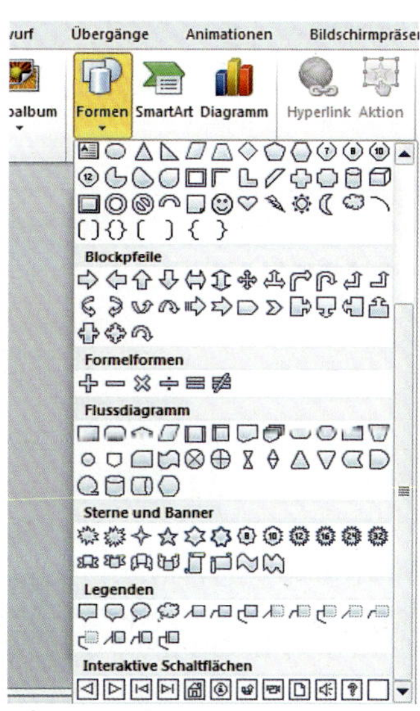

Folgendes Fenster erscheint:

Nun können die „Aktions-Einstellungen“ vorgenommen werden. Auch ein Hyperlink oder Sound kann festgelegt werden.

Schritt 7: Beenden des Masters
Ist der Master nun vollständig angelegt, muss die Schaltfläche
Masteransicht schließen
betätigt werden und man kann mit dem Erstellen der „eigentlichen“ Präsentation beginnen.

Inhalt der Registerkarte „Folienmaster"

Unter der Registerkarte „Folienmaster" können Einstellungen wie Layout, Hintergrundformate, usw. vorgenommen werden. Auch die Folienausrichtung bzw. das Formatieren der Seite ist problemlos möglich.

3.3 Druckoptionen für Präsentationen

In manchen Fällen ist es sinnvoll, den Zuhörern die eben gesehene PowerPoint-Präsentation als Handout „mit auf den Weg" zu geben. Dazu gibt es verschiedene Druckoptionen.

Schritt 1:
Präsentation, die gedruckt werden soll, öffnen – Registerkarte „DATEI" – Drucken.

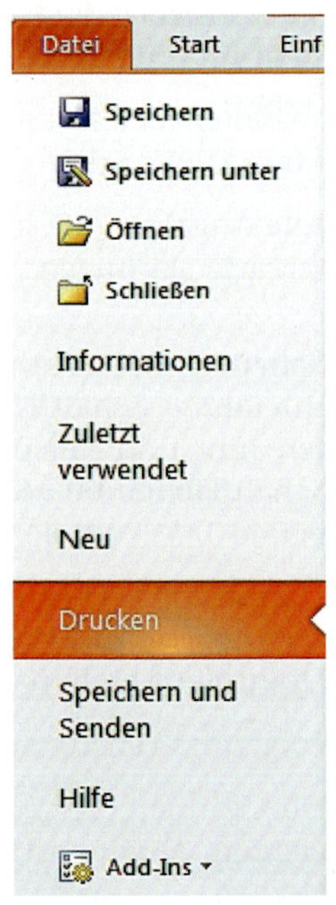

Schritt 2:
Unter EINSTELLUNGEN kann das Fenster „Folien" geöffnet werden und es stehen verschiedene Druckmöglichkeiten zur Verfügung.

Schritt 3:
Gewünschte Druckmöglichkeit aussuchen. Als Hilfe werden die verschiedenen Druckoptionen rechts in der Vorschau angezeigt. Durch das Anklicken der gewünschten Option wird diese übernommen.

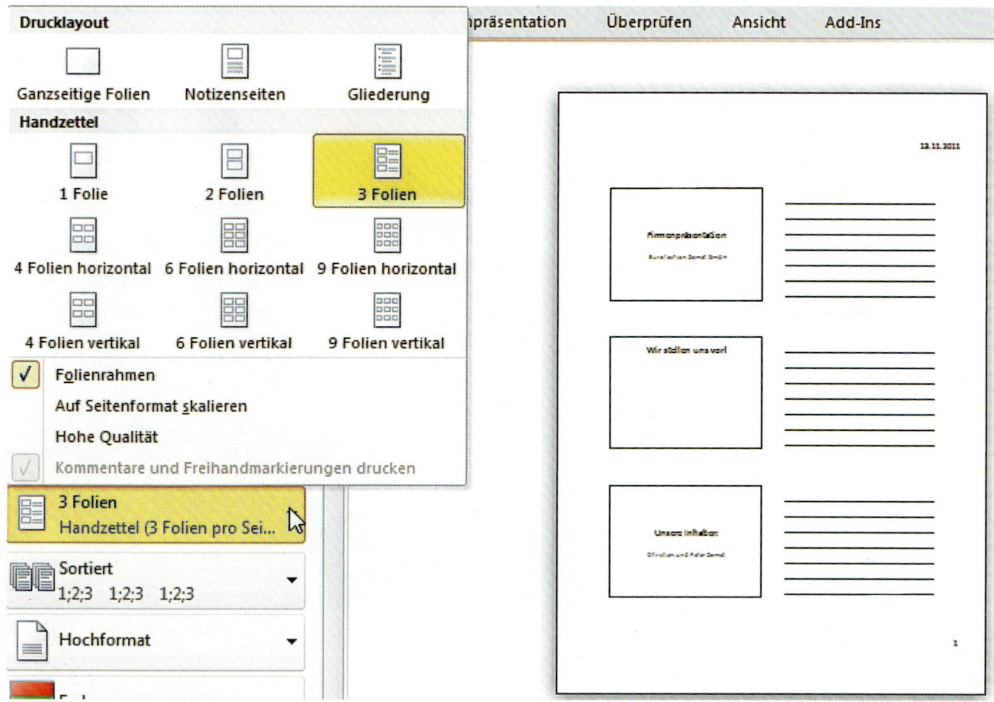

Schritt 4: Drucken
Stimmt die Druckvorschau mit dem gewünschten Druckformat überein, kann die gewünschte Anzahl von Drucken bei „Exemplaren“ eingestellt und durch Betätigung des Symbols „Drucken“, der Druckauftrag abgeschlossen werden.

Drucken
Exemplare: 1
Drucken
Drucker

III Methodenpool

1 Was sind Methoden?

Definition
Unter Methoden versteht man „Wege zum Ziel". Im ursprünglichen Wortsinn (Ableitung aus dem Griechischen) bedeutet Methode „Weg".

Übertragen auf die Wahl der Methode heißt das, dass mit dieser der Weg gesucht bzw. gegangen wird, um das vorgegebene Ziel zu erreichen. Hierbei ist jedoch der Grundsatz zu berücksichtigen:

Merksatz
Wer sein Ziel nicht vor Augen hat, findet auch keinen Weg!

Die Methoden müssen immer im Vorfeld bekannt sein, damit mithilfe der Methoden ein Ergebnis erzielt werden kann.

In diesem Lehrbuch steht die Methode meist direkt im Zusammenhang mit einem Arbeitsauftrag und kann so in die Lerneinheit integriert werden. Sie steht also nicht losgelöst von einem Thema.

2 Sozialformen im Unterricht – Einzelarbeit, Partnerarbeit, Gruppenarbeit, Plenum

Durch den Einsatz verschiedener Sozialformen im Unterricht werden **Beziehungen** geregelt. Äußerlich sind diese Beziehungen durch die Raumordnung bzw. Sitzordnung in einem Raum erkennbar, innerlich zeigt sich die Sozialform jedoch in Form der **Kommunikationsstruktur** oder der **Interaktionsstruktur**. Wichtig ist, dass für jede Sozialform immer eine genaue **Zeitvorgabe** festgelegt wird, damit die Schülerinnen und Schüler eine Orientierung haben.

Man unterscheidet zwischen vier verschiedenen Sozialformen:
- Einzelarbeit (eine Person arbeitet alleine)
- Partnerarbeit (zwei Personen arbeiten zusammen)
- Gruppenarbeit (zwischen drei und maximal fünf Personen)
- Plenum (alle zusammen)

Definition
Wie arbeite ich in Einzelarbeit, Partnerarbeit oder Gruppenarbeit? Während dieser Arbeitsphasen bekommen die Schülerinnen und Schüler einen Arbeitsauftrag, der innerhalb eines bestimmten Zeitrahmens in der entsprechenden Sozialform ausgeführt werden muss.

Einzelarbeit

Die Schülerinnen und Schüler arbeiten **alleine**. Sie haben während der Einzelarbeit die Möglichkeit, ihren Fähigkeiten entsprechend zu arbeiten. Das Arbeitstempo, die Arbeitsweise sowie das **eigenständige, unabhängige Arbeiten** tragen zum idealen Lernerfolg bei. Während der Einzelarbeit kann der Moderator (Lehrperson) speziell auf die Fragen und Probleme, die sich evtl. während eines Arbeitsauftrages ergeben, eingehen. Auch die **Präsentation** der Ergebnisse erfolgt **alleine**.

Partnerarbeit

Die Schülerinnen und Schüler arbeiten jeweils **zu zweit**. Dies hat den Vorteil, dass Gedanken zu einem Themenbereich ausgetauscht werden können, Sachverhalte besser erschlossen bzw. sich gegenseitig erklärt werden können und so eine gewisse Sicherheit bei den Schülerinnen und Schülern entsteht. Weiterhin prägt sich ein Themenbereich, über den man sich ausgetauscht hat, besser im Gedächtnis ein.

Es wird dabei auch gegenseitige Rücksichtnahme gelernt, da das Lerntempo der Partner nicht immer gleich sein muss. Weiterhin wird die **Kooperationsfähigkeit** gefördert. Es ist z. B. möglich, dass entweder nur ein Schüler die Ergebnisse der Partnerarbeit festhält oder dass beide Schüler die Ergebnisse notieren. Bei Fragen oder Problemen kann der Moderator (Lehrperson) auch hier sehr gut und spezifisch Hilfestellung leisten. Auch bei der Einteilung der Partner hat die Lehrperson große Einflussmöglichkeiten. So kann es häufig sinnvoll sein, jeweils zwei Schüler/-innen mit unterschiedlichen Leistungsstärken oder Vorkenntnissen zusammenarbeiten zu lassen.

Die **Präsentation** der Ergebnisse erfolgt **zu zweit**. Wichtig ist hierbei, die **Themenbereiche vorher aufzuteilen**!

Gruppenarbeit

Die Schülerinnen und Schüler arbeiten in einer **Gruppe zwischen drei und fünf Personen**. In der Gruppenarbeit werden sowohl soziale Fähigkeiten und das Vertreten der eigenen Meinung als auch die Kooperationsfähigkeit gefördert. Aufgaben müssen **in der Gruppe selbstständig verteilt und bearbeitet** werden. Meist kristallisiert sich schnell ein Gruppensprecher oder eine Gruppensprecherin in der Gruppe heraus. Diese Person hat auch die Aufgabe, **alle Gruppenmitglieder** in das Gruppengeschehen mit einzubinden.

Bei Bedarf kann der Moderator (Lehrperson) auch hier Hilfestellung leisten.

Die **Präsentation** der Ergebnisse erfolgt **gemeinsam mit der gesamten Gruppe**. Der bzw. die Gruppensprecher/-in muss wiederum dafür Sorge tragen, dass jedes Gruppenmitglied auch während der Präsentationsphase aktiv ist.

Plenum

Unter Plenum (lat.: „plenus; plena, plenum = voll) versteht man das **Besprechen oder Präsentieren** von Ergebnissen oder Sachverhalten **im Klassenverband** (also **alle** Schülerinnen und Schüler sowie die Lehrperson). Anregungen und konstruktive Kritik, aber auch Zustimmen, Fragen und Diskussionen können im Plenum stattfinden.

3 Brainstorming

Definition
Unter Brainstorming versteht man, dass Gedanken zu einem bestimmten Themenbereich „wild" ausgesprochen und zunächst unsortiert gesammelt werden (an der Tafel, auf einem Flipchart, auf Karten, usw.). Ziel von Brainstorming (auch Brainwriting genannt) ist, neue Ideen zu finden!

Merksatz
Dabei ist immer der Grundsatz zu berücksichtigen:
Schlechte Ideen gibt es nicht!

Regeln, die beim Brainstorming eingehalten werden müssen:

- Kritik findet später statt.
- „Ideengeber" aussprechen lassen.
- Willkommen ist freies Gedankenspiel. Je ungezwungener Einfälle sind, umso besser! Es ist leichter, die Ideen wieder „auf die Erde zu holen", als sie „hoch zu denken".
- Die Menge macht´s! Je mehr Vorschläge, umso wahrscheinlicher ist es, dass ein Gewinner unter ihnen weilt.
- Beachten Sie auch die Kombination und die Konkretisierung oder spätere Umformulierung von Vorschlägen. Die Brainstormer sollen nicht nur Vorschläge zu einem Themenbereich machen, sondern sich auch konstruktiv mit den Vorschlägen ihrer Mitschülerinnen und Mitschüler auseinandersetzen! So können beispielsweise zwei Vorschläge zu einem Punkt sinnvoll verschmolzen werden.

4 Wie halte ich einen Vortrag?

„Das menschliche Gehirn ist eine großartige Sache. Es funktioniert bis zu dem Zeitpunkt, wo du aufstehst, um eine Rede zu halten!“

Mark Twain

Definition

Ein Vortrag ist das Erläutern oder Näherbringen eines bestimmten Themenbereichs, der verschiedene Ziele verfolgen kann.

Oft ist es erforderlich, dass man einen Vortrag halten muss. Damit dieser ein Erfolg wird und die Zuhörer nicht schon nach wenigen Minuten „geistig abschalten“, sollten Sie folgende Aspekte berücksichtigen:

- Überlegen Sie im Vorfeld, welches Ziel Sie mit dem Vortrag verfolgen (z. B. Information, Appell, Verkaufsrede).
- Gliedern Sie Ihren Vortrag in Einleitung, Hauptteil und Schluss.
- Entscheiden Sie sich für eine treffende Einleitung (z. B. einfach ein Wort oder ein Bild auf einer Folie, um so die Aufmerksamkeit der Zuhörer zu gewinnen).
- Schreiben Sie sich einen „Spickzettel“ mit den Schlagworten, die Sie auf jeden Fall ansprechen möchten.
- Bilden Sie kurze und verständliche Sätze, die das Thema treffen.

- Halten Sie die Rede vorher einmal zu Hause vor dem Spiegel und stoppen Sie die Zeit.
- Sprechen Sie möglichst frei und lesen Sie nicht ab.
- Achten Sie auf Ihre Stimme (Lautstärke, Betonung, Tempo).
- Achten Sie auf Ihre Mimik und Gestik (gerade stehen).
- Halten Sie Augenkontakt mit dem Publikum.
- Haben Sie Folien (beispielsweise für einen Projektor) vorbereitet, müssen diese zu Ihrem Thema passen und aussagekräftig sein (wie treffende Statistiken, Grafiken, usw.).
- Konzentrieren Sie Ihren Vortrag nur auf das Wichtigste und beschränken Sie die Zeit auf ca. 20 Minuten.
- Beenden Sie Ihren Vortrag mit einem Schlusssatz, der den Zuhörern möglichst im Gedächtnis bleibt (es kann auch ein passender Witz oder Ähnliches sein!).

5 Wie fertige ich einen Zeitungsartikel an?

In der heutigen Zeit gibt es eine Vielzahl von Zeitschriften, Zeitungen und Büchern. Nahezu jeder Themenbereich ist interessant und wird aufgegriffen.

Man unterscheidet unter anderem zwischen folgenden Zeitungen/Zeitschriften:

- Tageszeitung
- Wochenzeitung
- Wirtschaftszeitungen und -zeitschriften
- Jugendzeitschriften
- Fernsehzeitschriften
- Kinozeitschriften
- Lifestyle- und Stadtmagazine
- Rätselzeitschriften
- Fachzeitschriften (für Kultur, Technik, Wissenschaft)
- Zeitschriften für Wohnen und Leben
- Sportmagazine
- Natur- und Umweltzeitschriften
- Tierzeitschriften
- Frauenzeitschriften

Doch wie werden Zeitungsartikel für Zeitschriften und Zeitungen angefertigt? Diese Frage lässt sich einfach beantworten. Grundsätzlich unterscheidet man zwischen einem Bericht und einer Reportage.

Merkmale Bericht	Merkmale Reportage
objektive und sachliche Information des Lesers	Information aber auch Unterhaltung des Lesers
meist kein Autor angegeben	Autor ist meist angegeben
evtl. kurzer und knapper „Vorspann", der den Leser über das Thema (Geschehen) informiert (lead genannt)	fett gedruckter Vorspann, der etwas ausführlicher als der Vorspann eines Berichts sein kann (lead genannt)
meist ohne Bild veröffentlicht	meist mit Bild und einem Untertitel veröffentlicht (um Neugier zu wecken)
Zeitform Präteritum	keine festgelegte Zeitform, es kann zwischen den Zeitformen gesprungen werden
keine Verwendung von Umgangssprache	Umgangssprache kann verwendet werden sowie „Schimpfwörter, Fremdwörter"
kurze und knappe Sätze werden verwendet	unter Umständen werden verschachtelte lange Sätze verwendet
sachliche Überschrift	reißerische Überschrift (weckt Interesse beim Leser)

Merkmale Bericht	Merkmale Reportage
sachlicher Text, der knapp, aber genau ist: ▪ Wer (Beteiligte)? ▪ Wann (Zeit)? ▪ Was (Art des Geschehens, z. B. Unfall)? ▪ Wo (Ort)? ▪ Wie (Unfallgeschehen in genauer zeitlicher Abfolge)? ▪ Warum? ▪ Welche Folgen (des Ereignisses)?	▪ unter Umständen unsachlicher Text, welcher eine eigene Meinung/eigene Wertung von Sachverhalten enthalten kann ▪ muss den Leser nicht umfassend informieren und keine bestimmte Struktur enthalten (bei dem Einhalten der Struktur kommt es auf den jeweiligen Sachverhalt an: Bsp.: Fußballspielreport MUSS eine zeitliche Abfolge haben).
keine Verwendung der wörtlichen Rede	wörtliche Rede kann verwendet werden
keine Verwendung von Zitaten	Zitate sind möglich

Hat man sich für eine Form entschieden, sucht man zuerst eine passende Überschrift und bei Bedarf ein passendes Bild.

Dann wird die Einleitung geschrieben und der Text unter Berücksichtigung der in der Tabelle aufgeführten Kriterien erstellt. Zum Schluss kann auf Ursachen und Folgen eingegangen werden oder ein kurzer Merksatz, ein Zitat oder ein Rat eingefügt werden.

Soll ein Bericht oder eine Reportage über neue oder verbesserte Produkte informieren, ist es von Vorteil, wenn man eine aussagekräftige Überschrift findet, dann das/die Produkt/e nennt (genaue Produktbezeichnung) und anschließend seine Vor- und Nachteile aufführt. Außerdem sollte der Leser wissen, wo er die Produkte beziehen kann (genaue Firmenbezeichnung mit Kommunikationsangaben) und in welchem preislichen Rahmen sie sich bewegen (wenn Angaben hierüber vorliegen).

Bilder können Texte veranschaulichen und dienen der Orientierung des Lesers.

Sinn und Zweck der neuen/verbesserten Produkte können am Ende des Berichts/der Reportage zusammengefasst werden (dient evtl. als Abschluss des Berichts/der Reportage).

6 Bilder verbalisieren

Definition
Was genau ist „Bilder verbalisieren" und wozu benötigt man dies eigentlich? Ganz einfach: Bilder verbalisieren bedeutet, dass man sich gegenseitig Bilder mit Worten beschreibt und sie dann nach diesen Beschreibungen zeichnen muss.

Vorgehensweise: Bilder verbalisieren erfolgt in **Partnerarbeit**. Man benötigt dazu **zwei verschiedene Bilder** (möglich sind auch Karikaturen o. Ä.).

Jeder erhält ein Bild, welches er seinem Partner **möglichst genau beschreibt**. Je genauer beschrieben wird, umso leichter ist es dem Gegenüber möglich, sich das Bild „vor Augen zu halten" und es **aufs Papier zu bringen**.

Ist das erste Bild fertig, wird das zweite Bild erstellt. Sind nun beide Bilder gezeichnet worden, werden sie mit den Originalen verglichen und **Abweichungen** o. Ä. werden **aufgeschrieben**. Dann wird überlegt, warum diese Abweichungen erfolgt sind, dies wird ebenfalls notiert.

Wenn man diese Methode auf die Praxis überträgt, können sich einige Parallelen entwickeln.

Beispiel
Nicht nur im Einzelhandel ist es von Vorteil, die Produkte sehr gut zu kennen und ihren Nutzen oder ihre Funktionsweise, ggf. auch ihre Nachteile, den Kundinnen und Kunden genau erläutern zu können. Je konkreter und detaillierter Sie ein Produkt beschreiben können, desto eher werden Ihre Kunden dieses Produkt kaufen wollen.
Wenn eine Beratung zur vollsten Zufriedenheit eines Kunden erfolgt ist (und das Produkt dann auch noch genau den Erwartungen entspricht), wird der Kunde bald zu Ihren Stammkunden zählen. Je mehr Stammkunden Ihr Unternehmen hat, desto sicherer ist der eigene Arbeitsplatz!

7 Mindmapping

Definition
Eine Mindmap ist eine visuelle „Landkarte", die einzelne Gedanken zu einem bestimmten Themenbereich enthält.

Das Mindmapping wurde in den 70er-Jahren von Tony Buzan erfunden. Bei richtiger Anwendung kann es dem Nutzer das Ausarbeiten oder Darstellen eines bestimmten Themenbereichs erleichtern.

Aufbau einer Mindmap

Eine Mindmap ist folgendermaßen aufgebaut: **In der Mitte der Mindmap** steht immer **das Thema**. An den **einzelnen Ästen**, die in alle Richtungen vom Thema aus wegführen, werden die **verschiedenen Gedankenstränge** zum zentralen Thema gesammelt. Die so entstehenden „Landkarten" prägen sich leicht im Gehirn ein. Außerdem enthalten sie kurz und knapp alle wichtigen Informationen zu einem Themenbereich.

Grundregeln

- Am besten ein DIN-A4-Blatt im Querformat verwenden! In der Mitte der Mindmap (Herz) steht das Thema. Dieses kann auch bildlich dargestellt werden.
- Von dem zentralen Thema werden für jeden „Obergedanken" verschiedene Hauptäste eingefügt. Alle Aspekte, die zu den jeweiligen Obergedanken gehören, werden als Unteräste an diese Hauptäste gehängt. Die Gedanken werden nun stichpunktartig auf den einzelnen Ästen vermerkt. Oft ist es sinnvoll, anstelle von Worten Bilder oder Skizzen zu verwenden, getreu nach dem Sprichwort „ein Bild sagt mehr als Tausend Worte".
- Keine Sätze, möglichst nur Schlagwörter verwenden!
- Farben lockern auf und ordnen Gedanken zu! So kann z. B. ein Obergedanke mit den dazu gehörenden Unterästen in Grün eingefügt werden, der nächste Obergedanke mit seinen Unterästen wird in Rot formatiert, usw. Dies erhöht die Übersichtlichkeit ungemein!
- Auch Symbole, geometrische Figuren, Bilder oder sogar Sinnbilder tragen dazu bei, dass die Mindmap sich gut einprägt.
- Soll eine Mindmap nur als Gedankensammlung dienen, kann man sie auch zuerst „wild" erstellen, also ohne Zuordnung der Gedanken, und erst später die Clusterung (Sortierung) in einer neuen Mindmap vornehmen.

Programm

Mindmaps lassen sich beispielsweise mit dem Programm MindManager schnell und einfach erstellen.

Vorgehensweise:
Programm **MindManager öffnen**
Ein leeres Mindmap-Dokument öffnet sich. Durch
Klicken in die Mitte des Dokuments
kann dort das Hauptthema eingefügt werden.
Rechte Maustaste – **Ast hinzufügen**

Dies ermöglicht es, einen neuen Ast hinzuzufügen. Unteräste werden hinzugefügt, indem Sie den

Hauptast markieren – rechte Maustaste betätigen – **Ast hinzufügen** auswählen.

Der Unterast wird automatisch eingefügt.

8 Plakate oder Flipcharts gestalten

Einsatzbereiche von Plakaten und Flipcharts

Auf Plakaten oder Flipcharts können leicht **Informationen übersichtlich dargestellt** werden.

Plakate werden häufig als Werbemittel eingesetzt. **Flipcharts** finden ihre Anwendung meist in Sitzungen oder Vorträgen, sie dienen häufig der Dokumentation von einzelnen Beiträgen zu einem Thema. Es können aber auch Gedanken, Ideen o. Ä. stichwortartig notiert werden. Auch Willkommensgrüße werden häufig auf einem Flipchart oder einem Plakat notiert.

Welche Regeln sollte ich bei der Flipchart- und Plakatgestaltung einhalten?

- Große Schrift verwenden, damit die Plakate bzw. Flipcharts auch noch in der dritten Reihe lesbar sind (Schriftgröße sollte mindestens 6 cm betragen).
- Nicht zu viele verschiedene Farben verwenden (maximal drei Farben!), da das Plakat sonst unübersichtlich wirkt.
- Spezielle Flipchart-Stifte verwenden.
- Mit dicken Stiften schreiben.
- Gut leserlich schreiben (Druckbuchstaben).
- Flipchart/Plakat nicht bis dicht an den Rand beschreiben.
- Möglichst nur Stichpunkte verwenden und nicht zu viele Stichpunkte auf ein Plakat oder Flipchart schreiben.
- Eine erkennbare Struktur einhalten, damit die Übersichtlichkeit gewahrt bleibt (Überschriften ggf. in einer anderen Farbe schreiben).
- Auch Bilder und Symbole zur Visualisierung verwenden. Diese bleiben gut im Gedächtnis.
- Bei der Nutzung von Flipcharts für Feedback
  - mit Skalen arbeiten (um die Einschätzungen zu visualisieren),
  - mit Koordinatenfeldern arbeiten (Stimmungsabfrage, Punktabfrage usw.),
  - Tabellen einfügen (z. B. um übersichtlich die einzelnen Punkte mit den Vor- und Nachteilen darzustellen).

9 Wie fertige ich ein Referat an?

Häufig müssen Referate erstellt werden, sei es in der Schule, im beruflichen Alltag oder in anderen Bereichen.

Ein Referat anzufertigen, stellen sich viele Leute sehr einfach vor. Doch ist es ein schwieriges Unterfangen, alle wichtigen Informationen in ein Referat einzubauen und auf den Punkt zu bringen sowie Kernaussagen ohne Umschreibungen und Umschweife zu notieren!

Jedes Referat muss eine **klare Struktur** aufweisen, damit die Zuhörer dem Referenten bzw. der Referentin folgen können.

Soll ein Referat erstellt werden, ist es daher hilfreich, zunächst einen **Arbeitsplan** zu erstellen, der die notwendigen Schritte sowie den zeitlichen Ablauf enthält.

Folgende Punkte sollten Berücksichtigung finden:

- Erstellung einer Mindmap mit eigenem Wissen zu dem Themenbereich.
- Fachliteratur hinzuziehen, Texte lesen, unterstreichen und exzerpieren.
- Entwicklung einer Struktur für das Referat (Gliederung). Die Struktur sollte alle Bereiche, die während des Referates erörtert werden, enthalten.
- Skizzierung einer Einleitung mit späterer Ausformulierung dieser.
- Schreiben des Hauptteils unter Berücksichtigung der Gliederung (ggf. mithilfe der Fachliteratur).
- Zitate mit Quellenangaben versehen (evtl. als Fußnote).
- Sinnvollen Abschluss für das Referat finden und ausformulieren (z. B. eigene Meinung oder Ende mit einem treffenden Zitat).
- Überarbeitung des Referates unter Berücksichtigung der Grammatik, der Rechtschreibung sowie der formalen Aspekte.
- Formatierung des Referates unter Einhaltung der DIN-Regeln (typografische Regeln, DIN für Tabellen, usw.).
- Layout prüfen und ein Deckblatt erstellen (auf ein einheitliches Gesamtdesign achten!).
- Abgabe der Arbeit.

10 Gruppenpuzzle

Definition

Ein Gruppenpuzzle, auch JigSaw genannt (Saw – engl. „die Säge") ist eine Methode, die folgendermaßen funktioniert: Ein großer Themenbereich wird in einzelne Themen zerlegt bzw. „zersägt", die anschließenden Arbeitsschritte werden in verschiedenen Gruppen durchgeführt (Stammgruppen und Expertengruppen).

Schritt 1

Die Schülerinnen und Schüler werden in **Stammgruppen** eingeteilt. Maximal sollte eine Gruppe aus vier bis fünf Stammgruppenmitgliedern bestehen. Spezielle Kenntnisse haben die Schüler/-innen zu diesem Zeitpunkt noch nicht. Das Thema, welches in die Stammgruppe vergeben wird, ist in **einzelne Teilthemen (Puzzleteile)** aufgeteilt. Jeder Schüler bzw. jede Schülerin beschäftigt sich später mit einem „Puzzleteil" und wird so für dieses Thema zum „Experten".

Schritt 2

In der zweiten Phase löst sich die Stammgruppe in die **Expertengruppen** auf. Die Schüler/-innen **mit dem gleichen Puzzleteil** befassen sich nun gemeinsam mit ihrem Themenbereich und arbeiten mithilfe von Materialien, ggf. auch mithilfe des Internets, das Thema vollständig aus. Nach der Expertengruppenarbeit ist jeder einzelne Schüler tatsächlich für sein Themengebiet ein **Experte**! Um den Schülerinnen und Schülern der Stammgruppe das Thema später besser erklären zu können, werden **Handouts**, ein Quiz, Rätsel oder Ähnliches ausgearbeitet.

Schritt 3

Nun kehrt jeder Experte in seine Stammgruppe zurück und trägt hier sein Fachwissen (**Expertenwissen**) den Stammgruppenmitgliedern vor. Durch das Handout oder auch ein Quiz wird den Mitschülern und Mitschülerinnen das Wissen besser und nachhaltiger vermittelt. Nachdem jeder Experte die anderen Schüler/-innen informiert hat, wird aus dem einzelnen „Puzzleteilwissen" ein fertiges **Gesamtwissen**, mit dem die Schülerinnen und Schüler nun selbstständig Aufgaben lösen können.

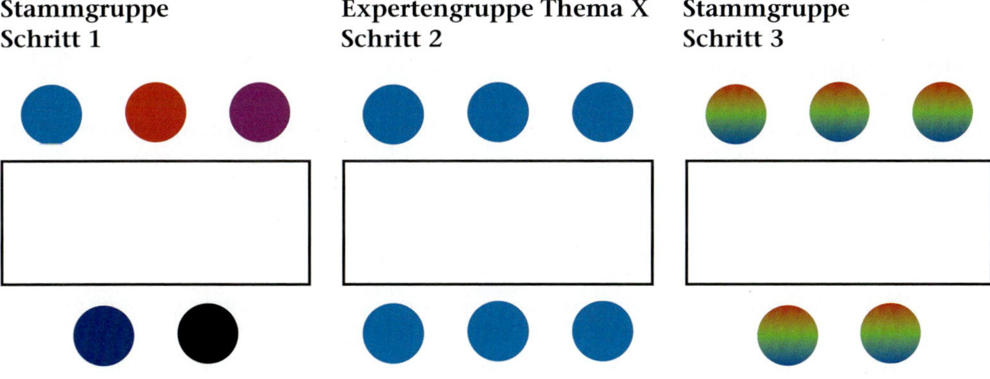

11 Szenische Darstellung

Definition
Bei einer szenischen Darstellung handelt es sich um ein Nachspielen bestimmter Situationen. Die einzelnen Schauspieler/-innen sind hierbei jedoch nicht verkleidet und spielen keine Rolle genau nach (wie bei einem Rollenspiel), sondern sie agieren situativ zu einem bestimmten Themenbereich.

Mit einer szenischen Darstellung werden Sachverhalte gut veranschaulicht und verdeutlicht, dadurch prägen sie sich besser im Gehirn ein.

Man unterscheidet **verschiedene Formen** der szenischen Darstellung:

Standbild

Bei einem Standbild handelt es sich um eine Darstellung, bei der weder gesprochen wird, noch finden Bewegungen statt. Vom Ablauf her funktioniert das Ganze wie folgt:

Die Schülerinnen und Schüler werden in Gruppen eingeteilt. In jeder Gruppe wird eine Person als **Gruppensprecher/-in (Regisseur/-in)** ernannt. Diese Person ist für die Szene zuständig. Weiterhin wird von der Gruppe eine Person als **Schauspieler/-in** ausgesucht, um das Standbild vorzuspielen. Nun wird überlegt, wie das an die Gruppe gegebene Thema **am besten als Standbild dargestellt** werden kann. Der oder die Schauspieler/-in wird nun vom „Regisseur" in Zusammenarbeit mit den Gruppenmitgliedern **in Szene gesetzt**: Sie legen die Körperhaltung des Schauspielers fest, die Mimik und die Gestik.

Während des Vorspielens der Standbilder müssen alle anderen Gruppen versuchen, das Thema zu erraten oder zu beschreiben, also die Mimik, Gestik und Körperhaltung **zu interpretieren**. Zum Abschluss des Standbildes **erklären** die Gruppenmitglieder der vorführenden Gruppe allen anderen Schülerinnen und Schülern ihre Intention für die Darstellung. Eine **Diskussionsrunde** kann auch im Anschluss an alle Standbilder stattfinden, um das Gesehene insgesamt nochmals zu reflektieren.

Tipp: Wenn mehrere Gruppen zu einem gleichen Thema Standbilder erzeugen müssen, ist die Veranschaulichung und die spätere Einprägung des Sachverhalts im Gehirn sehr hoch und führt meist zu einer witzigen, aber lehrreichen Schulstunde!

Sketche und Szenen

Werden Sketche oder Szenen dargestellt, erfolgt dies auch in **Gruppen- oder Partnerarbeit**. Hier findet jedoch ein tatsächliches Schauspiel statt! **Alle Gruppenmitglieder** übernehmen **jeweils eine Rolle als Schauspieler/-in** und lassen in diese Rolle Gefühle, Texte, Gestik, Mimik usw. einfließen.

Beispiel
Szenische Darstellung zum Thema Kommunikation: „Zwei Personen unterhalten sich während des Autofahrens" (z. B. Gespräch zwischen zwei Arbeitskollegen, Freunden, Geschwistern, ...).

Zur Vorbereitung eines Themas können auch Arbeitsmaterialien oder eine Internetrecherche genutzt werden.

Nachdem die szenische Darstellung präsentiert wurde, wird diese wie nach dem Standbild ebenfalls von allen Schülerinnen und Schülern beurteilt, danach können alle Szenen im Plenum diskutiert werden.

12 Wie gestalte ich Präsentationen in PowerPoint?

Soll eine PowerPoint-Präsentation erstellt werden, ist es wichtig, dass folgende **Regeln** Beachtung finden:

- Folientitel immer auf den Folieninhalt abstimmen, um so eine Nachvollziehbarkeit zu gewährleisten.
- Folientitel soll nur eine Zeile umfassen.
- Der Sprachstil der Folientitel sollte einheitlich gewählt werden (z. B. immer als Frage oder immer nur ein Schlagwort).
- Texte müssen klar und einfach formuliert und möglichst nur in Stichpunkten aufgeführt werden (also nur Kernaussagen).
- Schriftgröße sollte mindestens 20 pt groß sein.
- Zeilenabstand sollte mindestens 1,5 betragen.
- Maximal drei verschiedene Schriftarten und Schriftgrößen verwenden.
- Überschriften sollten immer in der gleichen Schriftgröße dargestellt werden (z. B. immer 24 pt).
- Folien nicht bis zum Rand beschriften.
- Pro Folie maximal sieben Infopunkte als Aufzählung!
- Sinnvolle Bilder einfügen, die zur Präsentation passen.
- Sparsamer Einsatz von Animationen und Effekten, da diese vom Wesentlichen ablenken und die Präsentation unter Umständen unruhig wirken lassen.
- Um die Aufmerksamkeit des Publikums zurückzugewinnen, ggf. Abbildung als „Eyecatcher“ einfügen (z. B. Cartoon, lustiges oder trauriges Bild).
- Sinnvolle Diagramme zur Veranschaulichung einbinden.

Merksatz
Werden alle Punkte berücksichtigt, wird Ihre Präsentation ein voller Erfolg!

Sachwortverzeichnis

Bildquellenverzeichnis

Deutsche Post AG, Bonn: S. 47, 49

Fotolia Deutschland GmbH, Berlin: S. 9 (womue), 11 (Yuri Arcurs), 12 (arsdigital), 13 (JULA),
14 (auremar), 15 oben (Robert Kneschke), 15 unten (Digitalpress), 17 (Yuri Arcurs), 18 (Robert Kneschke), 19 (Markus Schieder), 21 (Yuri Arcurs), 23 (Stefan Rajewski), 25 (Yuri Arcurs), 27 (seen), 30 (Jürgen Fälchle), 31 oben (Jürgen Fälchle), 31 unten (Spectral-Design), 33 (Yuri Arcurs), 34 oben (WoGi), 34 unten (Pulwey), 35 (RG.), 36 (yellowj), 38 (Klaus Eppele), 39 oben (womue), 39 unten (Pixelspieler), 40 unten (Kautz15), 41 (Manfred Ament), 43 oben (lichtbildmaster), 43 Mitte (berlin2020), 43 unten (Mindwalker), 44 (Benicce), 52 (Yuri Arcurs), 54 (Benicce), 57 (dankos),
59 (Peter Atkins), 61 (Yuri Arcurs), 62 (pmphoto), 66 (Jean-Michel POUGET), 68 (Ralph Hahn),
70 (sonne Fleckl), 72 (André Wißbrock), 74 (unitypix), 76 (uwimages), 80 (miket), 82 (Cpro),
84 (Yuri Arcurs), 86 (drubig-photo), 88 (Yuri Arcurs), 91 (Yuri Arcurs), 96 (miket), 97 (M&S Fotodesign), 99 (Yuri Arcurs), 100 (Gina Sanders), 101 (Gina Sanders), 104 (Olaf Wandruschka), 108 (kraska), 112 (Yuri Arcurs), 114 (Dark Vectorangel), 115 (Roman Ivaschenko), 118 (Klaus Eppele), 119 (Alexey), 120 (robert lerich), 121 (Gordon Bussiek), 123 (Daniel Fleck), 125 oben (Yuri Arcurs), 128 (Liv Friis-larsen), 129 (Tomasz Pietryszek), 137 (Tortenboxer), 140 oben (kiono),
140 unten (puje), 142 (Yuri Arcurs), 144 (nyul), 149 (Yuri Arcurs), 154 (Oliver Hauptstock),
155 (Yuri Arcurs), 160 (Klaus Eppele), 163 (Yuri Arcurs), 164 (Meddy Popcorn), 171 (Adam Gregor), 173 (chagin), 228 (Yuri Arcurs), 231 (contrastwerkstatt), 232 (Yuri Arcurs)

Heinrich Kuper GmbH & Co. KG, Rietberg, S. 42

Jakob MAUL GmbH, Bad König, S. 32

MEV Verlag GmbH, Augsburg, S. 20, 37, 117, 125 unten, 134

Open Clip Art Library/openclipart.com, S. 78, 79 (Anonymus)

ROHDE & GRAHL GmbH, Steyerberg/Vogtei, S. 29

Werner Dorsch GmbH, Münster/Dieburg, S. 46